Impressum

Sven Pfeiffer

Freiligrathring 7a

61130 Nidderau

Germany

Auflage 2, Erstauflage 2022

Get more Books   **Rate us on Amazon**

Introduction

Welcome to the world of Sudoku, a popular puzzle game that has captivated players around the world. In this book, you will find a collection of Sudoku puzzles of varying difficulty levels, ranging from diabolical to extreme. Whether you are a beginner looking to learn the basics of Sudoku, or an experienced player seeking to challenge your skills and solve the toughest puzzles, this book has something for you.

Sudoku is a logic-based puzzle that challenges players to fill a grid with numbers in such a way that every row, column, and 3x3 box contains all of the numbers from 1 to 9. With its simple rules and engaging gameplay, Sudoku has become a beloved pastime for players of all ages and skill levels.

In the pages of this book, you will find a wide variety of Sudoku puzzles, each one carefully crafted to provide a unique and satisfying challenge. Whether you prefer to solve puzzles at your own pace, or compete against the clock in a race against time. So grab a pencil and get ready to test your logic and problem-solving skills. With practice and determination, you too can become a master of this addictive and challenging game.

Few basic strategies

Single candidate:

This strategy involves looking for cells that can only be filled with a single number. If you find a cell that can only be filled with a certain number, fill it in and cross that number off the list of possibilities for any other cells in the same row, column, or block.

Hidden single:

This strategy involves looking for cells that are "hidden singles." These are cells that have only one possible number, but that number is not immediately visible because it is not the only possibility for the cell. To find hidden singles, look at the possibilities for each cell and eliminate numbers that are already used in the same row, column, or block.

Naked pair:

This strategy involves looking for cells that have only a few possibilities left and seeing if any of those possibilities can be eliminated based on the other cells in the same row, column, or block. For example, if two cells in the same row both have the possibilities "2" and "5," and no other cells in that row have either of those possibilities, you can eliminate the possibility of "2" and "5" from all other cells in the row.

Few advanced strategies

X-Wing:

This strategy involves looking for rows or columns that contain two cells with the same two possibilities, and no other cells in those rows or columns have those possibilities. If you find such a pattern, you can eliminate those possibilities from all other cells in the same rows or columns as the "X-Wing."

Swordfish:

This strategy is similar to the X-Wing, but involves three rows or columns instead of two. If you find three rows or columns that contain three cells with the same three possibilities, and no other cells in those rows or columns have those possibilities, you can eliminate those possibilities from all other cells in the same rows or columns as the "Swordfish."

XY-Wing:

This strategy involves finding a group of three cells in which two cells have only two possibilities, and the third cell has one of those possibilities and one other possibility. If you find such a pattern, you can eliminate the third possibility from all other cells in the same row, column, or block as the XY-Wing.

Few professional strategies

Unique Rectangle (UR):

This strategy involves finding a group of four cells in which two pairs of cells have only two possibilities each, and one possibility is shared between the pairs. If you find such a pattern, you can eliminate the shared possibility from all other cells in the same row, column, or block as the Unique Rectangle.

Empty Rectangle (ER):

This strategy is similar to the Unique Rectangle, but involves a group of four cells in which two pairs of cells have no possibilities in common. If you find such a pattern, you can eliminate all other possibilities from the cells in the same row, column, or block as the Empty Rectangle.

Forcing Chain:

This strategy involves finding a chain of implications, where the value of one cell depends on the value of another cell, which in turn depends on the value of another cell, and so on. By following the chain of implications, you can deduce the values of several cells and use that information to solve the puzzle.

Puzzle 1 — Ranking: 8388

			6					1
3	8				1			5
						9	6	
					7	4		
7				9			8	
9		4				3	5	
				6		8		
	5	1	7		8			
		8	4					

Puzzle 2 — Ranking: 9403

7						3		1
		5					2	7
				6		9		
	2		4				6	
				9				
5	4			3				
		3				4		
	9	7			6	5		2
		1			8			

Puzzle 3 — Ranking: 9288

					3		9	
8	2		7					
	7		4	8	9			
1							7	3
2			1	4	6			
						6		
								5
3	9		5		2			
7				9		8		

Puzzle 4 — Ranking: 9258

			9		2			
				4	5			8
5				1		7		
	5				9			
	3				6		9	
7				3				4
8	7						5	
2	6	3				4		7
						3		

Solution on page 257

Puzzle 1

		5	3		2			7
					1	3		
1					6		5	9
	3						1	
			2			5		
	7			9		8		
9			8					
6							3	
	5		4					

Ranking: 8575

Puzzle 2

		4				1		
9						4	2	
				5				7
	7		9	4				3
6				3				
1						8		
7	3		6		9			1
			5				3	
			8			2		

Ranking: 8783

Puzzle 3

3	6					5	7	
				9		1		3
		7	8		2			
8	2		4		7	3		
1						8		
9	3			8	6			2
	7		1					6

Ranking: 9396

Puzzle 4

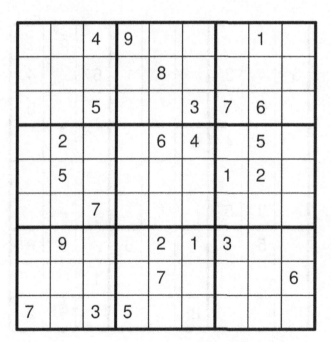

		4	9				1	
				8				
		5			3	7	6	
	2			6	4		5	
	5					1	2	
		7						
	9			2	1	3		
				7				6
7			3	5				

Ranking: 9294

Solution on page 257

Puzzle 1 — Ranking: 8105

	6	7	8		5			9
		8	1				5	
	3	2			4		1	7
4								
		5				3		4
2	8					1	7	
		4	3				9	
	9		4					1
	5			9				3

Puzzle 2 — Ranking: 7696

	4		3		2			
			8				6	
	7					8	2	
		9				2	8	
7		8		2	5			
9		7						
		5			7	1		4
6							9	8

Puzzle 3 — Ranking: 9393

							5	1
5		3			1	6		4
	6		2					3
	1	4	6	9				
		7			4			
	3	5		1	2			
	5		1		6		3	8
					1			
			8				6	2

Puzzle 4 — Ranking: 8453

		7		6				
4		2	9	1				
1			7		8	2		
2						9		6
			6				5	
5						7		
	3							2
7						5	4	
		4	5		2		9	

Solution on page 257

Ranking: 9497

	6						9	
				4				2
		1	7		6			3
	8	9						
7			9		8	3		
6	3						5	
	9				5		2	
	5		4					
		4				8		

Ranking: 8395

			9			2		
					7		3	
		8	6		5	4		
9				6	3			1
		6	2	1	9			
8								
			7	9			6	
	9	1						
						7		3

Ranking: 8577

		1	2			7		5
	6				7		4	
	5	2						
		7		3	2	5		
3					5	6		
	7		1			9		6
					6	3		
		3	8				7	

Ranking: 7946

			9			4		
	6				8			
		7	3		4	9		
	2	4						
			6	5				
6	9					7		
			8				5	
5		3	6	2		4		8
			5	1				3

Solution on page 257

Puzzle 1 — Ranking: 7379

4								
		2		3			6	5
		9			8			
2	7	3						
		8		6				3
							2	
1	3		6			5	7	
						9		4
	8			2				

Puzzle 2 — Ranking: 9528

	7			1				4
		1	6			2		
	2					3		5
		3	5	9			4	7
9								
		7			6			
		6	1		9		3	
4		5	7	2				6
	9				3			

Puzzle 3 — Ranking: 8356

						1		4
	5		8				3	
1	2					8		
	1	8		7	5	6		
5				9				
		9				2		
9		6	1		4			
	3		6					
					3		2	

Puzzle 4 — Ranking: 8329

	7	9		1			2	
				7	5			
			4					
	2				1	9		6
8	4					5		
					6		4	
	1			3				2
						4		3
	8			9	7			

Solution on page 258

Puzzle — Ranking: 8210

```
. . 4 | . . . | 8 . 7
. . . | . . . | 5 . .
6 . 9 | . 3 . | . 4 .
------+-------+------
9 . . | 5 . 6 | . . .
5 . . | . 7 1 | . . 2
. . . | . . . | 7 6 .
------+-------+------
1 . . | 7 . . | . 2 8
4 . 7 | . . . | . . .
. . . | 1 2 4 | . . .
```

Puzzle — Ranking: 8662

```
. . . | 3 9 . | 7 1 .
3 . . | . . . | 8 . 5
. . . | . . . | . . .
------+-------+------
2 5 . | . 3 . | 9 . .
. 9 1 | 4 . . | . . .
6 . 7 | . . . | . 8 1
------+-------+------
. . . | . 4 . | . . .
. . . | 5 . 6 | 2 . .
. . 6 | . . . | . 9 7
```

Puzzle — Ranking: 9518

```
6 9 1 | 8 . . | . 5 .
. . . | . 6 . | 7 2 .
. . . | . . 4 | . . .
------+-------+------
3 . 2 | 6 . . | . 7 .
5 . . | 2 . . | . . .
. . . | . 5 . | 8 . .
------+-------+------
. 3 . | 7 . 2 | 9 . .
. . 7 | . . 1 | . . 3
. . . | . . . | 8 . .
```

Puzzle — Ranking: 9471

```
. . . | 6 . . | 8 . .
. 8 . | 3 5 . | 6 2 .
. 1 . | . . . | . . .
------+-------+------
. 2 7 | . . . | 1 . .
. . 4 | . . 3 | . . .
8 . . | . 4 . | . . 9
------+-------+------
1 . . | . 2 . | 4 . .
4 . . | 3 8 . | . . .
6 . . | . . . | 1 9 .
```

Solution on page 258

Puzzle 1

	9				4			
				9			3	6
8				3			1	
		2						3
7		5		6				
4								1
								7
	4					5	6	
	5	6	1					8

Ranking: 9259

Puzzle 2

		7		2	6			
						2		4
						9	5	
		4				7	8	1
8								
	1	6		5				3
	9						3	
1	3		4					
6					2			5

Ranking: 8698

Puzzle 3

1	2	9						7
			6			2		
		4					3	5
				9				
	8							
	1	7		3	8	4		
					4	7		9
				7	3		5	
6		2						

Ranking: 10192

Puzzle 4

	6				4			
2	8					7	1	
		4					3	
6			7					3
			6			1	9	
1					3	5		
		5	3					7
							8	
			1	9		2	6	

Ranking: 8518

Solution on page 258

Puzzle 1 — Ranking: 8221

```
. . . | . . . | 1 9 .
. . . | 7 6 . | . . 4
. . . | . . . | . . 7
------+-------+------
. . 6 | . . . | 3 . .
. 7 4 | . 5 . | . . .
. 2 . | 3 . . | . . 8
------+-------+------
. 4 . | . . . | 6 . .
. 8 9 | . . 1 | . 5 .
2 . . | 7 . 4 | . . 1
```

Puzzle 2 — Ranking: 9043

```
. 6 . | 3 . . | 9 . .
3 . 2 | . . . | . . 1
. 4 . | . . . | . . .
------+-------+------
. . . | . . . | . 9 .
. 1 . | . 8 . | . 6 .
8 . . | 5 . 1 | . . .
------+-------+------
9 . . | . 7 . | 2 . .
. . . | 6 . 3 | . . .
. 5 4 | . . . | . 7 6
```

Puzzle 3 — Ranking: 8606

```
. 9 . | 8 . . | . . .
. 3 4 | . 1 . | 5 . .
2 . 1 | . . . | . . .
------+-------+------
9 4 7 | 5 . . | 8 . .
. . . | 9 . 6 | . . .
. . . | . . 8 | . . .
------+-------+------
5 . . | 9 . . | 3 6 .
1 . . | . . 8 | 4 . .
. . . | 1 . . | . . 7
```

Puzzle 4 — Ranking: 7808

```
. . . | 6 9 5 | . . .
. 6 3 | 1 . 5 | . 2 .
. . 8 | . 2 . | . . .
------+-------+------
4 . 5 | . . 7 | . . .
. . . | . . 3 | . . 7
. . 2 | . . . | 6 . 5
------+-------+------
. . 1 | . 8 . | 4 . .
. . . | 5 9 6 | . . .
. . . | . . . | . . 6
```

Solution on page 258

Ranking: 8417

		8		1	6	3		
						1	6	
	6		2				7	
	8							
			5					4
1		5		7	8			
5			9					7
8		4			5	2		
		9		2	4			

Ranking: 7966

		6			9			
		1		4		9		3
3	7		1					
						7		
5			2					4
	8					3		1
			6					8
		3						
		4		5			6	2

Ranking: 8468

			7					
		5				1		
	6	9						3
8	2							9
	9		3	2		8		7
				9		4		
7		9						
3			7			5	8	
	4			8			9	

Ranking: 8389

						7		
6	2	8	1					
	9			8	3			
		6				4	2	
4				1				
			6				1	
3				9		2		
		1			8			4
		2		3		6		7

Solution on page 259

Ranking: 8548

					1			
5			8	2			9	
	3	4			6			5
3				8				
	4						8	
				4				
2		7						9
		9			7	3		
	1			9	2			6

Ranking: 8611

		6			2			4
	4						8	
5		2	8			3	6	
	6						2	9
				8		3		
4	9							
3				5		1		
	2			1			4	8
			9		6			

Ranking: 8942

			8	1			4	
2		3						
8		5		7				
	2		5	9		7		
	9					2		
	6			3				9
			4			8		3
		1	9	6			5	

Ranking: 8639

5		6	1					4
	3	1			8		5	
				2				6
4		8			3			
		3						
			4		7			8
		2					1	7
	5					4		
	7	4	9		6			

Solution on page 259

Ranking: 8569

	9				1		8	
	3		4		2			6
	1		5			9		
5								
	4	2			3			8
						7		
1				6				
			8	1				7
		9		2		3		

Ranking: 7938

	2	7	1	9			8	
6			3					
					5			1
		4						9
						6		
	1						2	
			6		8			
5					2			4
	8		9			1	7	

Ranking: 9550

	3			5	2			
	7	6	3			8		
					9	6		
2				8	5			
			7	1				6
					6			5
			4					
	8	7		2				
9						1		7

Ranking: 8818

			2		7			
	8					3		6
		9		8	3			
	2			4				7
9		8						
		1			2	9		
	7		4					
			1			2	7	
5		2			9		1	4

Solution on page 259

Grid 1

5	1	6					9	
2	7							
3		9				8		
					8			2
		5		1		4		
	2	4	5	9			8	
	5		9					
9					6	1	3	
		1		8		9	4	

Ranking: 9295

Grid 2

	6					2		
2			5			8		1
	4	1		3	6	5		
			7					
	2				1	4	9	
		6						8
5			1					
	7							4
		2	9					5

Ranking: 9468

Grid 3

4		6	5					7
		9		7				
		3	8					9
		4		8		9		
6					2		5	
	7						4	3
1				5	9	4		
			4				1	
					7			

Ranking: 8851

Grid 4

							5	
	4			1		8		
5				8	2	3		4
		4				9		
9		7		5				
				6				1
				7			1	
					3			
	8		6		9		2	7

Ranking: 7920

Solution on page 259

Puzzle 1 — Ranking: 9533

2	8				4	1		6
	9	6			3		5	
							9	
1						5	7	
				1				
			5		6			4
				5	8			
6	3							
		7	2					3

Puzzle 2 — Ranking: 8950

3			9		6			
			8			6		4
		9						
	5				7			
			4				1	5
			3	8	7			6
5		8						3
	7		1				8	
4	9							

Puzzle 3 — Ranking: 9379

	5	8	2	7	1		4	
	1				4		5	
				5		1		
7	9						8	
	8		7		5		9	1
3		1	8		9			7
5				2				6
		9	4					
	3	2						

Puzzle 4 — Ranking: 8402

		7				8	4	
5	2	4						1
				5				2
	7	2		8				6
8		1				7		
			6					
			3			9		
	9			2	8	4		
	8			6				

Solution on page 260

Puzzle — Ranking: 7366

4	5			8				
6			9					
		8		5		6		
7	2				4		9	
			6					1
			2					
			2			5		8
		4						6
	1		5			9		

Puzzle — Ranking: 7735

	3		6					
	4					5		
	7						1	6
			8				3	5
	5	7	4					
		9	1			4	8	
	2		7					9
4						6		
	1							2

Puzzle — Ranking: 7616

			5		1			
		1					9	5
			2					4
7		5	9	1				8
4	9		7		3			1
			4			2		
	1					9		
5			8		6			
		6		3			2	

Puzzle — Ranking: 8138

	9				2			3
	3						7	
2	5				6			
5						8		
7	2			8	3		5	
	1					4		2
			6			5	9	
			8					
			9		7			1

Solution on page 260

Puzzle — Ranking: 8293

				6			8	4
	7					3		
3					9	5		
	6	3			7			
8			6				1	
		7		5	9			
7		5	9					1
1						2		
		4		8				

Puzzle — Ranking: 9001

3			4					
	4	2			6			3
			5					1
		7					4	
		5		9		2		
		4				8	5	9
				2				
8				9		7		
		3				1		8

Puzzle — Ranking: 9507

			5					
7					2			5
			7	1		8		
			4					1
	4	9				3		8
		1		8		7		
			9	3	6			
5	8						9	
3					5		2	

Puzzle — Ranking: 7894

3		2						9
	5	9						
					2		1	
		5	9			2		
		3		2	4	8		
			6					4
				3				7
			5	9		3		
		7		1		6		

Solution on page 260

Ranking: 8568

			6	9		3	8	
9							2	
	4			3				
7				8		9		
							5	
3	5	6			2			
	2				3	7		
		5	4					1
								5

Ranking: 9287

3	2		5			1		
		1		4	6			
5				2		4		
	5							
		2	3					7
7				6				3
4							2	8
	8			7				
			2		4	7		

Ranking: 8085

					4		1	
		8		9			2	
9	6				7		4	
6	9	1				4		
			6					7
	2	4						
3			9					8
8		6		7				

Ranking: 9396

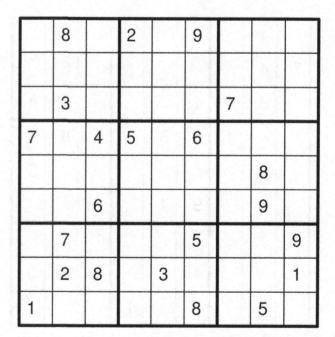

	8		2		9			
	3					7		
7		4	5		6			
							8	
		6					9	
	7			5				9
	2	8	3					1
1				8		5		

Solution on page 260

Puzzle 1

						4		
		3		6		1		5
1	4		3	9				2
6								
	7				3		2	
	9	2				8		7
		4	1			2		
2	5				7			
8		7	4	2	9		5	

Ranking: 8050

Puzzle 2

6	2			9	7		5	4
				4	6			2
7							6	3
		8			2			5
5	1	7						
	9	4						
1			6				9	
4	3	6	5					
9		2				5		

Ranking: 9238

Puzzle 3

7	4					5		
	8	6	1					4
		4		3		9	8	
	6		8					2
			9	4				
						1	2	
1			4	2			3	5
		7			1			

Ranking: 8547

Puzzle 4

		9	4		6	8		5
4		7		3				9
						6		
							8	
	5		6	9		4		9
1				4			9	
9			5					
	7		6			2	5	
		1	2					7

Ranking: 8806

Solution on page 261

Ranking: 7909

5		7					1	
					4		7	5
		4				9		
4		9			5			
8		6						1
	3			2				
			1	6	2	4		
			3				8	6
				5			3	

Ranking: 9036

	9					3	6	
				9		7		
2		3	7					9
	8		6					1
7				5	2			
						6		
	6					9	5	
				4			7	
				6		8		4

Ranking: 8539

			1					7
3				6				
9	5	2			7			
4			7	1				6
	2		4				8	
		1					5	
					3			
	9	4	3			2	7	
			2				4	

Ranking: 8342

1			8					4
8	2	9		1			3	7
					9	8		5
3			9				5	2
	6					1		
2			5			4		
		4				5		3
		3				2	1	
			4		3			

Solution on page 261

Sudoku Puzzles

Ranking: 8057

		8	9	5				
	3				7	1		4
1			2				5	
								2
							9	1
6	9						3	
7	1							8
			1		3			
9	4		5					

Ranking: 8712

					3	1	8	
		1		6				
		5	4			3		7
	8				6			
		3			8			2
7						4		
			8	5				
	1						2	
4			6	7				

Ranking: 9166

			7	6				9
3	1			9		7		
		2				8		
					1	3		7
								4
		1				2		
		3	9		2			
5	9			1				
4			3	8				

Ranking: 8884

			7	9		2		8
				5			7	
	6	3			8		1	
9	1	2	5	4				
	5					1		9
						5		
				1		4		
	7							
2		6						

Solution on page 261

Sudoku puzzles.

Ranking: 8307

	3		8		7	1		
	1	5			3	6		
						3	7	
	2		1		5			4
		6						8
	9	8			1			
		3		6			4	
			7	9				

Ranking: 7280

		5			4			
			6	8				
6				7			4	
	3		8	5				
		4					9	5
					2	7	3	8
		1			5	4		6
		9			7	5	1	
4	5				8	2		

Ranking: 8122

			1		3			
7			5					
8		9			2			
		4					1	
					4		9	8
		5	7		1			
	6					1	4	
	9							
	4	8		2			3	6

Ranking: 8827

				7		1		
				4		5		
4	9	3			6	2		
6	3		4					
						3	2	
1						7		8
		6	2		5			
							9	
8			1	6				

Solution on page 261

Ranking: 7333

		2					4	
			2	5				7
		7	8			2		
1	4							9
2		8	3	1		7		
				8				
	9			3		5		
		4	5			8		
6	3							

Ranking: 8243

							4	
6				9		2	1	
			4		8			
					2			
8	4			1	3		9	
7			6					
	8			5	1			
						3		1
3					7	4	2	

Ranking: 8066

5							6	4
			2			9		
		3		5	4			
		1	6					7
		2	3	9				
					7		9	
	2	9				3		
6			1			8	7	
	1	7				6		

Ranking: 9288

				2		3	7	
5			3					
2	6			9				
					4			
7	3				6			
4	9					6		2
3		1				4		
	4		1	6		5		
	8					2		

Solution on page 262

Puzzle 1 — Ranking: 8395

```
. . . | . 6 . | . 7 .
. . . | . . . | . . .
. . . | 7 9 . | 8 1 .
------+-------+------
. 4 8 | . . . | 9 . .
. 2 . | 8 . 6 | . 3 7
. . . | . . . | . 2 .
------+-------+------
. 6 . | 4 9 . | . . .
. 1 . | 2 . . | . . .
. 3 9 | . . 1 | 2 . .
```

Puzzle 2 — Ranking: 8554

```
9 . . | 2 6 . | . 5 .
. . . | . . . | 4 . .
. 2 . | . 8 4 | 3 6 .
------+-------+------
. . . | . . . | . 7 .
. . . | 8 2 . | . . .
. . . | . . . | 5 . 4
------+-------+------
. . 7 | . . . | . . 1
3 4 . | 9 . . | 6 . .
8 . . | . . . | . 2 .
```

Puzzle 3 — Ranking: 8474

```
. . 3 | . . . | 1 . .
. . . | 8 . 6 | . . .
. . . | 5 2 . | . 4 8
------+-------+------
. . . | 6 . . | 9 . 7
2 . . | . 5 . | . . .
. . 7 | . . . | . . 5
------+-------+------
8 4 . | . . . | 5 . .
. . 1 | . 4 9 | 2 . .
. . 2 | . . . | . . .
```

Puzzle 4 — Ranking: 9507

```
. . . | 4 . 8 | . 1 .
. . . | . . 1 | 2 . 9
. 3 4 | . . . | . 7 .
------+-------+------
. . . | . . 7 | 3 8 .
6 8 . | 3 5 2 | . . .
. 9 6 | . . 4 | . . 8
------+-------+------
. . 2 | . 9 3 | 4 . .
. . 4 | 1 . . | . 2 .
```

Solution on page 262

Puzzle 1 — Ranking: 8037

	2							
4							1	7
		8				2		
1				5				8
	9		2	6	4	7		
	6			7				
			7		2	6		
		6			9		4	
	5							9

Puzzle 2 — Ranking: 9720

5						8		
	9		5		2			
	7	4		1	8			
9	1					5	4	6
			8					9
	6	2						
				7				4
			4			1		
		3		5	1		8	7

Puzzle 3 — Ranking: 7909

		4						
8				5			2	
		9	8					
	7				4			5
5							4	1
2					3			9
7	6			8		3		
			7					
			3			8	5	

Puzzle 4 — Ranking: 9497

	6						5	
			5			8		1
			2					3
				8				
7			9	6				8
8		6	4	5		3	2	
	4					2	9	
9		7						
	2	3			9			

Solution on page 262

Ranking: 9187

					1		4	
			3					
	6		8	9				
5					7	2		6
		2		8			1	
6	9							
				4	3		1	
		5		3		9		
4		9				2		

Ranking: 9389

		4				8		3
	5			6	2			
								7
			3			7		
2	6	7					1	
						2		
	1	2	5				9	
	9		4			6		
		6			9			5

Ranking: 8316

						5	6	
		1		4	6			
				2	8			
1	3				5			9
		6			3			
5			7			2	1	
8		3	5					
9			2			4		

Ranking: 7623

				7	6			
			3	2		4		
	7		4			3		
8							1	
	5		6				8	9
7				9				
4						5	3	
9	6						2	
		2						

Solution on page 262

Puzzle 1

			2					
					5	6	9	3
	5			6				
5			7					8
8		9	3					6
2								
	2	4				6		
					2			
		3	8	5		4		9

Ranking: 8738

Puzzle 2

		1	3			6		
2						5		9
	4			7	9			
						4		
	6		5			2	1	
	7	8			6			
			1			3		
				4				
		9		3	5			8

Ranking: 8071

Puzzle 3

			3	6			9	
2					1			
5			9			6		
			1					8
	5					2	1	3
9	4							
						1	2	
		6		9				
7			8			5	3	

Ranking: 8073

Puzzle 4

	9			4			1	3
7							9	
			3					6
8		6		3		2		
		7	5					
					9	6		
5			6			1	9	7
						1		
					2		3	

Ranking: 9300

Solution on page 263

Puzzle 1 — Ranking: 8971

9			4					3
				8				5
	8						7	
			3	9	5			7
					4			
6	3		5		7			
8		6			1			
						7		
	2	1			8		6	

Puzzle 2 — Ranking: 8108

4		6			2			
	2			3		9	5	
	8							
		7	5			1	8	2
			7					3
		4	3		7			5
5			1			2		
3	7							9

Puzzle 3 — Ranking: 8144

4	6		8					
		5				1		3
				7				
1					5			8
8		2		1		4		
5								
6		4	7	5				
	3							9
			3				2	7

Puzzle 4 — Ranking: 8740

			8			5	9	
1							8	
	5				7	3		4
		1			6	4		
7			1	5				9
3					2			
	7		5			1		
		4				9		
9	8		6				7	5

Solution on page 263

Ranking: 7352

8	4			2			5	
	9		8				2	
			9			8		
						9		6
						2		1
3		4						8
1		7				9		
		3		5	1	4	6	
					2			

Ranking: 9403

8	4							
		6				1		
		9			7			
			5	3				
						4		
7	1			4			2	9
			3			2	7	5
9		3	7					
		8			1			

Ranking: 8924

			8	7		4		
		1	5				7	
9								
	4		3			5		
6								7
				8	3			
		3	6		5	1		8
	1							9
8		5				7		

Ranking: 9713

	3		2			1	7	
8								4
		4	1		8			6
			5		2		1	
		6	9		4			
3	5					4		
2				9				
	7		4	2	6			
					1			7

Solution on page 263

Puzzle 1 — Ranking: 9396

				6	4			
				7		8	9	
1								3
	3		4	5	7			
6				1				8
			9	6				
	6							4
7		9	3			5		
8		5						

Puzzle 2 — Ranking: 8107

9								
8			4			2		
7	6			8				5
			2				1	8
2			8	4		5		
6	4				1			2
		9						
			7	6				4
			1			3	8	

Puzzle 3 — Ranking: 8587

1			2			9		8
			1		8			
	5	4				3		1
2	4							
7	8			6	1	5		
					7	8		
6	7	9				1	4	
		8				6		7
					6			

Puzzle 4 — Ranking: 8006

		3	6		2			
	8				1			
			9			5		6
	5	9			3			
2					9			1
	7					6		
	6				5			
8		2				7		5
				1	8			9

Solution on page 263

Puzzle 1

Ranking: 8448

		5					7	
3		2		4				
						9	2	4
			4		9	1		
	1				3		6	
5					6			7
6		3	7					8
8	5							1
2						5		

Puzzle 2

Ranking: 9346

			7	3				
	2	3	4				5	
4			1		5			7
								3
	6			3	2			
	4		8					9
8		2			6		4	
								8
	1				6	9		

Puzzle 3

Ranking: 7517

1			8	3	4			
					9	2	4	
	1	5			7			
	3	5		7				6
	8			4				
	3	6				2		
		2						
4		8		6				3

Puzzle 4

Ranking: 7385

8		7						4
	6					5		8
			2					9
		4		5	7			3
	9				3			
5			1	4			9	
							5	
	1	6	4				8	
		8			9	7		6

Solution on page 264

Ranking: 9612

	4				5	6		
		5	2	9				7
4				1	6	3		
			5					
		1						9
2	6						8	5
9		7				4		
	5		4	7				

Ranking: 8410

			9					
	5			3		6	9	
		1			2			3
7			1	5		2		
	8		6					
6				4	3	5		
					7			
						9	6	
3	4			9		1		

Ranking: 9439

	8					2		
						4		
		5		3		7	9	
	2	6		9				
			3			5	6	
	3	8						1
		9		2				
			6	7		9		
1			4	5		3		

Ranking: 8820

			1					
		7	5	3	9	2		
							3	
		2		5	4			9
	8	9					7	
1		4	9					
						3		
	2	3		1	8			6
	1				2	7		

Solution on page 264

Puzzle 1 — Ranking: 9612

9			4					2
		1			2			7
	7		6					
	5		3			9		
					5	6	8	
		3	5	9				1
	9	2					6	
	6				3		4	

Puzzle 2 — Ranking: 8177

	1	5				4		
		3		6				5
7								
9			2				3	1
	8	2			7	9		
	6	4			8			
				3		1		
	2		7		6	5		8

Puzzle 3 — Ranking: 8591

9			7					
		6			5			
4			8					5
			1					
	8		6	5				3
				3	8	4		9
						1	7	
1							3	
	3				2	5	6	4

Puzzle 4 — Ranking: 8748

	2	9						6
	3		7		6	1	9	
			9			3	4	
		3				4	2	
5								7
					7		6	
8		5		1	3			
							3	9
		7			2			

Solution on page 264

Ranking: 9396

Ranking: 8012

Ranking: 8626

Ranking: 9052

Solution on page 264

Puzzle 1 — Ranking: 9429

	5	1						
			2				8	
			1	6	7			9
		8		7	4	1		6
		6	5				4	
	9			2		7	5	
				1				
	8	5		9			6	
4			7					

Puzzle 2 — Ranking: 8349

			3	6				
2	9		7	1				
8								
7	8			9			2	
						7		
1	4				3	5		6
	5							9
4					9			
	1		4				8	3

Puzzle 3 — Ranking: 9564

1		8			7			2
		2		9	4			5
							9	6
	1						6	
4			3		6			
			4				3	1
2	7					8		
	8			3	5			
						2		

Puzzle 4 — Ranking: 8818

	5			7		6	4	
					2			1
		8				9		2
						2		
			6	1				5
		6	2		5			
7			8			5		
					1	8		
4		2	3	7				6

Solution on page 265

Puzzle 1

	2			8				1
7		6					8	4
					5		9	
2	7	4		5	3			
9								
		3	7					
	3			2		4	6	
	1		8		6			2

Ranking: 9086

Puzzle 2

	5	8						6
	3			5		2		
4					6			3
8						4	6	
		9			8	5		7
			7				2	1
6	1		5			7	4	
	8		6		2			
			3					

Ranking: 9102

Puzzle 3

5		1		4				
								9
		4					2	8
				7	2			4
6				8	4			5
	3		5			9		
2								
			3	1	8			
9			7		5			

Ranking: 8633

Puzzle 4

	1					4		
		5	8		3			
		3			9			7
				2				
7				8	5		3	
				6			4	9
	5			7		1		
2		4						8
					2			

Ranking: 8732

Solution on page 265

Ranking: 8099

		1			5			
	2	7		8				
	3				9	6		2
				2				
	9					3		8
5			1					4
		3				7	6	
							5	
	6	4	5					

Ranking: 8094

		6				5		
4	7					1	6	9
			1				3	
8		4				7		
3			4					
					9			
			7	8	4			
			4	5			9	
		2			6			7

Ranking: 9010

1					5			
5					8	1	7	
				3		4		
3	7			9				8
	1		8					
			3		4			2
		5			1		9	
		2		6				
			7					

Ranking: 8546

			5					2
		9						8
	5				8	9		
	6			3	4		1	
	4							3
	2		7					
		4			5	3		
		8			1	5		
5			6		7	2		

Solution on page 265

Sudoku — Ranking: 9329

			1		4	7	2	
8								6
			9			1		
4		5						8
	9		5			6		
		1		9	8			
2						9		
	5	3	4					7

Ranking: 9329

Sudoku — Ranking: 9789

			9	1		6		
	8	5	7					
3						7		
5								7
	6		8					
2		7	5			8	9	
			3	9				4
						5		
6						3		

Ranking: 9789

Sudoku — Ranking: 8620

								1
		1	6			3	4	
9							5	
				9				3
5	6		8				1	
	2	9				5		8
				6	2	1		
	5		4		9		2	
					8			

Ranking: 8620

Sudoku — Ranking: 8198

9		3						
			8		2			
5			3		1			
								6
	7	5					1	
			5	4			3	
	6			8				4
		2					9	8
		4		5			2	

Ranking: 8198

Solution on page 265

Ranking: 9144

Ranking: 8270

Ranking: 8222

Ranking: 9436

Solution on page 266

Ranking: 8539

8								
		2				3	1	7
9	7	3						
5	9	4			6		8	
2						4		
7	3	1	9					
	6			9				1
4	2			7			3	6
		7	2			9		

Ranking: 7963

9					3			
			8			5	4	
		4		5				2
2	1	8	5					3
	9		7			6	2	
6			3				5	
		6		7				
			1			3		
4	8			2				

Ranking: 8475

		4				8		
							6	
	6			9			4	5
7	3		2	6				
					4	1		
	5							
	7			4	3	6		
					2			9
8		6			1	2		

Ranking: 9052

			5		6			8
							5	9
9			7				2	
2	7							
		8	9				1	
1				4	7	2	9	
8		1						
						5		6
		7			4			

Solution on page 266

Ranking: 8358

	7	9	4	1			3	
6					3			
		1			8		7	2
		2				8		1
				9				4
		4	2	5				
	8	3		2		1		
2		6						7
1		7		4				

Ranking: 8101

	5				4			
		3		9		7		
	9	1		5				
					5	8		
	3	8				2	1	
			2				4	
				6				7
1	6		3	8				
8		5				3		

Ranking: 8613

1			7	9				
			1	3	5			9
	4				2			
					3			2
4								
9		8		6		1		
						6		1
5							2	
		6	9	5			4	8

Ranking: 9490

			3	7				
7		8				3	2	
5	3				2	6		
1			7				4	6
		5						2
			9		4		1	
		1	6	9				
4								9
	8				1	7		

Solution on page 266

Puzzle 1 — Ranking: 7725

	6			9		8		
1		2			4			6
				7				
	1	7						
	8					1	3	4
9					6		5	
2			5					
		6				4		
4	5						1	2

Puzzle 2 — Ranking: 7813

	8				3	4		6
	9			2				7
					7			
5		2				3		
							6	
	6	1		4		2		5
	4	9						
8		6	3	4				
			7			2		

Puzzle 3 — Ranking: 9400

		1	8					
	2		3					
9				4		1		
6				5			3	
			7					
	7		9		6			4
		8			3	7		
				7		2	5	
	9		6			8		

Puzzle 4 — Ranking: 8768

		3			2	1		
	5			1				8
7			3					
	4		5			9	6	
3			2					
	9	2			8			
		6		9			8	
1		7						
			7				3	

Solution on page 266

Sudoku Puzzles

Ranking: 7949

	5	7			9			
	8							2
1			5			6		
				8		1		
4			6			9	2	
	1				5			
	7	6						9
	2					5		8
			1		6			

Ranking: 8928

			7					2
4				1				
	8				2	7	1	5
	5		2			9		
					7			1
					9	6		
	7				1			9
3								
		4	9	5				8

Ranking: 9366

2						8	3	
9	7					4		2
					3			7
	5		7	6				
			9	2		1		
					4			
			8		7			4
		5	1			9		
		6				5		

Ranking: 8563

				5		1		
		1			9		6	
7		4					8	
		3			4	6		
	7				2	8		
			9					
	4		2					
		5	6					
3		8		7		2		5

Solution on page 267

Puzzle — Ranking: 8832

```
. 9 . | 1 . 6 | . . 3
8 3 . | . . . | . 1 .
. 5 . | . . 3 | 4 7 .
------+-------+------
. 7 . | 5 . . | . 4 .
. . . | . 2 8 | . . .
. . . | 6 . . | . . 1
------+-------+------
7 . . | . . . | 9 . .
5 . . | 6 . 4 | . . .
9 . . | . 7 . | 5 2 .
```

Puzzle — Ranking: 7841

```
. . . | 1 . . | . . 7
. . 1 | 9 . . | . . 4
. . . | 2 . . | 3 . .
------+-------+------
. 8 5 | . . . | 1 . 2
9 . 6 | 1 . . | . . 8
. . . | 9 . 6 | 7 . .
------+-------+------
8 5 . | 7 . . | . . .
1 . . | 8 . . | 2 . .
4 . 9 | 6 . . | . . .
```

Puzzle — Ranking: 8085

```
. 7 . | . . . | 6 . 2
8 . 6 | . . . | 7 . .
. 9 2 | . . 7 | 3 . .
------+-------+------
. . . | 5 . . | . . .
. 6 1 | . . . | . 2 .
. 5 7 | . 2 . | . . .
------+-------+------
. . . | 4 1 . | . . 6
. . . | 2 . . | . 8 5
1 2 5 | 6 . . | . 7 .
```

Puzzle — Ranking: 8364

```
. . . | . . . | . 9 .
. . . | 8 . 7 | . . .
. . 2 | . . . | 4 5 .
------+-------+------
8 . 9 | . 3 . | . . 4
7 6 . | . . . | 3 . .
. . 4 | . . . | 5 . 9
------+-------+------
. 1 . | 4 5 . | . . 3
. . . | 1 . . | . . 6
. 9 . | 2 6 . | . . .
```

Solution on page 267

Ranking: 8266

			6		9		4	
	5			3				7
3						6		5
	4							
9	7						5	2
			2					1
	1		7		4			
								6
		6			1	9		

Ranking: 7895

							6	9
3	8		2				5	
	5				4			
6		8		9			7	
					6	8		
		7		5	1		2	4
		4				2		
1								
			7					

Ranking: 9017

			9					8
	1			3		4		
5	9		1					
				9	3	8	1	
				7				
	5			8				
	3					7		
		8		2				
1		7			5			

Ranking: 7837

		2	7		9			
	6			9				
		4	3					
	2	5	8					
7			5					
			3	4				8
								4
			9	2	8	5		
	9		8	1	2			3

Solution on page 267

Puzzle 1

1							8	2
			7	4	1			
	6			3				
							3	
3			4	8			7	
		7				9		6
	2		6	7				4
9		5						
	4		5					

Ranking: 9713

Puzzle 2

5		9						1
1			2	8		3		
						7	2	
			8		9			
				7				
	3	5		1				
8				9			3	
		4				8		
		6		7		1		5

Ranking: 8798

Puzzle 3

		6	2					8
	4			3				
	9	3						
3	5				2		1	
	2		4	8				
			3		5			
5			7			4		
		4	9		6	3	7	2

Ranking: 8366

Puzzle 4

	8		2					6
		5		8	3		4	
	2			4	9			8
	9					1		
	7		3		2		9	
					4	7	8	2
	5	9					2	
1					6			
2				3			5	

Ranking: 9554

Solution on page 267

Puzzle — Ranking: 9067

					9			
				1		4		
	3	2						5
	1		9	7				
	7		2	8	3	6		
				3				
		6				5		
	4			9		1		
9					5			4

Puzzle — Ranking: 8510

7		4	8		9	6		3
			5					7
3								
	9	3			2			
8	6			1	3		9	
								5
			3			5	8	
						6	2	
		9					1	

Puzzle — Ranking: 9194

	1				5	3		
4			1	8			9	
		9	3					1
	4				1			6
			5			8		2
			9				3	7
9		7	5				2	
2			4				6	9

Puzzle — Ranking: 8989

2	4					8	5	6
		7		4		3		
	6				8			
		2				7		3
		9	3	8				
4			7		1		9	
			4	5	9			1
						4		
3					7			

Solution on page 268

Puzzle 1 — Ranking: 9351

	7			6		4		
						5		
	1			5			8	2
							4	1
8	4	6		3	2			
5					4			
		4	3	2	6	1		
			8			9		
	8	7				2	3	

Puzzle 2 — Ranking: 8208

			2	8		3		
			9	5	4			
8				3	1			
9							4	
	6					2		1
4						6	7	
	7		8	9				
	2		1		3			7
	8			2				6

Puzzle 3 — Ranking: 8330

		2			3		5	
				7	9	1		
7	6			9				
	1			4			9	8
4	7							
6				3		5	2	
		4						
	1						8	
			2			4		6

Puzzle 4 — Ranking: 8501

						1	5	2
		2		8	5	6		
	6		7					
						3		
				4			1	8
	8						4	
7			3	8				
	5							
4		1	9	5		7		

Solution on page 268

Ranking: 8002

Ranking: 9007

Ranking: 9144

Ranking: 7229

Solution on page 268

Ranking: 8237

					6			
		6		1				3
	2		5				1	7
			4					
4			6		9	1	3	
	7							9
	3					7	2	
		7	9	6	2			8
8								

Ranking: 8184

					2	1		6
			4				2	
	3	7					4	8
		1	8					
	7	8			6			2
	2					5		
					1	8		
3		5	7	4	9			
			5					

Ranking: 8989

				5	3		6	
5			2	9				1
2			1		6	3		
	8		4			6	1	3
								5
7		6	3	1				8
8								
						1		
	9			6		4		7

Ranking: 8734

		8	4			5		
2				7				6
	5		9				1	
7			1		9	4		
			2				3	
		3			6			1
	8			2			9	5
	4							

Solution on page 268

Puzzle — Ranking: 9264

	5		8		1		3	
				4				
	3	9	5					
	9			1		6		8
		7		6				9
	2			9		5		
					7			
7	4			2				
	8		6			9		5

Ranking: 9264

Puzzle — Ranking: 9351

			8			5	4	3
	5				9		7	
2				7	4			
			1					7
4	1							
	6		3				2	
		2		8		7		1
1			5				6	

Ranking: 9351

Puzzle — Ranking: 9651

6					1			
	9							2
				8			9	
	7		5			3	8	
9	3				4			5
			7					
		6		7	9			
1			4					9
	5				6		4	

Ranking: 9651

Puzzle — Ranking: 9255

	6					7	1	
		7			9		6	4
		3						
			8	1				
9	8	6		5			2	
5								6
			4	9			5	8
	9		1					
				8	7			

Ranking: 9255

Solution on page 269

Puzzle 1 — Ranking: 8740

					1		4	
	6	1	4		2	9		
9				7				
8			9			2	1	
			3	1		4		
6								
7		8			4		5	1
		3						
								2

Puzzle 2 — Ranking: 8322

				4				5
3				2	5	7	4	
	5			9	7			
5			9			3		2
		6						
1			2					
6		2						
			7				3	
7	3	4				5	6	

Puzzle 3 — Ranking: 8309

	8			1				2
		7						
2								4
4						9	1	
8		5	3					
	2							
7			1		8		4	
	6			4	2		9	
						6	2	

Puzzle 4 — Ranking: 8676

9								4
	5		4					
1		4		3		2		9
				8			3	
		6						
	7	2		9	6			
	3	5		1		6		
	9						7	1
					2			5

Solution on page 269

Puzzle 1

				7			4	
			6			9		1
3					1			8
	2	8			4			7
5	9			2				
			3					9
	1	2						
6	5					3	8	
			7					

Ranking: 8078

Puzzle 2

	8							
9	3		4			7		
	6				1			
			6					3
3				4		9		
	4		2			6		
						8		
		7		2		4	1	
		7		9	2			

Ranking: 8967

Puzzle 3

		1	2	9	7			4
	7	5	1			8		
		6						
			8		5		2	9
	3				1			
	1	4						7
						5		
	2		7			4		

Ranking: 8957

Puzzle 4

			1			6		3
				4		5		
		8						9
	7	9	5				2	
			4					1
	2				8	9		
			9			1		7
		7			5			2
6			7					

Ranking: 8288

Solution on page 269

Ranking: 8357

		1			5			
5		2						
	6		2			3		
8			7	4			2	
6	2							
				5			7	
	4						6	
7	3		9	1				
					8		9	

Ranking: 8431

	5							
			3			7		
			6		2	9	3	
9		6						
			8			5		
	1				4	3		2
6					1			
7			4					
	9	2			5			8

Ranking: 8748

	9		5	6				4
				3		5		
		1					9	3
		7	2		4			6
4	3			9	1		7	
9					3	2		
	8				6			
3							5	
		6				4		

Ranking: 8612

		1	2			7	4	
						6	3	
		4	8	6		5		
			5	8				3
	6	3						
			3			9		5
	4							
	5			7	9	4		
7		9	3	8				

Solution on page 269

Puzzle — Ranking: 7781

```
. 5 . | . 7 . | . 6 .
. 7 . | 6 5 . | 2 . 9
. . . | . . 1 | . . 3
------+-------+------
5 . . | . . . | . 7 .
. 9 . | . 3 5 | . . 6
. 1 2 | . . 4 | . . .
------+-------+------
9 . . | . 8 . | . 2 4
. 2 . | . . . | 6 . .
. . . | 3 . . | . 8 .
```

Puzzle — Ranking: 8456

```
2 . 9 | . . . | . . .
. 3 5 | . . . | . 9 4
. . . | . . 4 | . . .
------+-------+------
1 . . | . 4 . | . . .
4 . 7 | . . 9 | . 6 .
8 . . | . . 3 | 5 . .
------+-------+------
. . . | . 2 . | . 8 6
. . . | . . . | . 9 .
. . . | 3 . . | 6 2 .
```

Puzzle — Ranking: 8925

```
8 . . | 4 . . | . . .
. 3 . | . . . | 1 . 2
6 . . | . 7 2 | . 5 8
------+-------+------
. . . | . . 9 | . . .
. 1 . | 5 2 . | . . .
9 4 . | . 8 7 | . . 5
------+-------+------
. . . | 8 . . | 7 . .
. 2 . | . . . | . . 9
. . . | . 6 1 | . . .
```

Puzzle — Ranking: 8375

```
4 . . | . . 9 | . 5 .
. 1 . | . . . | . 2 .
. 6 . | . . 8 | 3 . .
------+-------+------
. 3 . | 8 7 4 | . . 9
. . . | . . . | . . .
. . 5 | . 1 3 | . . .
------+-------+------
. . 7 | . 6 . | . 8 .
. 9 6 | 7 . . | . 3 2
. . . | . . . | . 7 .
```

Solution on page 270

Puzzle 1

	2		6		4			
	8					5		
6			1			3		4
				3		1		
	1					4		
4				6				
2		9	5					
						8		
	7		9					6

Ranking: 8154

Puzzle 2

	7							
1		2	8					
8					2	4	6	1
						1		
		6		1			4	8
			2					6
	1							
7	4			3				
3				5		9	7	

Ranking: 9024

Puzzle 3

8	4			1				
	1					7		
		6		4		8	1	
				3	2			
		8	5		7			
				9				7
	9			7				
	3	5					6	4
		4			3			5

Ranking: 8840

Puzzle 4

							7	5
7				9		6		
6		1			5	3		
		9	3	8				
							4	
		8	2		4		6	1
2			5				9	
	1	3	9					
				6				

Ranking: 8071

Solution on page 270

Puzzle 1

	3		9	7				
7	1			8				3
			3		6			
6		8				4		7
			6			1	9	
				4				
4		3				9	7	
	5			6	9	8		
8								

Ranking: 7623

Puzzle 2

	4				1		9	
1			5			4		
7	3	9			8			
		3	4	8	5			
	7				9			
			2			9		
5	6				7		1	
			8			2		
9				5				

Ranking: 9720

Puzzle 3

8		7			3		6	
	9			7			3	
				9				2
			4			5		
			1					9
4						6		8
							8	
3			4	6	2			
	2	9		3			4	

Ranking: 8073

Puzzle 4

9								3
	2	6		3	1			
4			7					
	9			8			6	
2			4		7	8		
8		5	1		3			
						6	1	
		7					8	
			2	8				

Ranking: 8548

Solution on page 270

Ranking: 8989

7	4					5	1	6
1		2			8			
		6		7				
	9			5				
					6	2		
			8			6		
5			9	3				7
								9
					4		8	

Ranking: 7742

			4	6	9	5		8
2						7		4
9			1			2	4	
		6	2			1		
	7		3					9
		3	9	5				
			3					
	5	8				3		

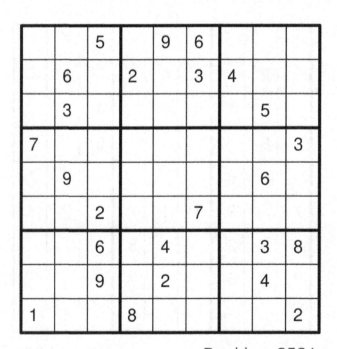

Ranking: 9110

3								
		7				2		6
	4				9	5	3	
2			6	4				
	7	9		5				
5			8			2		
	5					8	9	
		1		3				
			4					3

Ranking: 9564

		5		9	6			
	6		2		3	4		
	3						5	
7								3
	9						6	
		2		7				
		6		4			3	8
		9		2			4	
1			8					2

Solution on page 270

Puzzle 1

```
. 9 . | . . 6 | . . .
. . . | . 9 . | . 3 7
8 . . | 5 . 3 | . . .
------+-------+------
2 . . | . 1 8 | 4 . .
. . . | . . . | . . .
. 5 1 | . 8 9 | 3 . .
------+-------+------
9 . . | 3 . . | 1 7 .
4 . . | . 1 . | 5 6 9
. . 7 | . . . | . 8 3
```

Ranking: 8122

Puzzle 2

```
. . . | . . . | . . 5
6 . . | 9 . 1 | . . .
1 . . | . 6 3 | . . .
------+-------+------
. . 5 | 3 . . | 2 4 .
4 . . | . 9 . | . . 1
. . . | . . 2 | 8 . .
------+-------+------
. 3 . | . . . | . 5 .
9 . 6 | . . . | . . .
. . 4 | . 8 . | 3 . 9
```

Ranking: 9338

Puzzle 3

```
4 . . | 2 5 . | . 7 .
. 2 . | . 4 9 | . 1 .
. . 1 | 6 . . | 4 . .
------+-------+------
. 8 . | . . . | 9 . .
. . 6 | . . . | . . 7
7 . . | 2 8 1 | . . .
------+-------+------
. . 3 | . . 8 | . . .
2 6 5 | . . . | . 8 .
. . . | . . . | . . 6
```

Ranking: 8009

Puzzle 4

```
. . 4 | . 1 . | . . .
2 8 3 | . . . | 7 9 .
. . . | 8 . . | . . .
------+-------+------
. 9 . | . . . | 8 . .
. . 2 | . 3 9 | . . 4
. . . | 7 . . | . 2 .
------+-------+------
4 5 8 | . . . | . . .
7 . . | 9 . 2 | . . 5
1 . . | . 5 . | 6 3 .
```

Ranking: 8496

Solution on page 271

Puzzle 1 — Ranking: 7854

8		1				7		
	7					4		
2					6			
	5		2	3		8	4	
	2		6			5	7	9
4				7				
5				9		3		
7	4		5				1	
			4		3			

Puzzle 2 — Ranking: 9281

					5		7	
	8	3			6			9
	2			4				
							1	
5	9		2					
		6	8				5	
	4							8
	6		7	9				
		7	6			3		

Puzzle 3 — Ranking: 8556

1			5	6				
		9	7					4
	2			3				7
	4	3	5				9	2
7	6					8		
5					2		6	
			6					
	8					2		9
9	1				4		7	

Puzzle 4 — Ranking: 9422

						3		9
		5					4	
			9	7		8		
5		7						
1	3		6					
						7		3
		2	7	4	3		8	
		4		8		1	2	

Solution on page 271

Puzzle 1

2	1		4					
						4		
	8				7	3		
				4		3	8	
			5			6		
		1	3	8	2			
				6	7			
5	7		8					9
4						1	8	

Ranking: 8052

Puzzle 2

	9						8	
3								7
	5	6	7			9		4
		5	3				6	
1			8	9	6	7		
						1		
2					5			1
	7		1					8
5			4		3			

Ranking: 7963

Puzzle 3

			6			7		
		5				9		
	2	7			8		1	
		6		4	3			
	4			1				8
9								
	1		8			9	5	
	7		4					3
3					2			1

Ranking: 7953

Puzzle 4

				6			9	
		4	5		1			
7	1	6						
5					7	1		9
	3						4	
1				2				
	2				5	3	8	
								6
	9		8					

Ranking: 8244

Solution on page 271

Puzzle 1 — Ranking: 7537

		4						1
	7				1			
6	1		2	7				8
		8		4	9		1	
4				5			6	9
	9				8			
1			8		7			5
		7	9					6
			1			4	2	

Puzzle 2 — Ranking: 8712

8	2				3			5
9			6				3	7
				9		4		
5							4	
		6			2		9	
		9	4		7			
	5						7	
7				4				
						8	2	6

Puzzle 3 — Ranking: 8993

9						4	1	
							7	8
			7	5				
			6	8				
	9					2		
		5	1		4			
	2			1				9
		3					4	
4			5			6		

Puzzle 4 — Ranking: 8851

	1		7	5		4		
	8		6	9				
				2				
	5		1			7		
	6	3	8				1	9
2				8		5		4
		1		4			9	
		8						

Solution on page 271

Puzzle 1 — Ranking: 8844

					3	6		1
			7				9	
		4	6	8		5		
		6						5
4	3				9	1		
		7			4	9	2	
	4			3				
	6		8			2	1	
					5	7	6	3

Puzzle 2 — Ranking: 7477

					9	2		3
		5			6		8	
	9			7			1	
	3	9		5				
1			4		7			
			2					
							3	2
	1	8	6				5	
5						4		

Puzzle 3 — Ranking: 9605

		2			4			
3		6	2	5				
	5	8			1			
	3		7	4				9
2			6					
								5
			4					6
	9	1				4	8	2
6						5	9	

Puzzle 4 — Ranking: 7306

3	2			8		6		1
	5	1					4	
8		7						
			8					3
2		3					8	
			3	9		2		
1		8				5	2	
		6	4	7		3		
	3							

Solution on page 272

Grid 1 — Ranking: 7826

	8						4	
6	1		3			8		
		7				9		
	4		9					
		5		2				
				5	1			3
8								
9			1		7		6	
7			4	9	8			

Grid 2 — Ranking: 8768

8				3				
9			8		4	5	7	
		4			9			8
			5	9			4	
	9		3				8	
6		7			8	3		
	8			1	6	7		
			9	8				
		1				8	6	

Grid 3 — Ranking: 8272

1			2		9	4		
			7					1
			3			5	9	
	4				5		2	
		6	4			9	3	
	1		6		3			
7				3	4			
		8				3		
9			1				4	

Grid 4 — Ranking: 8686

		1			6	2		
		6		5				9
	4		2			1		
	6				7			
9		8			5	4		
				3				
			8					5
			2			3		6
4		5					8	

Solution on page 272

Ranking: 8217

```
. . . | . 8 . | . 6 .
. 2 . | . . 6 | 7 . .
. . . | 5 . 4 | . . .
------+-------+------
6 . . | 7 . . | . . .
9 . . | . . 2 | . . .
. 4 7 | . 6 . | 3 . .
------+-------+------
. 9 8 | . 2 . | . . .
. 7 . | . . . | 8 . 5
2 . . | . 5 . | . 9 4
```

Ranking: 7603

```
5 . . | 9 . . | . . .
. 4 3 | . . . | 8 . .
. . . | . 3 . | . 7 .
------+-------+------
. 5 7 | . . . | 1 . 2
2 . . | 1 . . | . . .
. . 1 | 5 . 6 | . 3 .
------+-------+------
3 . . | . . . | 9 . .
9 1 . | . 4 . | . . .
. . . | . 9 . | . 4 8
```

Ranking: 8662

```
8 . . | . . . | . 1 .
. 3 6 | . 5 . | . 4 .
. . 5 | . . . | . . .
------+-------+------
. . . | . 3 . | . . 7
. . 4 | 2 1 6 | . . .
. . . | . 9 . | . 8 .
------+-------+------
5 9 . | . 2 . | . . 8
. . . | . . . | . . 2
. 6 1 | 9 . . | . 3 .
```

Ranking: 8176

```
. . . | 9 . . | . 8 1
. 9 . | . 1 . | 6 . 3
. . 8 | 6 . 5 | . . .
------+-------+------
. . 6 | . . . | . . .
9 8 . | . . 7 | . . .
2 . . | . . 1 | 5 . .
------+-------+------
. 6 . | . 5 . | . . .
. . 7 | . 8 . | . 6 .
. . . | 1 2 . | 7 . 9
```

Solution on page 272

Ranking: 8344

		3						
	7				6			2
		8	2					
		1		4	2		3	9
9	8						5	
2		6	8			5		
					4		2	
			9			4		7

Ranking: 9454

5						2		
		9			8	1		
			5		7			
		5	4					9
2	8						6	
3						4		
		6						
9			1	3				7
						8	4	3

Ranking: 8378

9	8		1					6
	6					8	1	
				8			7	
1		3	4		8			
	9					1		
					7			
		9		2		3	8	
				3			2	4
3			5			6		

Ranking: 9429

7					6			
	1			4	9	5		
		5				6		2
9								
4			8					
		8		7			6	
		6					8	
2			4				9	
5					7		1	

Solution on page 272

Ranking: 9294

7					8	6		
		5					4	
9		8		5				
6		7		3	9			
4								2
8	3							
			9				5	6
				4			1	
			2		1		9	8

Ranking: 8817

5			3					1
3			9			2		
	1		4	7		3	5	
							3	
				9	8	7		6
						8		5
6		3		1				
	8	9	7		3		1	4

Ranking: 8150

4	8				1	5		
2						9		4
				2	3			
	5			4		7		
9		6						
			5	8		6	4	
6				7	4			
	7		2			4	6	
			9		5	3	8	

Ranking: 7993

	2	5		4		8		
		1	5				7	
				9	1			
2	7		8	6	4			5
				7				
	3	6						
6	8		1				3	
	1			5	7			6

Solution on page 273

Puzzle — Ranking: 9450

2		9		3			1	
	6							4
	3				1	5		
			2			8	3	
		7		9		6		5
8				5				
		5			3	1		
							8	6
		6						

Puzzle — Ranking: 8563

		5			9			
				1			7	6
7	2		3		6		1	
			9			7	8	
	7							5
5	9							
6			1			9		
		8						4
			2					3

Puzzle — Ranking: 8733

		4			3	7		
5	6				8			2
			9				5	
			8	1				4
				5				
	2	5		7	9			
						3		
		6				9		5
7		9	4					8

Puzzle — Ranking: 9045

8		5	3		9			
4			5				8	
	6					1		
					6	3		
		4		5				8
		2	8	4			9	6
	4		2					
	1						4	
3				7				1

Solution on page 273

Puzzle — Ranking: 8526

	9	7			2			
6		5						
			9	1				6
		9	6			1	3	
8		1	4					
			8			4	9	
			8	1		3	6	
	7	8					9	
5								

Puzzle — Ranking: 7273

9			6					
5		3			7	9		1
		2		1				4
						1		
7		5					6	3
		9						
		8					9	6
	5		7		3			
2								

Puzzle — Ranking: 7907

7		8				6		4
5	4	2						
						2		
8	7	6		2		1		
4			8				7	
		9		1				
9				6	3	4		
		7			2	9		3
				9				

Puzzle — Ranking: 7729

4		6					7	
	8							
	2		3			5		
2				4		3	5	
	9				8			4
			6	3	5			
					1	8	3	6
	3			6				
		7				9		

Solution on page 273

Puzzle 1

1				5	4			8
						2	9	
6	8		2					
					3		2	
		7	4			3	5	
		6	8			7		4
							7	
	9				6	4		2
4		8		2		9		

Ranking: 7942

Puzzle 2

	9	6	2	5				
						7		
8		4			7			
							5	
6	2				3			1
	1							
			3		8			
1		5	9			8	7	
		9				1		2

Ranking: 7909

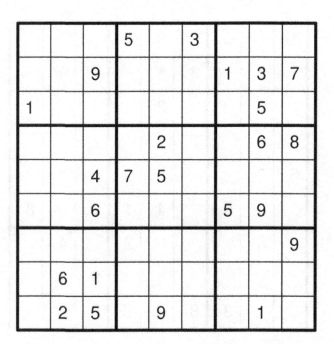

Puzzle 3

			8			5		
7	2				9			
							3	
			3					
6	4	7			2	3		
9	1		6					
		9	7		5			
				1			6	4
			2					8

Ranking: 8847

Puzzle 4

			5		3			
		9				1	3	7
1							5	
			2				6	8
		4	7	5				
		6				5	9	
								9
	6	1						
	2	5		9			1	

Ranking: 8684

Solution on page 273

Ranking: 8237

	7							
	1					9		
		8	6	5			3	
				9				4
7						6	2	9
					4		5	
8	3		2			1	9	5
2						3		
	9	7			3			

Ranking: 7313

3							6	
8			5			9		
6	2				1	7	8	
9		2			5			
		7						
	5			7			9	2
		4					3	7
7			2	9			5	
		3			7	1		

Ranking: 9386

1		6		8	5			
			3				9	
			2					
3			2					
6	7				9			
		9		4	1	7		8
	5				2		4	
						9		
	1	3	8			5		

Ranking: 7603

		1						9
				6	5	4	3	
			4				2	
				3	1		8	
	9			5				
					9		6	
6							5	
			8		3			
	1	2					9	8

Solution on page 274

Ranking: 8532

```
1 . . | 4 . 6 | . . .
. . 3 | 7 . . | . . .
. . . | 3 5 . | 6 2 .
------+-------+------
. . . | 9 . . | . . 1
. . 8 | . . 4 | . . 5
. . . | . 1 . | 6 . .
------+-------+------
. 4 . | . . . | . 9 3
. 2 5 | 3 . . | 8 . .
. 7 . | . . 1 | 4 . .
```

Ranking: 8990

```
7 . . | . 5 . | 6 . .
. . 4 | . . . | . . .
. . . | 3 . . | . 4 .
------+-------+------
6 . . | . . . | . 2 4
. . 8 | 9 . . | . 1 .
4 . 2 | . . . | . . .
------+-------+------
. 7 . | . . . | 6 5 8
9 . . | 5 2 7 | . . .
. . . | . 3 . | . . .
```

Ranking: 8129

```
. 7 . | . 5 . | 4 . .
. 3 . | 2 . . | . . .
. . 4 | . 7 6 | . . 9
------+-------+------
. 5 . | . . . | . 8 6
. 2 . | . . 4 | . . .
. . 6 | . . . | . . .
------+-------+------
. 6 . | . 1 . | . . .
9 . 1 | . . 8 | . . .
. . . | . 3 . | 9 5 .
```

Ranking: 9619

```
5 . . | . 3 . | 2 . .
4 . . | 5 . . | . 8 .
. 2 9 | . . . | . . .
------+-------+------
. . 3 | . . 4 | 9 6 2
. . . | . . . | . 4 5
1 . . | . . . | . . .
------+-------+------
7 5 . | . 6 1 | . . .
9 . . | . . . | . 4 .
. . 4 | . . . | 7 . 6
```

Solution on page 274

Puzzle 1 — Ranking: 8827

	2			6		5	7	
			8					
	7	5						
1	3			8				2
		4			1			6
			5					8
4				5		8		
	5	9					3	7
			2				6	

Puzzle 2 — Ranking: 9641

		2			1	8		
6					8	5		9
			3					
	3							
4	7	8				9		
9		6		7		4		1
			9	2		7		
2		7				6	5	

Puzzle 3 — Ranking: 7669

			7	3		4		5
			6			2	8	
		1		4				
6	9	8						
		3						
						5	3	
	7		5		2			
		6	3					
			9			5	3	

Puzzle 4 — Ranking: 9031

6				4		9		
	2	1						
		3	1	6				4
				4			2	1
			8			3		
		3						6
		9		6				
		8		2	3			5
1	5		7					

Solution on page 274

Puzzle — Ranking: 8039

		5			9	1		6
					8			5
6						2	9	
	5	8		4			3	
1			8					
	4			7				
8	6	1				5		9
		4					7	
	3					6		

Puzzle — Ranking: 9583

		6	5	2	9	8	7	
	3			1			6	9
	9				6			4
	1			3				
		5	2					
7	6	3			4		1	
	5			7		9		
		1						
3								5

Puzzle — Ranking: 8705

			2		5			
6		4					8	1
					6			
			3		2			9
5	8						7	
								6
			9					
4		8		6		3		
9				5				7

Puzzle — Ranking: 9128

7								9
4			8	2		1		
	8	9				3		
			9					
	1	4				3		
	2	3		6				
		6			2			
	1			7		6		
		8		1				7

Solution on page 274

Ranking: 8463

3							6	
			7		1			4
9			2			7		1
7						2		
					4			6
2	8		6				3	
	2			8	3		5	
		3						
		1						

Ranking: 9443

		7		6				8
		8				1		2
	5		2					
5			8				9	
	9			4		8		
	2				5	7		
2			9			3		7
8			3	2				4
	3	6		7				

Ranking: 8357

8	1				5	2		6
		2					5	
5	3			6	2			8
1					3			
			1					2
		7	5		3		9	1
	9				8	1	6	
2		1			7			
	7				1			9

Ranking: 9287

		1						
	7		9			1	8	
	2	8		7		5	9	
	1	4				7		
			3	9				
	5	1	6					
			7					
						6		9
5			2				7	

Solution on page 275

Ranking: 8760

	7	9			5	1		
		3						
		5		4			2	
							9	
				9			8	5
			7	3	4			
	1			5		6		
6	9				2			4
					1			

Ranking: 8577

7					4	3		1
		3				6	5	4
5						9		
							8	2
6	1	9	5			4		
8				4	1			
		1			5			3
	7		4					
2		5		8				

Ranking: 8989

	9				3		1	
1						6	8	9
			6		9			3
	1				5			
			1					
4	8		9				3	2
	2	4					6	
5	7			4		9		
3				7		4		

Ranking: 9672

	6		2					8
9		2		4				
			6			7		3
	2	3				6		5
	1			6				
						9	7	
			3		7	5		
5			8		4			9

Solution on page 275

Ranking: 8731

5				2				
				8		7	1	
			9	6			2	
	4		2		8			
		7		9		3		
8	2					9		
4			6					7
		5						
2	9		3		5			1

Ranking: 9346

			7	4	1		8	
8				6		9		
4	1							
						3		1
	9						6	
6	5			8			9	
			2			6		
			3					
	3				9	5		

Ranking: 8889

						7		
6				7				1
1				3		2	5	
		3	9			8		
			7				9	
5	8							
		6	4			9		
		8		1		3		
3		2						4

Ranking: 9295

					3	6		
				1		4		
9			5	6			1	7
	7							
5			6			9		
	3			4	9			
					2	1	3	
	4			8	5			6
						9		

Solution on page 275

Ranking: 7874

			4				8	
	4		9	6	5		7	
		5		3				
			3					
	6	7	2		4			8
4	8	3				2		
			7					
	1		6	9			4	2
	3	6		4				

Ranking: 7861

	2	5						
					9		8	
9	4				3			
		7	1	5				
	3		8		4		2	
5							1	
		9				8	7	
				4			9	
	1		3			2		5

Ranking: 9408

9				6				5
5			3		8	9		6
	8						4	
2			8			1		
	1		2		6			
		9	4					
	3	7						
		8		9			4	2
					1			

Ranking: 7755

3			9					
	8				1			
				6				8
			8			5		
9			7			4		
	7		1				3	
		1				2		
2		6			7	3		
			4	3			5	

Solution on page 275

Puzzle 1

						1	7	
							8	
5				3	1			2
	6						5	
			4	2	5			
	2							
3			9	8			6	
	1			4				3
4	9				7			

Ranking: 9209

Puzzle 2

				8				
	4				2			5
9			4	5		1		8
6	8	7					2	
			7			4		
5				9				
2		5	6					
			2		7			
			4				1	6

Ranking: 9338

Puzzle 3

	3	4		9	8			
5								
			1	3		4	7	
			9	1	6	5		
				7				8
			8					1
1			7					9
	7					6		
	6					8	5	

Ranking: 8861

Puzzle 4

			7			1		
							2	
5	2			3	4		8	
		8						
	5				3		6	1
7				1	6			9
		4				5		2
	7			6	9		3	
3					5			

Ranking: 8065

Solution on page 276

Puzzle 1 — Ranking: 8151

```
. . . | . 9 . | . . .
. . 6 | 7 . . | . 4 .
4 . . | . . . | 8 . 2
------+-------+------
2 . . | . . . | 7 . .
. 9 5 | 2 . . | . . 3
. . . | . 8 1 | . . .
------+-------+------
. . . | . 4 . | 3 . .
. 4 . | 6 . . | . 5 .
9 . . | 1 2 3 | . . .
```

Puzzle 2 — Ranking: 8770

```
. 9 . | 6 . 4 | 3 . .
. . . | . 3 . | . . 5
. . 7 | . . . | 8 . .
------+-------+------
5 . . | 7 . . | 4 . 2
. 3 . | . . . | 7 . .
. . 8 | . . . | 9 . 6
------+-------+------
1 . . | . . . | 6 . .
. . 4 | . 1 . | . . .
. 7 5 | . 6 9 | . . .
```

Puzzle 3 — Ranking: 9533

```
. . . | 1 . . | . . 6
. . 3 | . 7 2 | . . 8
5 . . | . . . | . 4 .
------+-------+------
. 8 . | . 3 . | . . .
. . 5 | 2 8 . | 9 . .
1 . . | . 5 . | . . 4
------+-------+------
. . 7 | . . 9 | 4 6 .
. . . | . . 3 | . 2 .
. 4 . | . . . | . . 5
```

Puzzle 4 — Ranking: 8415

```
. 1 6 | 5 8 . | . 7 3
9 7 . | . . . | . . .
. 3 . | . . . | . . .
------+-------+------
2 . 9 | 4 . . | . 6 .
. . 3 | 1 9 . | . 5 2
. 5 . | 6 . . | . . 9
------+-------+------
8 6 . | . 4 . | . . 7
. . 7 | . . 2 | . . .
. 2 4 | 7 . 6 | 5 . .
```

Solution on page 276

Puzzle 1 — Ranking: 9230

5		6						1
	3							
		8		5		6	7	
		4	7					
								7
			6	9	1		8	
	2		3	7				
	6		5		2		3	
	9	7		8				5

Puzzle 2 — Ranking: 8738

4			7				9	
			3		9	4	8	
	3			4	5			7
1			3					9
			2	9	8		6	
		9		1			7	
7			6	8	4			
		6				7		
8	4		9				3	

Puzzle 3 — Ranking: 8548

1						8		
	3	5						
2			1		9		7	
			6	5				8
	8		9					2
		4			7			
6							1	
		9					2	
			3	1				9

Puzzle 4 — Ranking: 8150

							1	3
		7						
2					3	7	6	
					4			9
6								8
	1	2	7					
9		5	2					1
			3		9			
3				6		4		2

Solution on page 276

Puzzle 1 — Ranking: 8612

		4	3		5			
							5	
6				8			9	
1						2		7
				6		5		
			2				1	
	4	1						6
					8			9
	8			3	9	4		

Puzzle 2 — Ranking: 8417

		9						4
	3			4	2			
				3		5		
4						1		
	8		1			6		
	2				8			
1				2	3	8	6	
5	7							2
3							4	

Puzzle 3 — Ranking: 7564

			9					
9				7			1	4
		1		6		5		8
		6			5			
		7	3			6		
8								
7	8		6				3	
6			8			1	2	
				9			4	

Puzzle 4 — Ranking: 9252

					8	1		
	3							4
1	4			2	3		9	
				1		6	8	
	7	9	8				4	
	5				4			2
3				9			7	
2					7			5
5								

Solution on page 276

Puzzle 1 — Ranking: 7669

	7		3	4	9	8	1	6
	1	3		7				4
9	4			2		7	3	
					1	9		
					8			
3		6	9					
				2			5	8
4				3				2
	2			5				

Puzzle 2 — Ranking: 9408

					6	5		9
					9			
1				7				
	1			4			8	
	2						5	
			8	1				7
6	9				8			
		6				3		
	7			3		4		

Puzzle 3 — Ranking: 7841

		3			8			
	6	8		2				
		9						
					1			
	7		5	3	6			8
8				4		5		3
3	4	7	1			2		
		9				4		
		1	6			3		5

Puzzle 4 — Ranking: 8791

			4					8
3						4		
	4	2	7	6				
					8			5
				1				4
			9		6	8	2	
	2	7		5				
6		4				2		
							5	1

Solution on page 277

Grid 1 — Ranking: 8750

								1
						3		
1	7	6			4		2	
2	1				6			
9		5		2	3		7	
		3	8			1		
4	3				9			6
			6				9	
						8		

Grid 2 — Ranking: 7846

					5		9	
		6		9	3		5	
								2
		8		4				
	3		2					
		1		3		8	7	6
	7			8		6	3	
	4							9
		2						1

Grid 3 — Ranking: 9266

6			2	4	3			1
2						4		5
							8	6
				4	5			7
			3		5		6	
	1				6			
	6	4				9		
5								4
9		2					7	

Grid 4 — Ranking: 9230

			4		2	5	3	
				6		8		
			1		8			4
					5	1	8	
	5	6					9	
		7		8			6	5
		8		4		2		
								3
2	3				1		7	

Solution on page 277

Puzzle 1 — Ranking: 8659

		8	9					
	9	3					1	
					6			
	8		4					
			2	1				
7		9		3		6		
		4			2			7
			3	7			9	
	1		6		4		3	

Puzzle 2 — Ranking: 9280

		4	5		2			
		6		3				
		7		4		1		6
								5
4		3				9	2	
	8			7			6	
	2			5	3			
7					1			8
						6		

Puzzle 3 — Ranking: 8971

3				5	7		2	
			6					4
	6	1		2				3
	7				1	9		
				7		3		
	2		8					
		6					9	5
7				8	9			6
4			2					

Puzzle 4 — Ranking: 8460

	2					4		
		6	3	7				
		4	5		6	3		
			8	1	5		4	
4		2				8		
			6					
							3	
	7						1	
		9		8	3	6		

Solution on page 277

Puzzle — Ranking: 8179

					6			
	1	5	9		7		3	4
3						9		
5		9		6		7		
	4		7				8	
		8		4				
7			5	2	1		4	
	5	2						6

Puzzle — Ranking: 9389

		7	8	5	3		1	4
			2	4	6			
8		4						
					9			
1		5	7					
	9	2						1
7			5				6	3
			9				7	5
	3					1	4	

Puzzle — Ranking: 9310

			1	5		3		
	1					9		
	4		7					5
			8			1		
				2				
	2	8	7					4
1	8		9			2		
	3		4	2	7			
		6						

Puzzle — Ranking: 8085

	6				2			
		5		4		2		
	4		8	5				
			2					3
			8			6		
	9		3		7		5	
8		1	5	9				7
7					6			2
	5							

Solution on page 277

Puzzle 1 — Ranking: 8092

8			6					4
	3	6			5	7		
		4	7	2				
			3			4	2	
				7				
5		2						
	6	8					1	
			9			3		
9				4			6	

Puzzle 2 — Ranking: 8732

		7		9				8
	3		6	8	1		7	
			3		7		4	
				3				
						7	9	
		8		1				4
	7			3				
					4			2
4		6	1		8	3		7

Puzzle 3 — Ranking: 8172

	7	8						
1			3			2	9	
	2				5			1
	5			7				
		7	1	4			3	
								4
		6	5		8	1		
				3	1	5		
	3						4	

Puzzle 4 — Ranking: 8395

8		4	7	1		3		
3		1				2		
							5	
	4				9			
					2	8		
6	3							
						1		
	9		3					
			8	5	6			9

Solution on page 278

Grid 1

			3				2	
				8	9		3	
9			2					
7	4			8				6
	5		7		6	3		
		9						
							5	2
	6		1	4	5		8	
	8							

Ranking: 8731

Grid 2

	1		6	9	2			
	6	8			5			
9			7		4			
	7		5					6
4	3							
		1					7	
	8		9			4	2	
			3			5		
		9		2	8			

Ranking: 7748

Grid 3

		1						8
		3	8			5	1	
				7		9		
			7		2			1
9		7	4			6		
	8						4	
					1			4
2				9				
	5	4	3	7				

Ranking: 8006

Grid 4

			3			1	6	
	5					4	9	
1			4			8		
	4	7	5	6			9	
			2					
		9		7				
	1			9		7	3	
2			5					
	3							

Ranking: 8215

Solution on page 278

Ranking: 8307

Ranking: 7949

Ranking: 8897

Ranking: 7784

Solution on page 278

Puzzle — Ranking: 7702

		2					5	
		9	5	7				
	5		1					
1					9	7	2	
2			3					6
	8	6						
9	7			3				
5			6		2	1	8	
				1				9

Puzzle — Ranking: 8172

	2					7	5	9
4			2			8		
	9	8				3	2	
	6	7						
8			3			5	6	
	4				1			
		9			8	2		
			5					
	5		7		3			

Puzzle — Ranking: 7934

8	6				7		3	
			1	9				5
9				4			7	
			8					
7						6		
6		2	4					9
	9	5		8				
3				5		2		
					9			

Puzzle — Ranking: 9457

		4	8					
5			1	7		2	6	
	1				3			5
3	2	7					9	
9			7				2	3
		6						7
		8	5				4	6
			9				3	
				8		9		

Solution on page 278

Ranking: 7785

			9		5		2	
7				4		9		3
	5	9			6			1
				2			1	
		4				7		
8	3		6		4			2
	4	5			9	1		
			3					
			4	8			3	

Ranking: 8035

					9			
		4	8				9	
2								7
	9		6	3			5	
				4	7	3	8	
		7						1
	2			8		5		
				6	1	7		
3			5				8	

Ranking: 8356

							8	
	9			4				7
7		1	5			6		4
3						4	2	
	4			1	5			
		5		2				
	7		2		3		9	
					1			
8				7	4			

Ranking: 7031

			5	2				
7		9		1	6			5
	8			9				3
		7		4	1		3	
	5	1					6	2
				2				
	9	3						8
		8				4		
			9					

Solution on page 279

Ranking: 8484

9					1		8	
7	6	2	9			4		
1			7					3
		4		8	7			
							3	
3	2				6		5	
					3	6		8
		9						2
			6	5				

Ranking: 8597

8						4		
1							5	
	4		5	9				1
			7	5	9			
			3			1	4	2
4		2				7		
7		3		6				
		3	8	7	5			
								4

Ranking: 8690

			7	4		3	8	
3						2		
6								7
	4			1	5			3
2					9			
	8						5	
8	5		6		2		1	
				7		5		
	9							

Ranking: 8575

				2	5	1		
		4		1			6	2
9						8	5	
4		7	8					
	6		3					
			7					
7		5	4			3		
			5				8	
		1				5	9	

Solution on page 279

Puzzle — Ranking: 8217

	6							
4				8		9		
			7		1			2
			3			4		
	8							1
7		6				8		
				4		2	5	
		7	5		9		1	
	5	9						

Puzzle — Ranking: 7854

8				4	5		6	2
5				1		8		7
2			7					9
4	6							
					7	4	1	
		5		2				6
		4	3	8				
			4	7			5	
	2			6	9			

Puzzle — Ranking: 8448

		9	1	8				
		8			2		6	
							4	9
	4			7				
5								
	3	1		5				6
			2			4		
6					5			7
1		7	8				5	

Puzzle — Ranking: 9619

				9		5		1
8							9	
4			5					
	3				9			6
		7	8		2			
				6			8	4
				3		4	1	
		3		7				
2	6		9	8				

Solution on page 279

Puzzle — Ranking: 7432

7		4	1					3
5	3	6		4				
	1	2					4	
			5	9	4			1
		7		1	6	5		4
		1						
				8				
	2			6		7	8	
			7	5	2			6

Puzzle — Ranking: 7909

					9			5
		9		3		4		1
8								
	8		2	6			7	
	2	7			8	9	1	
		4						
4						6		3
		6					2	7
3				7				

Puzzle — Ranking: 7352

1	3				5			
	5		7		9			
6			1				7	
	8				1			
				9			4	
			8	6		7	3	
					2		6	
								5
	9			7		8		

Puzzle — Ranking: 7940

		4		2	6			
	8				1			
			8		3	6	2	
	4		2				3	5
	5		1			7		
	6				9			
3		1	7					
5		2		9			4	

Solution on page 279

Puzzle 1

							7	
9	8				4	3		
6		7	5					1
8		9				6		
								2
	7			2		3	8	
4	6		7			1		
1				3				
			4	9				

Ranking: 8921

Puzzle 2

						4	5	1
	6		4		7			3
		2						
		3				6		
		8		5		9		
	2			4				
		2		3				
	7	5	6		8			
		1					3	7

Ranking: 8307

Puzzle 3

			9					4
	6		3					1
7		2			5			
		3	1				9	
	7			3				
2		1				8		
8	3			5			2	
		5	8		4	9		

Ranking: 9400

Puzzle 4

4		3			9	2		
	1	5		2				4
		6				5		
			7	5		9		
		1		8			3	2
								8
	7		6					
		8	4					
1					3		7	

Ranking: 7838

Solution on page 280

Puzzle 1 — Ranking: 8676

	4			1		5		
			9	8			1	
		1		3		7		
	9		3		8	6		
1	8			4				
		5	2			9		
				9				2
		8						3
	6	7						

Puzzle 2 — Ranking: 8274

5		8		6				7
	3		8	9		2	6	
		2	5		7			
		4						8
			9	7			3	4
1	5							
2		9		8			5	
	8							
3			2	1			9	

Puzzle 3 — Ranking: 8328

			1		5		8	4
4	9					2		
7							5	
			3					
2			5	1		8	3	
3		8		7		1		
			7	8	9	3		
		3						6
			6			7		

Puzzle 4 — Ranking: 7966

			9			8		
			3		1			
5	2	7						
4								5
	1				6	4		
	6	3						
6	8			7			9	
		4						3
						1		6

Solution on page 280

Ranking: 8921

3	8			1	5		9	
		7		9				1
		4				2		
			5			7	3	2
	3		1					6
2		9		7				
	7							8
						1		
	9		4	8				

Ranking: 8392

					7	3		
	3			5				8
	7			9		5		
8		2	1			9	4	
1			8					
			9		5			
			8			2	3	
	1	3			6		7	
		6						

Ranking: 7978

						2		
4				3	8		9	
	1	9					8	7
3								4
			6		1			
2	7			5				
	9							1
	4		5	8	2			
	2			1				

Ranking: 9429

	5	8	7					4
			4					1
		2		8		3		
	1	9	6		5	8		7
	6							
8						4		
	3	4			9			
6		5					3	8

Solution on page 280

Ranking: 8591

		8		2	3	9		
				9				4
5					8		2	
4		6	7		2	1		
								8
		7						
	2					8		9
6	1			3				
					9		4	

Ranking: 8429

			7			3	4	
3		5				2		1
						9	5	
	1		3					
	4	7	2	9				
	3		4		1	7		
9						4		5
		4	1		7		9	
	6			4				

Ranking: 8840

		6		2				
	7	5		3		2		
3	2		7					
		3		5	6	1		
6	5		2					
		2	6		8			
9		7	3		6		5	
	3			5		4		
5		1			4	9	7	

Ranking: 9064

		3		1	5	4		6
					4			
	4						2	3
1				6				
2				8			6	
			4		9		7	
9	1	7	5					
				8				
8					6	9		4

Solution on page 280

Ranking: 8592

4							1	
1					3			8
			8	1		7		4
				9		3		
		4		7			8	1
			3		5		7	
	3		5					
9			6		4			
		5			9			6

Ranking: 8214

					9		2	
					2			4
3			8					
	3						7	
8		6				3		1
		1						9
	5	7			1			
			6			7		
	1		9	3			8	

Ranking: 9336

	6	3			7		4	
			5					
7		2		8				
8			9		1			
				7				2
2	5		8			1		
4	9			3			1	
		1					7	5
							9	4

Ranking: 8329

				2		9		
9							4	7
		6			1	2		
			8		5	3		
8	9			1				5
6								1
			9				7	
3		4	2					9
					8			2

Solution on page 281

Ranking: 8527

8	2			1				
	9		7		3			8
5								6
			1	9	5			
					4		3	7
		3		8			7	
		1	4	5				
	6						8	9

Ranking: 8371

	4		5					2
		2			9	5		
3								8
	2	3	4					
		6			1			
	8				6		9	
			6					
	1				8	3	4	7
	3	9					2	

Ranking: 8201

							3	
8								9
		4	9	1			6	
	8		2		5			
				6	7	9	5	
7								
		5	1	3			4	
2								
4			1	5				2

Ranking: 9006

			6				2	
4					1			
	2	9			8			
		3		4		2		9
			3				5	
6		5						7
2	7	1					9	
			2			3		6
			8			1		

Solution on page 281

Ranking: 8877

			7		4		9	
	1							
			9					3
	9							
2		7	4		5	1		9
				3		2		
				6				8
5						3		
3	2		1			5		

Ranking: 8078

				9		8		2
			4		8		7	
			5					4
	7				3			6
		8	7		6	1	4	
								9
1	3	7		2			8	
8	9				1			

Ranking: 8359

	5				7		3	2
1			2			4		
				6				
5			8					
	3	8	9					1
		4				7		3
4	7				1			
2						9	1	6
				2				

Ranking: 9274

		6		7		8	5	
		4		3				
2					8			3
	4		3		9		6	
7					6	9		2
				1				
3			2	6				
		2				5		9
4		8						6

Solution on page 281

Ranking: 8369

7								
		4	2	9		1		
		3			8			
	9							
4				3				
				5	6			2
							7	8
				1		5	6	3
	5	8		6	4		9	

Ranking: 8476

							9	
		2	8					
	4	1		3		7	2	
9	8		7					
					3			
		6		4			8	7
6			7		2			3
								6
4			2					5

Ranking: 8288

9	5	4	2		7			
								5
						4	9	
	6	9				5	4	
4			7	8		6		
	2		5					
		2				3		1
				8				
7		3	1					4

Ranking: 8352

7	3			1				
				5				
5			6			9		2
	5			3	8	1		
								9
6							2	3
	7						6	
			8					7
3	1		4				8	

Solution on page 281

Puzzle — Ranking: 9542

	5	8						9
4	9				5	2		1
		2	6		4			
	1	6						
5			4		3			
			8	2		6		
		1			8			2
							7	
		5				3		6

Puzzle — Ranking: 8345

	2	5					8	6
6						5		
4		3						
			2					
				1		4		
	9			5		1		
	3		4	7		6		5
	5		3					
			8			9	7	

Puzzle — Ranking: 8791

			7			4	1	
				8	6			
	8			5				2
	1		8				9	
	5				1			
2			3					
4						6		
		7				3	5	
				1	3	9		

Puzzle — Ranking: 9180

		1				5	8	
			3	9				
				7				
9					6	2		
7	2							3
		5	7					
5					8			
8	1			2			6	
		9			3	8	2	

Solution on page 282

Puzzle 1 — Ranking: 7900

				2				7
8	6		7					
	7				8		5	
	5			6	9	1	4	
							7	
1					4			
	3							1
6					5			
5	4		9		6		3	

Puzzle 2 — Ranking: 8641

		2	4		9			6
	3		5		1			8
			3				4	
3	5		8				6	
2				5				
			1	6				
	7						9	
	1	4						2
		9						3

Puzzle 3 — Ranking: 8151

					5		1	
	1	5	2	3			8	
	8					9		3
		3			1	7		2
	9	1					4	
					6			4
	4		3	1				
	3	6	5		8			

Puzzle 4 — Ranking: 7831

	9			2	3			
	6				8			
		7		5	1		8	
				4	5			8
			9			3	4	
		9				1		
5		8		7				
	4					7	2	
							5	

Solution on page 282

Ranking: 9490

	5	9	6			8		3
		1				6		
		8						
	1		7	5	6		9	
				2	4	7		
			1				2	
		8		1		9	6	
1				6		3		
6			3		5			7

Ranking: 8045

						6		
8				9	5			
			1		7		8	3
3			4	8		9		
4		5						
7		8						
						5		2
	5			1				9
			8		6		3	

Ranking: 8605

			3	1		8	5	
		6	2			1		
	9							
7			4			9		2
5				9				
	6	9		8				
	8		5			4		1
			7					
6	3			4			8	

Ranking: 9585

2		8					6	9
	7			9		5	4	
					3	7		
3				5	2			
		2	4	8			7	
	4	1	6	3	7		2	
		6	1				5	7
								4
		9				1		

Solution on page 282

Puzzle — Ranking: 8066

		5	7	8			9	2
		8	4					
7			2					6
8		1				7		
				5				8
9					7		2	
1				4			5	
		3				1		
	7	2			6		8	

Puzzle — Ranking: 8705

4			9			7		
5					1			9
	1	9		8	4		3	
	3			7	9			
			4	5	1			
			1			6		3
		1	4		2		6	
		8		5				
							2	

Puzzle — Ranking: 8374

	1	5					8	
8	4	3		5		6	2	
7				8				
5	8		2		9	6	4	
		1						
	2		3			1		
4			6			3		
				3				
			8	4			5	

Puzzle — Ranking: 7623

			5					
	4		1	6				
		7		4	9		1	
	7	4			8		9	
	1	6				2		
				1			7	
			5				6	4
								5
5			9			1		

Solution on page 282

Puzzle 1 — Ranking: 8648

	4		1	6	8	9		
		3		4	9			
						1		
		4				6		
	7						9	
9			7		2			
3		6	5	1				
5								
						3		8

Puzzle 2 — Ranking: 9548

	4						3	7
	3		4		7			
6					2			4
		5	1			8		2
						4		
		2						6
	1		2					
	2	9	3	8				
5			7		6			

Puzzle 3 — Ranking: 8842

			1			6	3	
	3			5		2		
5				8				4
			4	9	2			
		3						
	1					5	8	
	6	2						
		1				7		
			5	6	4	8		

Puzzle 4 — Ranking: 9557

	3			1		8	2	
		4		5				9
1					7			6
		6						
				2			3	
4		1		7	5			2
		2	1				8	4
						6		
		7						

Solution on page 283

Ranking: 8548

			4		2		5	
	5				6		8	
8				5				3
1			3					
		7		4				
5				1	8			2
		1		4		9		
			9					7
		2	8			1	3	

Ranking: 8350

	8		7			3		5
				9				
				6				9
				9		2		
8						7	1	
	4	5					9	
	2	4		5	8		6	
7	5		1					8

Ranking: 7854

3						9		
			1	3				7
		9		8			5	6
					4			8
		8		2			4	
	1	2						
		5			3		6	
2			4	9		5		
				6		8		

Ranking: 8633

6	8			5	2			
		2						
3			9					8
7			3			5	8	
							2	
9			7					
	5			6			3	
			9			1		4
		1				7		5

Solution on page 283

Puzzle — Ranking: 8208

7			4					
	3			2	8			
	8	5				1		
3	7			6				2
	1	8				5		6
			9					
		2			3			
						6		
			5	7	6		4	

Puzzle — Ranking: 8790

			9					3
7	5	8		1				4
		9			8	5		
3						1		
		4			1	7		2
	6					4		
							6	8
9		2	5		6		1	
		3	8			9		

Puzzle — Ranking: 8690

					9			
9		8				7		
			8	4	1		5	
7						2		
								4
	5		3	2	7			6
	2			6				
1		4		8				
	7		4			1	3	

Puzzle — Ranking: 8539

	6				3			8
4							7	
	9	5			2			1
						8		
	4			7			3	
			5			9		
				1				
			6				9	
	7	3		2	9		5	

Solution on page 283

Puzzle 1

							4	
5			7		4			1
			1					5
		9	6	7	5			
		1	8			6		
7					1	8	9	
9				2		7		
		6			7			
		2						6

Ranking: 8006

Puzzle 2

						3		
8								2
9		7			1		6	
3		2		6				
						4	2	6
		5			7		3	
2			1	5	4	9		
4		8	7		3			5
	3		8				4	7

Ranking: 8309

Puzzle 3

4				2			5	
			6	1				
9	1				4			
	8					9	1	
2	9					5		6
		4	5	3		8		
6			4					
	5				9		7	

Ranking: 9408

Puzzle 4

			1			3	5	
	2			9				
9		1				7		
	5			8				7
4			7		3			
		9			1			
1	6				8	4		
			3			6		
7		8						5

Ranking: 8539

Solution on page 283

Ranking: 8982

```
. . . | 6 . . | 8 . 5
. . . | . 2 . | . . .
6 4 1 | 9 . . | 7 . .
------+-------+------
. . . | 7 . . | . . 9
. . . | . . 2 | . . .
. 5 . | . 4 . | . 7 .
------+-------+------
1 . . | 3 . . | 8 2 .
5 . 7 | . . . | . . .
. . 6 | . . . | 1 . .
```

Ranking: 8914

```
. . . | 9 . . | . . .
. . . | . 3 . | 6 2 .
5 . . | . . 8 | 4 . .
------+-------+------
4 7 . | . . . | 5 . .
6 . 9 | . . . | . 1 .
. 2 . | . 1 . | 9 . 8
------+-------+------
. . . | 2 4 1 | . . .
. . 7 | 5 . . | . . 6
. . . | . 6 . | 8 . .
```

Ranking: 9007

```
3 1 . | 8 . . | 6 . .
. 9 . | . . . | . . .
4 . 5 | . 7 . | . . .
------+-------+------
1 . . | . . 7 | . . 5
. 3 . | 2 6 . | 7 4 .
. . . | . . . | . 6 .
------+-------+------
. 6 . | . 4 3 | . . 1
. . . | . . . | . . .
2 . . | 6 . 5 | 8 . .
```

Ranking: 7893

```
. . . | 1 4 . | . 6 .
9 5 1 | 7 . . | 4 . .
4 . . | . 9 . | 5 . .
------+-------+------
. 9 4 | . . . | . . .
. 7 . | . . . | 6 9 .
3 . 5 | . . . | . . 8
------+-------+------
. . . | 4 . . | . . 2
. . 8 | 5 . . | 3 4 .
. . . | . 2 . | . . .
```

Solution on page 284

Puzzle 1 — Ranking: 8399

		9					6	7
			3	7	9			
3	6					2		
	1			6	2			5
5		4				6	7	
	3			2	4	5		1
1			5		6			

Puzzle 2 — Ranking: 8974

	4				2	3		
9		2		1				
				7	4	5		
			9					
	6	1			3			2
	3					7		
		8	2			4	6	
3	9			4				7
					6		9	

Puzzle 3 — Ranking: 8546

			4	8				1
4					5			
5							3	7
						9	1	
	6	4	9					
		1	8	7				
	8	5		6	4			
						5		8
				3		6		

Puzzle 4 — Ranking: 8918

6		9	3					
						3		
			1		2	9	4	
							9	5
1			6		5			8
8	7			2	9			
2	4							1
3							8	
					1			

Solution on page 284

Puzzle 1 — Ranking: 9346

```
. 9 . | . 8 . | . . .
1 . . | . . . | 7 . 5
. 7 2 | . . . | . 3 .
------+-------+------
. . . | 1 . . | 2 7 .
. . . | . . . | . . 8
. . . | 3 2 . | . 4 1
------+-------+------
. 5 . | . . 3 | . . .
8 . . | 4 . 9 | . . .
. . 1 | 6 . . | . 2 4
```

Puzzle 2 — Ranking: 8302

```
1 5 4 | . . . | . . 2
8 6 . | 1 . . | 4 . .
. . . | . . . | . 1 .
------+-------+------
2 . . | . 9 . | 7 . .
. . . | 4 2 . | 5 . .
. . . | . . . | . . .
------+-------+------
3 . . | . . . | . . 1
. . 2 | 7 . . | . 4 .
7 . 8 | . 5 4 | 9 2 3
```

Puzzle 3 — Ranking: 8592

```
. . . | . . . | . 5 7
. . . | 4 . 9 | 3 . .
. . 6 | . 7 . | . . .
------+-------+------
9 4 . | 3 . 5 | 2 . .
1 . . | . . . | . . .
. . 2 | 7 9 1 | . 4 .
------+-------+------
. . 1 | 6 4 3 | 7 8 .
. 9 . | . . . | 6 . 5
7 . . | 9 . . | . . 4
```

Puzzle 4 — Ranking: 9202

```
. . 3 | . 5 . | . . .
. . . | . 6 3 | 4 . 2
. . . | 8 . . | . . .
------+-------+------
3 7 . | . . 8 | . . .
. 9 . | . . . | 2 . 8
. . . | . 3 . | 6 . .
------+-------+------
. . 9 | 6 . . | . . .
. 8 . | . 9 5 | . . 7
7 . 4 | . . . | . 8 .
```

Solution on page 284

Ranking: 7986

		5					2	6
		4	6		5			
							7	8
3		2				1		
9				7				
		6		2	3			
6			7	3				
						2	4	
					2			9

Ranking: 8634

					8	1		4
	5					7		
		7	9					2
	6	1	2					
			6		7			8
		3				9		1
	2			5			3	
4		6				5		

Ranking: 9374

4			6					
			1	8	6			
		2	9	3				1
	9						7	5
		7		3		8		
	8				2	3		4
7	4							9
	2	5			6			

Ranking: 8752

	7					5		
	4	6			9			
		8			6			
			4		3		7	8
	9						4	2
				8		5		3
1				5			8	
	5	4		6				7

Solution on page 284

Puzzle 1

		1	4			5	8	
		6		3	4			
		6		2				9
	1	2	5					6
			6					4
8						5	9	
						1		7
7								
			3	8				

Ranking: 8315

Puzzle 2

	3						2	
1					2		5	6
					1	9	4	
6	4		7	1				
					9			3
			5					
		4						
2	1					5		
		7		8		4		9

Ranking: 8349

Puzzle 3

		8				1		
						7		2
		9	6					
		6		1				8
2			5				6	
		7		4		5		
6				2				1
5					7	9	8	4

Ranking: 8604

Puzzle 4

					9	5	8	
		4						3
5	7			4	1	9		
			6		2			7
			9			8		
							4	
2			8				1	
	8	3	7					
	5							

Ranking: 8804

Solution on page 285

Ranking: 8481

1						8		9
							6	
4	6			9	8	5	1	
2			4					
6			5	7	3	4		
				2			3	6
		8		5	6	9	4	
	4		1			6	8	
								7

Ranking: 7339

		4	3		5		8	
1								2
		9						
				3	5			
							2	9
	7			9			4	8
8				1		7		
	4		6		2			
	2							1

Ranking: 8257

	2					6		
9		3	2		6			5
			7					4
3								9
			5	7	1	2		
			4					
		9				7	8	6
5		7		8	1			

Ranking: 7920

	7	6				2		
			6			9		
3					1			
		9		8		1		
6				3		8		
		5						
7			5	6			3	
5	8				3	6		2
	6			4	7			9

Solution on page 285

Ranking: 8026

Ranking: 8263

Ranking: 9605

Ranking: 8111

Solution on page 285

Puzzle — Ranking: 9132

```
9 . . | . . . | 4 6 5
. . . | . 8 . | 1 . 9
2 . . | . . . | 3 . .
------+-------+------
. . 2 | . 4 . | . . .
. 9 . | 6 3 . | . . .
. . 5 | . . 8 | . 1 .
------+-------+------
. . 3 | . 5 . | . . .
1 . . | . . . | . . 3
7 4 . | . 2 . | . . .
```

Puzzle — Ranking: 9691

```
. . 3 | . 5 4 | . . .
. 1 . | . 9 7 | . 5 .
7 5 . | . . . | . . .
------+-------+------
. . . | 9 . . | . 4 .
. . 1 | . . . | . . 9
8 . . | . 2 . | 1 . 5
------+-------+------
. . . | 2 . . | 7 9 4
. . . | . . 5 | . 6 3
6 . . | . 8 9 | . 2 1
```

Puzzle — Ranking: 8481

```
. 2 3 | . 9 . | . . 5
. . . | . 6 . | . . 7
. 7 . | . . . | . 9 .
------+-------+------
1 . . | . . . | 7 3 .
8 . . | 6 . 4 | . . .
. 3 . | . . . | . . .
------+-------+------
. . . | . 4 1 | . . .
. . 8 | . . . | . . .
. 1 4 | 7 . . | 8 . .
```

Puzzle — Ranking: 9709

```
. . . | . 7 5 | . . .
. . 8 | 3 . 6 | 5 . 1
. . . | . . . | . . 3
------+-------+------
. 3 . | . . 2 | 9 . .
. 6 . | 9 . . | 1 5 .
7 . 1 | 6 . . | . . 8
------+-------+------
. . . | . 2 9 | . . .
1 . . | . . . | 8 3 5
. . 7 | . 8 3 | . . .
```

Solution on page 285

Puzzle 1 — Ranking: 8151

```
. . 8 | 4 . . | 6 . 7
4 . . | 1 . 3 | 5 . .
. . . | . . . | . . .
------+-------+------
. . . | 3 7 . | 8 . .
. 7 5 | . 2 3 | . . .
. . . | . 8 . | . . 2
------+-------+------
. . . | . . . | . . 9
. . 6 | . 5 . | . . .
9 2 . | . . . | . . 4
```

Puzzle 2 — Ranking: 7273

```
. . 3 | . . . | . 6 .
. . . | . . . | . . 9
. 4 9 | 3 . 8 | . . 7
------+-------+------
. . . | 6 . . | 8 5 .
. . . | . 4 . | . . 6
. 5 . | 2 . . | 7 . .
------+-------+------
. 2 7 | . 1 . | . 3 4
. . . | . . . | 1 . 2
5 . . | . . 3 | . . .
```

Puzzle 3 — Ranking: 7418

```
. . . | 8 . 3 | . . .
. 9 . | . 1 . | 4 . .
1 7 . | . . . | . . 8
------+-------+------
. . . | . . 5 | . . .
. . 6 | 2 . . | 9 5 7
5 4 2 | . . . | 6 1 .
------+-------+------
4 . . | 3 . 6 | . . 5
3 . . | . . . | . . .
7 2 . | 4 . . | . 8 .
```

Puzzle 4 — Ranking: 9514

```
. . 6 | . 5 . | 4 . .
2 . . | 9 . . | 8 . .
. . 8 | . . . | . 1 7
------+-------+------
. . . | 5 . . | . 2 .
3 . . | . 1 . | 7 6 .
. . . | 7 . . | . . .
------+-------+------
. 2 . | . . 3 | . . 5
1 . 9 | . 2 . | . . .
. 4 . | . . 8 | . . .
```

Solution on page 286

Ranking: 9194

2			9			3		
				3				4
7							4	
		1		2		5		
5			6		3	8		7
						2		
	7			1	4			5
	3		5	6			9	

Ranking: 8903

6	4				1			
	2			6			7	
1		9						6
5	9	6						
			4		3			
		3	8					
		2	5		7			3
	1	4		9		5		
			3		2			

Ranking: 9030

7							5	
3	1	2						
9				4				3
							3	
			4	3	2			
			2		5	6	4	
2		6	1				7	
	7					5	1	
					9			6

Ranking: 8229

1		3	8					
				6	2	1		
				3				8
	3			4		5		2
							1	
2	4		9			6		
	2					8		7
5				9			2	
6				2				5

Solution on page 286

Ranking: 9415

	6				7			
		1		6		5		
			2			1		7
1		5						
	8		9	4				
6				8				
				3	6			
2		4						1
	5			7			8	4

Ranking: 9344

		9					7	2
5		4					8	
			6					5
		7			3	1	2	
		5		2				
			9	8	1			
				8		9		
4	3			9				
6				4				7

Ranking: 8208

8		7		9	6	3	2	
				5		9		
6		2			9			
	8		4					
				2	5			7
5					1			
7	9					8		4
				4			5	

Ranking: 9514

2			7		8			
			3					9
				6				5
					6			
		8				7		
			2	4	9			3
5	9						2	
	6			3	4	5		
8		1					9	6

Solution on page 286

Puzzle 1

4	8				9		1	5
			6			2		
		2		8		3	9	
		9					4	
		3	4			8		
		6					2	7
			9	1			8	
7		8		2		9	5	
	2		7					

Ranking: 8897

Puzzle 2

8				2	1	3	9	
3			4	5		6	7	
4				3		8		
	9	6					4	
5		2		9			8	
1						9		
		8					1	
			7	3				9
9						2	4	

Ranking: 7729

Puzzle 3

4	8	5				3		
		3	6			4		
		6		5				
					4	5		
			2	8			3	
			9					7
5							2	
	2	4					1	
7						9	4	8

Ranking: 8960

Puzzle 4

	2		7	1		5		
1		3					2	7
		8				1		
		5				4		
	7		3					
3		6				2	8	
		9	2					
5				8			6	
	6					3		

Ranking: 9138

Solution on page 286

Puzzle — Ranking: 7775

			7			1		
	8				6			7
				5	6			
		3					1	
5			8	6				4
	2	4						
	9			4		7		
6	3			9				
	1				8	9	6	

Puzzle — Ranking: 9095

		3						
1				6	3		9	
			8		7			
	5				4		8	
	4			8			6	3
		5	7			8		1
	6	8	4					9
	7		5					

Puzzle — Ranking: 8321

	2				7	8		
			5		3		4	
4				2	9			
9				5		1		
					5			
			4		9	2		
	9		8				7	
6			2			3		
5	3				1			

Puzzle — Ranking: 8322

				6		9		
			7					
	2	9	1					8
		4		2			9	7
	3					4	5	
				3		2		
8				9		7		2
6				3				
	4			5				

Solution on page 287

Ranking: 9152

Ranking: 8854

Ranking: 8111

Ranking: 8052

Solution on page 287

Ranking: 7920

		8						9
			6	2				
	6				5			3
		3			4			
4				6		2	8	1
			1	9				
			7					
1	5		4					
8	3						6	5

Ranking: 8811

	2	5	7					
			6	3				
3							4	
		9						2
	3					7		
5			9		3	6		
	7		5					3
				1				4
	1			7	6			8

Ranking: 9571

	4		3					
		9	2			3	8	
			6		8			2
		2	8		5	4		
			7					3
	6				3		1	
							4	1
9					2			
		5			7		2	

Ranking: 8890

1								
					4	2		
2	3			8				5
			6		2			
		1	8					
		5			9			3
	6	4						
			5				8	
	5		3				4	1

Solution on page 287

Ranking: 8686

	1			5				2
8	5			7				
6					2			7
	7		5		1	8		
				9	3		4	
					7	6		
			8					3
	6							
1		3				2		

Ranking: 8073

				9		8		
4				7		3		
7	8						6	
1	2			3		6		9
	9						5	2
6								3
		6	4		7			
		4	8			5	2	7
	7	2						

Ranking: 8662

		4		7			5	8
2		9	1					
				8	3	2		
	4			6	8			
						7		
			8	4	9			5
	2				1		9	4
5		6						
						5		3

Ranking: 8686

						5		
			9				2	7
9		7		1				
		3						
						3	5	
6			7					8
	6			8		7		
1		8	6		2			3
				5				2

Solution on page 287

Page 124

Puzzle — Ranking: 8248

	8	7	5	3		9	4	
			9		4			
		2			8			
				9		3		
					5		7	
6		4	7	8				
4	2	3		5		7	1	
8						2		9

Puzzle — Ranking: 7451

	8			3				1
	3	4			5			
5				7	1			
				2		9	5	
		9				6		
	7		5					
8		1		6				
7				1	3	8		
	9						6	

Puzzle — Ranking: 7808

8			5					6
9			2				1	
2				3		7	9	
	8							
		5	7					
	4			5	1		3	9
				7	2		5	3
					4			
				9			7	

Puzzle — Ranking: 8978

				1	5		6	8
			4				9	
		4						
			8	6		3		2
	3		2		7		1	
		6						
	7	3		2				
9	6			5		7		
		1	9	7	3			

Solution on page 288

Puzzle 1

9				7	6			
			1		4			6
			3					5
		2	4	1				
							1	
8				6	2		9	3
7	2	9				6		1
		6					2	
		1				7		

Ranking: 9216

Puzzle 2

		9						7
							1	
	5		2					
		1			2			
			9	3				
4			5			3	6	
								8
	9	2		6				
7				1		4		5

Ranking: 8250

Puzzle 3

	3	4			5		1	
					9			
		1		7				
					3			5
	8		2			7	6	1
						9	8	
1							7	
9			5			2		
		2		6				

Ranking: 9043

Puzzle 4

						6		1
	6			9				3
		5			6		9	
6	9			8				5
4	3			1				
		1					8	7
	7			2			3	
				4	8			2
2				6	1			

Ranking: 9287

Solution on page 288

Ranking: 8144

	6		1	3			8	2
	8	4	5					
				4				
		9				3		
6			9			7		
					8		9	4
8		1	3					
7			8	4			2	5
			7			8		

Ranking: 7537

3	9		5			2		
			8			1		4
		8	6				3	
		1			8			
				6				7
	8			7		9		
	5	7						
		6	4	9			7	5
						3		

Ranking: 9274

7							1	2
		4		8		3	6	
	9	5			3			4
				9		7		
		3	4			6		
5					7			
			5		8			
			1	2			3	
2								8

Ranking: 8640

3			4	9				
9	5							
				1		4		
2					9		5	
		5		8		2		1
		8				6		4
7				5			6	
	2	6						
						8	7	

Solution on page 288

Puzzle — Ranking: 8877

```
. 6 . | . . . | . . .
9 . . | 7 1 5 | . . .
4 . 1 | . 6 . | . 8 .
------+-------+------
6 9 . | . . . | 5 . .
. . . | 8 . 4 | . 1 6
. . . | . 7 . | . . .
------+-------+------
. . . | . 2 . | . . 8
. . 5 | . . . | . 4 .
. 2 . | . 8 . | . 9 .
```

Puzzle — Ranking: 9709

```
7 6 . | . . . | 2 1 .
. 3 1 | . . . | 7 . .
. . . | . . . | . . .
------+-------+------
. . . | 1 . . | . . .
. 8 5 | . 7 . | . 9 4
6 9 . | . 8 4 | . . .
------+-------+------
. 1 . | . 4 . | . . 3
. 4 . | 7 9 . | . 5 .
5 . 6 | 8 . . | . . .
```

Puzzle — Ranking: 9003

```
. . . | . 5 . | . 2 9
. . . | 7 . . | 8 5 .
. . . | . . 1 | . . .
------+-------+------
8 5 . | 6 . . | 4 . 2
. 1 . | . . . | 6 . 8
7 . . | . . . | . . .
------+-------+------
. 7 . | 8 3 . | 5 . .
3 . . | . . . | . . .
6 . . | 5 . 9 | 7 . .
```

Puzzle — Ranking: 9634

```
4 . . | 2 . . | . . .
. . . | . . . | 4 . 9
8 2 . | . . . | . . 6
------+-------+------
6 9 . | 1 . . | 8 . .
3 8 . | . 5 9 | . . .
. . . | 3 . 1 | . . .
------+-------+------
. . . | 7 . 3 | . . .
1 . . | . 4 5 | . . 8
```

Solution on page 288

Puzzle 1 — Ranking: 10923

9				1		5		2
		3	4				7	
							4	
	8	1	9	7		4		
2			6		4			7
	1	9		3		7	5	
	6				5	9		
			1				2	

Puzzle 2 — Ranking: 11314

6					2			
			5		8			3
	8	9		1	6	4		
			4	3				1
		2					5	
		4						
4						1	9	
	9							7
5		6			7			

Puzzle 3 — Ranking: 9346

			1			7		
8				6		5		
	9						8	3
	3	2	9					
		1	6					
4				1		9		
7			5					
				4	2			
			8			3	6	

Puzzle 4 — Ranking: 10865

		3				9		
9			7					3
	5		6			4		
			7	8		3		
				6				2
			1			9		
7						8		
	6				2		1	
	3	2	9			5		

Solution on page 289

Puzzle — Ranking: 9643

	1							
8			3		2			6
6						5		
			2			3		
			9	8	1		7	
			4	5				8
9		3		4				
4			5				3	
	7				6		9	

Puzzle — Ranking: 9752

2	4		7				1	
3				6				2
5		9	4					
				4		2		
			1			6		
			5		8			7
			9	1		4		
	2					5		
1		8						

Puzzle — Ranking: 10649

		3				6		4
	2			4				
9			6	2				3
	5		8					
8					4			6
			3		6		7	9
4	9							
7				6	9	4		5
		1						

Puzzle — Ranking: 9147

	5							
		1			4			
2			5	6	9			7
			9				7	
	1			5	9			
4	9			2		3		
1	6	4	2					
			8				4	6
	8				2			1

Solution on page 289

Ranking: 10771

		7	4				2	3
		2	9		6			
						7		
	4			5				
3						4	8	2
								6
	5	6	2		4	9		
		3		5		6		
7								

Ranking: 9396

			2					
7	4					5		
		3	6		4			
							3	7
			1	2				5
1			4	3				
	8							2
		5			1	4		
6			5		9			8

Ranking: 9329

6						2		
	4	2		8		7		
		7		9				4
	8				6			5
		6	1	2				
3			4					
	3						4	
		1			3			
			4					2

Ranking: 9205

9						6		
		3		1		5		
							2	9
		7					1	
5		9		2	1	3		
8				7				
	3		5					
			7	2			8	6
		2			6	1		

Solution on page 289

Puzzle — Ranking: 9752

```
5 9 . | 4 . . | . . 3
. . . | 1 . . | 7 . .
. . . | . 6 . | . . .
------+-------+------
4 7 . | 8 . . | 3 . 9
. . . | . . 6 | . 2 .
. . 9 | . . . | . . 7
------+-------+------
. . 6 | . . 8 | . . .
3 . . | . . . | . . 5
. . 4 | . 3 1 | 9 7 .
```

Puzzle — Ranking: 10046

```
. 8 . | . 7 . | . . .
7 . . | . . 5 | 1 . .
4 . 1 | 2 . . | . . 6
------+-------+------
. . 8 | 1 . . | 9 . .
. . . | 9 3 . | 4 . .
. . . | . . . | . . 1
------+-------+------
. 4 . | 8 . . | . 1 .
. . 6 | . . 2 | . . 5
. 9 . | . . . | 3 . .
```

Puzzle — Ranking: 9364

```
7 . 2 | . . . | . . .
9 . . | . 6 4 | . . .
. 8 4 | . . . | 2 . .
------+-------+------
. . . | . . 6 | 1 . 8
. . 5 | . . . | . . .
. 2 . | 5 7 1 | . 4 .
------+-------+------
. . . | . . 5 | . . 3
. 3 . | 7 1 8 | . 2 .
. . 6 | . . . | . 9 .
```

Puzzle — Ranking: 11188

```
. . . | 8 . . | . . 6
1 . . | . . . | . 9 .
. 5 . | . . . | 1 . 3
------+-------+------
. 8 . | . 5 . | . . .
. . . | 6 5 . | . . 9
. 9 . | 7 . . | 3 . 2
------+-------+------
. 1 6 | . 5 . | . 3 8
. 3 . | . 9 . | 7 . .
. . 2 | . . . | 6 . .
```

Solution on page 289

Ranking: 9196

```
1 . . | 9 . . | . . 5
. . 3 | . 4 . | . . .
8 . 6 | . . . | 9 . .
------+-------+------
. 2 . | . . 3 | 6 . .
. . 5 | . 9 . | 4 . 3
. . . | . 5 . | . 9 .
------+-------+------
. . . | . . . | . . 8
. . 9 | . . 7 | 3 . 6
3 . . | 4 . . | 5 2 .
```

Ranking: 10782

```
. 3 9 | . . . | . 4 .
8 . . | . 3 . | . . .
. . . | . . 7 | . 9 5
------+-------+------
1 . . | . 6 . | 8 . .
. . 2 | . . . | . . 4
4 . . | 7 5 . | . . .
------+-------+------
. 4 6 | . . . | . . .
. . 8 | . . . | . 5 6
. . . | 8 2 . | . . .
```

Ranking: 10727

```
. 8 . | . 3 . | . 6 .
. . . | . 2 . | 1 . .
. . 5 | . . . | . . 7
------+-------+------
2 . . | . . 7 | 5 . .
. . 3 | . 1 . | . . 9
. 6 9 | 5 . . | . . .
------+-------+------
. 3 . | 6 . 7 | . . .
5 . 2 | 3 8 . | . . 6
9 . . | 1 . . | . . .
```

Ranking: 10643

```
2 4 . | 3 . 7 | . . .
. 7 . | . . 8 | 9 . .
9 . 5 | 4 . 6 | . . .
------+-------+------
. . . | 2 . . | . 8 .
. . 4 | . . . | 1 . .
. . 2 | . 3 . | . 7 .
------+-------+------
. . 9 | . 6 . | . . 5
. . . | . . 3 | . . 1
. 5 1 | . . . | 8 . .
```

Solution on page 290

Puzzle 1 — Ranking: 9792

2	4							
9					8	2		6
					3	1		
			6	7		5		
	2							
	6							1
		4	9		7			
	3	9	5	4			6	
							4	5

Puzzle 2 — Ranking: 10315

								5
			2			4	8	
			1	8			9	6
5								
		1	3	7		5		4
7	3	6		9				
			2	6	3			
8								
	6		7		4		5	

Puzzle 3 — Ranking: 9794

								3
				8	1	2		
	5			1	2	6		
		5				2	3	1
								8
3				8	9		7	
9				3		5		
	6							
	2			7			4	

Puzzle 4 — Ranking: 9794

		1				3		5
6		2						9
				4	2			
				6		3		
8	6			3	7			
	1		9	7				
	7			2				
1			8					
		8	1				9	6

Solution on page 290

Puzzle 1

4								
1	8					6		7
6		3			7			2
				8				
	1					5		
7	2	5	4					
					9	3	8	
			8	4			9	
			7		6			

Ranking: 10192

Puzzle 2

					7	8		
				2		3	6	
			6				7	1
	9					5		
		2			8			3
5	6		3				4	
	3					9		7
	8			5				
	2	1	9					

Ranking: 9909

Puzzle 3

		4	1	5	7	8		
2	1		8				5	
								3
4								6
	5	8				3	4	
	6				1			
9			7					
					8	4		
	2	3			6			5

Ranking: 11122

Puzzle 4

				1			3	
7		1				6		
	5		8	3			2	
					9			
	6	3		5		2		
5			2				1	
	1	4			2			
			6		3			
							8	5

Ranking: 11332

Solution on page 290

Puzzle — Ranking: 9584

		7			4			3
	5							4
3				2			1	
1			5		6		2	
	6	8	7				4	
			8		2			
	1	3		9				
		6				7	9	

Puzzle — Ranking: 10582

3				1				
			5		6			
			7				5	2
	6	9		3		1		
	7							
5							8	3
		8				2		7
				7				
		3	9	2	4	6		

Puzzle — Ranking: 9920

							9	
			2		9	5		
	6	9		8				
4			8					
	3		9		6			4
	8			4			1	7
2		3		1				8
		1					3	
			5				7	

Puzzle — Ranking: 10773

				8		7		1
			3	9			8	
		6		7				
7						9		6
	4			2				
	3	9	4					
4	2		6		5			7
			8				2	3

Solution on page 290

Puzzle 1

7		9	2	4	8			
			7	6		3		
8						9		3
	4			9				
1		3	5			6		
		6						
5		2						8
			8			2	7	

Ranking: 11254

Puzzle 2

		9	4			5		
	7			8				
2	4	5		9				6
						9		
1							6	5
		8		2		3		
			7					2
	9			5			4	7

Ranking: 9400

Puzzle 3

			7			5		
	6	7			1			
		8						
3								
		2		4		5		
8			2		3		4	9
		4		5	6	2		
	3			8	4	6		
			7					3

Ranking: 9635

Puzzle 4

3					9	8		
		4			3			7
8		7				6		
		9	3			1		
			2					
7		5	8		4			
	7			6				
	1					4	5	
4				1				

Ranking: 10609

Solution on page 291

Ranking: 9593

8			9				1	6
			2			3		
	9		1			7	4	
			7		6			
		7		2				
1		9		8			2	
	6				4	9		
5	4						7	1

Ranking: 9929

	9			8		5		
6					9	4		
4			2				8	
	5			9				8
8		3	5				1	
						6		
1		8	3		5			
			8	7				2

Ranking: 10823

8	6							
				4	7			
			6			1	8	
7			4					6
				2			3	
	8				5	9	1	
	7					5		
2		9			4			
1				7	9			

Ranking: 9379

	7	5		3				2
8								4
				5		8		
		2		8	3	6		1
4	9	1			6			
					5	7		
			2					
9	4	6					1	

Solution on page 291

Puzzle 1 — Ranking: 10638

				7		8	4	
			1		5			
						6	1	
				2		1	9	
7			4					
1		2	3					7
5		4			6			
	2					3	8	
	3	7			1			

Puzzle 2 — Ranking: 9971

	1							
7								9
		6		3	8			
	2					7	8	
				5	4			2
			7	2			3	
			5				4	1
		4		1				
		3				5	6	

Puzzle 3 — Ranking: 10506

	6	4		8				
	9	2		1				5
3								
5						6	8	
					7		9	
	7							4
	2		9		3		5	6
			6				3	
		3	8	2				9

Puzzle 4 — Ranking: 9553

				6	8		7	
			1	9	5	8		
		4	7					9
6					4		3	
		9				1		2
			5					
	8			5		7		
1								
	4	6			3			

Solution on page 291

Ranking: 10090

3						8		1
	8	5		9		3		
					6			
	7						4	9
				2			1	
8		9		4				
	4	2						3
		6		2				
	9		3			5		

Ranking: 11398

6	7			4				
	8		9		7			
5	4			2		3	9	
	9		3		4			1
			6					5
8			9					
			1	2		6		
								3
4						2		

Ranking: 10948

	7			6				
3	9							
		8		4				
								5
	1					9	8	
4		6		9		3	2	
5				3		2		
			9		2			3
			5		1		7	

Ranking: 10367

			1	8	2	6		
				7				8
		3	2		1			
	3	9						2
	2		9	7	1			
8		7						
				4				
		6	2	5				
	9						3	7

Solution on page 291

Ranking: 11295

5			3			8		
	4			8				
	7		1					4
	1		5			3		6
	6	4					9	
					8	2		
	5			2	7			
9		7				4	1	

Ranking: 9155

9			7		2		1	
				8		4		5
	3						6	
		6		7	1			
		8					5	
3	7		8			1		
2							7	
			3	5				
		9				5		8

Ranking: 10818

		9			7			4
8	6							
	1					9	5	
								5
6				9			7	3
2			5		3	8		
	2		4				6	9
	4			7	8			2

Ranking: 11298

				2			8	9
			1					
		7		9		4	6	
			4					
5				2	7			
2			5		1			4
						3	8	
		9		3				
8		3			5	7		

Solution on page 292

Sudoku — Ranking: 10300

	7					1	5	
		9	7					
6			5				4	
		6		7	1		8	
	8				2	4		
2								
3			9					2
			2		8		1	
		5					9	

Sudoku — Ranking: 11064

	5			6	7			9
9	7					4		5
		1						
	4						7	
	6					2		
3			4			6		
2								1
			1		5	7	3	
				4	9			

Sudoku — Ranking: 9387

3		6		7				2
					8			
			5	6				7
7	3							9
	9			2				1
			1				4	
4	2				5		1	
9			4			2		8
			2	1				

Sudoku — Ranking: 10823

	1		3				8	
3				8		9	1	
		9				7		3
7				4				
		4						1
6			5	2	8			7
				1				8
			7	5	3			
	9		6					

Solution on page 292

Puzzle — Ranking: 9437

								1
				6	2			7
			1			2	4	
	4	3				9		
7								
		5				7	8	
5	7							8
3				4	1			2
8					6		1	

Puzzle — Ranking: 10035

7								
				9	6	5		3
		8					4	
			2	8	9	4		
				5		2		
		6				9	1	
2		5						
	8	1					2	
	4		3		8			

Puzzle — Ranking: 10726

			1		6	8	4	
		6				9	3	1
	9			4				
	5						8	
			2			6		3
				7	9			
		3						
	4					5	9	
			8				6	7

Puzzle — Ranking: 10740

		9	2					6
4			9		7			
	1	3	8		5	2		
	6		3	1	4	5	9	
			2			6		
		4					2	
		7				9	6	
			9			7		
	5	1				3		

Solution on page 292

Ranking: 11306

		6			8	7	9	
4		8			9			
	5				4		1	
7				5		3		
	8	3					2	1
	1					9	5	
				1	2			
9			6					2

Ranking: 10358

2				7				9
				9		5		
	5				2			8
		6		3		9		2
	3	2						
9						4		
				5	8	7		
			8				4	
3								1

Ranking: 10965

		7		4				
	8					6		
2	5				9	1		
	7	4	5			8		
3		1	4				5	
		5	2	3				
					2			4
								9
			8	7		3		

Ranking: 11407

	4							7
		6	1		5			2
5				9		1		
	3							8
		5	7		8		2	
							7	1
9			8	5		6		
							6	1
			2					

Solution on page 292

Puzzle 1 — Ranking: 9702

2					4			3
				9		5		
	1	8	5	6			7	
		7					5	
5	3							8
4	8			1				
8				4			6	
				2	7			
	6							

Puzzle 2 — Ranking: 11188

		9				1		4
			2			3		
				5				9
2	4				5	7		
3	6				1			
		7		6				
	5				7			6
		4	8					
8						2		1

Puzzle 3 — Ranking: 10176

	1					9		2
					8			4
7				5			1	
5		6		8			9	
		8			6			
			9	2		5		
		4	3					
				6			4	
3					4	1		

Puzzle 4 — Ranking: 10740

2							1	
				4	6			
4		5	2		1			8
		7		6				
			3	1		7		
				2	8		5	6
7						3		
	3	4		8				
1	8							5

Solution on page 293

Puzzle — Ranking: 10915

		5	8		7	9	6	3
		4					5	
	6		3					
							8	9
1								
	2	8				6	7	
				3	6			
	3				1			7
5			9	2				

Puzzle — Ranking: 10002

	2					7		
	4	7	9					
				1			3	
	9		7					
				5				1
5			3	4			7	
6								9
	3	2				1	6	
	7	9					2	8

Puzzle — Ranking: 11164

	2				1	5	7	
8				6				
		9	7			1		
						3		
9			4	5			2	
	5	1						
				6		1		
		2		7				3
		8		3	2	9		

Puzzle — Ranking: 10926

	6			9		2		
			1			5		
					4			1
	7	9	8				4	5
6				4				
1						7		
		5			3	1		
					2			8
	8					4	5	

Solution on page 293

Puzzle 1

2					7			9
6				8		7		
		9	3			8	6	
	6		7				4	
9			4	1				5
		3		5				
4				5		2		
	5		8		6			
	9		2					

Ranking: 9416

Puzzle 2

2				3	9			
		1						7
							5	
						5	6	
		5		1				9
6				7	8			2
5		2				3		
	8		3			1		5
	3		7	4				

Ranking: 10508

Puzzle 3

	1					5		
2					4	6		
		3		1				
1		6	7					
		4		3	9			
3					6	2		
								2
9					5	8		
5		1		8		3		

Ranking: 10075

Puzzle 4

	9	8			7	5		
1			3					9
2	7		1					
						5		
			6		3			
4			2	9		1		
		1		6		9		
			8			6		4
			3		4			

Ranking: 11206

Solution on page 293

Ranking: 10350

7					5			
		8		7			5	
9				3	6	7		
	6		5	8				
			7			3		
					3		4	8
2	9	5						
								1
3						5	6	2

Ranking: 10707

7		1					3	
	8		9				2	
							5	1
1			4	3				
	7		6	8			4	
							1	2
3	4		1					
				5			6	8
8					7			

Ranking: 10682

		2	7					
		6				2		
8	9		4					6
		4	6	2		1	5	
	1				3			
						7		
	7				9			3
				5			2	
						8	4	

Ranking: 11256

5					9			
	6			3	7			
			1					7
9			8			7	3	
			5	6	4			
			7			9	1	
	5					8		4
3						1		
	4	1	6					

Solution on page 293

Ranking: 9196

				5			3	7
			8			4		
		7				9		
	9			1				
		2	4	7				6
		1	3					8
				9				3
5	4				1			
7						2		

Ranking: 9836

4						7		
8		6	3		7			
2		5						
		9		6	3		8	
1	8				9		2	
			1	8				
							3	5
		4				1		
		2		5				4

Ranking: 11172

5					9			7
		6	8		3			
				7		6	8	
	3							4
2	9				7			
1		5				9		3
8			3				1	2
	1	3						5
						6		

Ranking: 9794

8			1					
		6				2		3
	7			5				
		8		3	9			7
		3				4		
	6			8	4			
				1			2	
		9				6	3	
				6	2		9	5

Solution on page 294

Puzzle — Ranking: 11122

		9		1				
	5				4			
			2		9	4		
					3		1	2
5	6		7				4	
			4					8
	1					3	8	
2	8							1
6				7				

Ranking: 11122

Puzzle — Ranking: 10309

				2				
		6						9
		7		8	6	5		
	8	5				1		
6								5
	4		1				7	
4		2						
7			2		4		3	
				5	9			2

Ranking: 10309

Puzzle — Ranking: 9694

				4		8		
	9		6				2	
				8				7
		7		6	4			
	6				3			
		5	9			1		3
1	4			2				
						2	1	
9						5		8

Ranking: 9694

Puzzle — Ranking: 10324

					9			7
	3		5				9	8
	4						5	
	2		9	3			1	
		3		8		7	2	
		4		5				
						1		
							8	5
1			7	6				3

Ranking: 10324

Solution on page 294

Puzzle 1 — Ranking: 12132

```
8 . . | . . . | . . .
. . 6 | . 4 . | 1 . .
. 1 . | 5 . 6 | . . 2
------+-------+------
2 . . | . 5 . | 3 . .
. . . | 7 . . | . 2 8
9 . 7 | . . 3 | . . .
------+-------+------
. . 9 | 6 . . | 8 . .
. . 3 | 9 . 7 | . 5 .
. 5 . | . . . | . . .
```

Puzzle 2 — Ranking: 10072

```
. . . | . 5 . | . . 2
. 7 . | . . 8 | 9 . 4
. . 9 | . . . | . 3 .
------+-------+------
. 3 . | . . . | . . .
. . 4 | . . 9 | . . .
8 . . | 5 7 4 | 1 . .
------+-------+------
. . 8 | . . . | 7 . 9
. . . | 1 . 6 | . . .
3 1 . | . . . | . . .
```

Puzzle 3 — Ranking: 11646

```
. . 6 | 8 . . | . . .
. . . | 1 . . | . . 2
. 2 . | . 3 . | 7 . .
------+-------+------
3 . 8 | 7 5 . | . . .
. . . | . . . | . . 1
5 9 . | . 4 . | . . 3
------+-------+------
. . 4 | . 6 . | 9 . 8
. 5 . | 4 . . | . . .
2 . . | . . . | 4 3 .
```

Puzzle 4 — Ranking: 9736

```
1 . . | . . . | . . 6
. 6 . | . . 4 | . 7 .
. 2 . | . . . | 3 9 .
------+-------+------
. 4 . | . . . | . 6 .
. . 2 | . 9 . | . . 3
. . . | 8 5 . | 4 . .
------+-------+------
. 9 . | 1 . . | 5 4 .
3 . . | . . . | . . .
. 8 1 | 9 6 . | . . .
```

Solution on page 294

Puzzle — Ranking: 11340

9					3			
7			5					
		6		8	7			1
				6	8			3
			1		4	7		
	2			7			8	
	1			5			4	8
3		5					1	2

Puzzle — Ranking: 11039

4				7			1	2
				4				
		3	6				9	
6	7	1		3		8		
				8				
	3						2	
			8				5	
	8	5			1	4		3
					6	1		

Puzzle — Ranking: 9246

			3			6		7
		8		7				4
						9		
	8		2		3		9	
						1		
		5			1		3	
	6	7	9					
			1			2		
	4	3		6			1	

Puzzle — Ranking: 9758

	1	9					2	
				2		7	9	
				9	3			4
7	2				5		6	1
6					4		7	
	6			3		1		
		3	5					
4					6		3	

Solution on page 294

Puzzle 1

3					1	9		
	7			2				
			8		7			2
1		9	2					
6				4		2	5	
	4				8			
								3
		1	9	6		8	4	
						5		6

Ranking: 10242

Puzzle 2

	4		5		9			7
		1	8					
				6	4			3
		7						
	5	2				9		6
3	9							
9				5		1		
			3			6	7	9
			6			5		2

Ranking: 10026

Puzzle 3

						8		
7	6			2				
1		4					3	
			6		9		4	5
		8	7	5		2		
			4			9		
5		6			8			
		1			6		8	
								4

Ranking: 11457

Puzzle 4

	7			8				
5		9						
8					7	4		
	5				3			2
		1	4					
			1	2			8	5
4			6				5	9
			5	4	8			
							1	

Ranking: 11122

Solution on page 295

Puzzle 1

```
. 4 . | . 8 7 | 6 . .
. . 2 | . . . | 9 . .
. . 7 | 6 3 . | 8 . .
------+-------+------
9 . . | 7 1 . | . . .
. . . | . . 3 | . 4 .
4 6 . | . . . | . . .
------+-------+------
. . . | 5 1 . | 9 . .
. . . | 4 . . | 2 . .
. . . | . 6 . | . . 3
```

Ranking: 10632

Puzzle 2

```
. 8 . | 6 1 . | . . .
. . 9 | . . . | 2 . 3
. 4 . | 2 . . | . . .
------+-------+------
. . . | 8 . . | . . 9
. . 5 | . 3 . | 1 . .
. . . | 6 2 . | . . 7
------+-------+------
. 3 . | 5 . . | . . .
. 7 . | . . . | 1 4 .
4 . . | . 8 . | . 3 6
```

Ranking: 9728

Puzzle 3

```
. 5 1 | 7 . . | 8 . .
. 4 . | 2 . . | . . .
. . . | . . 3 | . . .
------+-------+------
. . 3 | . 7 . | 1 9 .
. 2 . | . 1 . | . . 6
. 6 . | 3 . . | . . .
------+-------+------
. . . | . . . | 4 3 .
9 . . | 1 . . | 6 2 .
. . 4 | . . 5 | . . 1
```

Ranking: 9349

Puzzle 4

```
7 . . | 1 . 8 | 2 . 6
4 6 . | . . . | . . 8
. 8 . | . 7 . | . . .
------+-------+------
. . . | 5 . . | . 9 3
3 . . | 4 . . | . . .
. . . | . . . | 9 8 .
------+-------+------
6 . . | 8 . 2 | 7 . 5
. . . | . . . | . 6 .
. 4 . | . 3 . | . . .
```

Ranking: 9614

Solution on page 295

Ranking: 10550

Ranking: 9968

Ranking: 9454

Ranking: 9711

Solution on page 295

Ranking: 10562

	7	9				3		
		5						
6	3						9	4
		8		4		9	6	
			2					8
			3			4		2
			9		5	6		
	5							
8		4	1		6		2	

Ranking: 9844

4							6	
2		8	4		7			
	9		6					
				4	9			
			1		5	7		2
			7				9	
8							5	1
	7	3				6	8	
6		5		1				7

Ranking: 10660

			3		5			6
8	3		6			1	9	
								7
	1			9				
	9						6	
		4						
3	6		2					4
	8	1		3	7			
	5			6	9		8	

Ranking: 10122

	1	5						7
9			5		4			3
						2		
	3	8		5				
				6				
6				4	9			
								5
8			1		6		9	
		4	2			1		

Solution on page 295

Puzzle — Ranking: 10030

	7	3						
	1	8		2				
		5				9	3	
	8			3	9	1		
							7	4
			5					
5					7			
	3	7		1	8	2		5
			3	5				

Puzzle — Ranking: 9391

8			3					
				6		1		
3				2		4		
		1		7		9	6	
7		9	1		6			
6						8	1	
	7			5				
1							9	
2		6		9		4		3

Puzzle — Ranking: 9877

			6	4	3			
	7	1						5
				5	1			
	8	2						
		7	6			2		
		4	5		8		6	
1							9	
	3	9						
		6	3			5		

Puzzle — Ranking: 9653

4		9			1			2
		6				7	4	
					2			
	3	5		4		2		
			5					8
6		8		2				3
7			8		4		1	
					9	6		
	9			7				

Solution on page 296

Ranking: 9993

```
8 . . | 9 . . | . . 6
. 4 . | 6 . . | 5 7 .
. 9 . | . 5 . | . . 3
------+-------+------
. 8 1 | . . . | . . 4
. . . | . . 1 | . 6 8
5 . 6 | 4 . . | 2 . .
------+-------+------
. . . | 3 9 . | . . .
. 5 . | 8 . . | . . .
2 . . | . . 5 | . . .
```

Ranking: 9777

```
. . . | . . . | 2 1 .
. . 3 | . . . | . . 8
. . . | 7 . 2 | . . .
------+-------+------
. 8 . | 3 9 5 | . . .
. . 1 | . 6 . | . . .
. 3 5 | 1 . . | . 6 .
------+-------+------
. . . | . . 6 | . . 4
. 9 . | . 4 3 | . . .
. . 8 | . . . | 1 9 .
```

Ranking: 10823

```
. 7 . | . . . | 9 . .
6 . . | . . . | . 8 .
9 . 8 | . . . | . . 5
------+-------+------
. 5 . | . 6 . | . . .
. . . | 9 4 . | 1 2 .
. . 2 | . 3 . | . . .
------+-------+------
. . 6 | 4 . 1 | . . .
. . . | 6 1 . | 3 . .
. 4 . | . . 5 | 7 . 8
```

Ranking: 11398

```
. 7 . | . . . | . . .
. 2 . | . 1 . | . 9 .
. . 9 | . . . | 5 . 4
------+-------+------
. . 3 | . . . | . . .
. . 8 | 7 . 9 | . . 2
. . . | . 8 . | . 6 .
------+-------+------
. 5 . | . . 6 | . . .
1 . . | 4 . 8 | . 2 .
9 . . | . 7 5 | . . 6
```

Solution on page 296

Ranking: 10626

	4				1		9	
1		7				3		
	2		3		6			
7				3				
		1	6			5		
4	5		1	2		8		
		4				6		1
	9						2	
		5			2			

Ranking: 10147

3				9	6	2		
7		1		3		9		
8						4	1	
	9	5		6				4
						7		3
6								
	3	7			5		9	
						4		
				2				

Ranking: 9852

	3							
8			6					1
		9		7		5	8	
	6				2			
				3			6	
				5		9		4
	5						4	2
			2					
7		4		9			5	

Ranking: 10174

1		5				4		
			7	5	1	8	3	
		3				7	1	
	4					7	1	
			8					
			5				9	8
9			2					4
2	3							6
	8	6			4	9		

Solution on page 296

Ranking: 10508

```
. 1 . | . . . | . . .
8 . . | 7 4 . | 6 . .
. . . | . . . | 8 . 7
------+-------+------
. 2 9 | . 6 . | . . .
. . 3 | . 2 . | 9 . .
1 5 . | . . . | 7 . .
------+-------+------
. . . | . . 2 | . . 5
7 6 . | . 5 . | . . 8
. . 2 | 8 . 4 | . . .
```

Ranking: 10147

```
. . . | . . . | 2 5 1
. . . | . . 7 | . . .
. . 4 | . 2 . | . 7 .
------+-------+------
9 . . | . . 6 | . 8 4
. 1 . | . . . | . . 9
. . 5 | . . . | . . .
------+-------+------
. . . | . . . | 7 . .
. 4 6 | . 5 . | 9 . .
. 2 3 | 7 . 4 | . 6 5
```

Ranking: 11250

```
. . 9 | . . 7 | . . .
7 . . | . . . | . 8 .
. 5 . | 2 . . | . . .
------+-------+------
. 2 . | . . . | 6 . .
. . 8 | 4 . 6 | . . 9
9 . . | . 3 . | . . .
------+-------+------
. 6 . | . 2 5 | . 4 .
. . 5 | . . . | 2 1 .
. 3 . | . . 9 | . . 7
```

Ranking: 9827

```
. . . | . . . | 6 . .
3 . . | . . 8 | . . .
. . 9 | . . . | 4 . 7
------+-------+------
1 . 7 | . . 6 | . . 2
. . . | . 6 . | . . .
2 . 8 | 7 . 5 | . 4 .
------+-------+------
4 . . | . . 1 | 7 . 3
. . . | . . . | . . 5
. . 1 | 2 8 . | . . .
```

Solution on page 296

Puzzle 1

				4	9			2
			6			9		7
				3				
		4	8					9
		6	4	5			7	
	2	5				4	6	
	1		3		2	8		
		9	5					3
6								

Ranking: 11254

Puzzle 2

	9		4					6
		6		1			9	
8		1						4
6				8		1		
		5		7				
			9					
	3		7					8
				3			2	
7	8				1	3		

Ranking: 10898

Puzzle 3

		8			1			
			6			2		
6	7	9					4	
	5			2	6			9
9						7		
		1			3			
		4		8				5
	1				5		2	8
			1					

Ranking: 10970

Puzzle 4

		3	7	6	4		9	
			5			7		
			3	2				8
2			9					5
		1				8	6	9
		6						
	5			4	3		7	
7	3	9	2					

Ranking: 9885

Solution on page 297

Sudoku

Puzzle 1

	9							
	3			1	9			7
		1	3	2		8		
		8	5				2	
	5	4					3	
2						6		
			1		4			
4	8			7				
		6			5	3		

Ranking: 11286

Puzzle 2

						2		
1	6				3		7	
		3		4		5	6	
3			7				1	
			9		1			
7				2				
		4				9	2	
6				8				4
	7							

Ranking: 10068

Puzzle 3

8		9				4		
7	1		5				8	
					9		7	
		8	6	5		7		
5		4	3	7				
					8		3	
		1					9	
			7			2	1	
6						8		5

Ranking: 10020

Puzzle 4

			4	1	9	5	6	
			8					3
	2				3			
3	5						9	7
								4
9		1					5	
	1				6	3	8	
7		8	9		2			

Ranking: 10702

Solution on page 297

Puzzle — Ranking: 11727

				3		2		5
5		2			6			8
	6				4			
	9						2	1
6					9			
4				1	5			
	1						8	2
	8	6	7					9
					6			

Puzzle — Ranking: 10172

	9	1	2				6	
4				6	1	2		
2						1		5
						3	7	9
				3				6
	7	5						
	8				9	6		
9			4				8	
		4		5				3

Puzzle — Ranking: 9338

			5	3	2		4	
		7				9		
	1				6			3
					7			
8							5	2
6			9				8	
7				8	4			
3	2			7				
		6						

Puzzle — Ranking: 11273

		5						
	7						3	9
	9	8			1	7		
5				2				
						1	7	
			5	3				
		6						4
9		1	4					2
4			2			9	1	

Solution on page 297

Ranking: 10732

2		1				7		8
5			6				2	1
							5	
	5		1	8	6			
							4	
3				2		5		
8							7	4
4					5	9		
	3	9			7			

Ranking: 10624

	3		4			6		
				5				1
				9		5	4	
			6			2	1	
2	8	4						7
	3							
8				3		7		
	7						8	
		1	9	7				4

Ranking: 11718

	4							
		3		4	8			
	2		9			3		
	7							4
5			2			1		
6				1		9		
				6	9		5	
1		5			2			
		5		7		8		

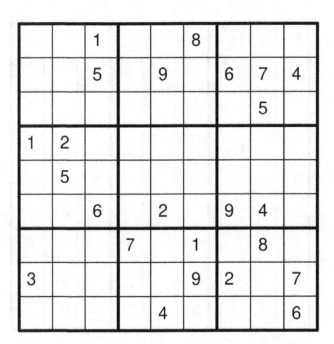

Ranking: 9736

		1			8			
		5		9		6	7	4
							5	
1	2							
	5							
		6		2		9	4	
			7		1		8	
3				9	2			7
				4				6

Solution on page 297

Ranking: 9610

2				6		9		
	6	1		9				5
		8	5				6	
		6		8				
	9				4			7
				1				9
8	2	3				4		1
		9	8			2	5	
				3				

Ranking: 10491

			5		8			
				6				
	9	2				3		
	4							1
		1	9			7		4
		3		1		9		6
			4		6	5		
	7					4		
5				8			1	

Ranking: 11953

8			3		1			
		9						
7	2		4					3
			8				7	
9					4			
		6		5		1	2	
2				8				7
6							4	
	4		9		2		5	

Ranking: 10666

		6	3					
	2				8		9	3
				2	1			
8	7	3				1		
			7					5
				1		9		
5	9	7	1			6		
				5	2			
		8					4	

Solution on page 298

Ranking: 10931

				4				
4	3							
	7	8			9	6	5	
			1	3		5		
5				9		4		
			8			2	9	7
		9					8	
	5			1				
6			4					

Ranking: 10105

		1	8	3	2		7	
3		5			9		8	
	6						4	8
8				6				3
7						2	9	
				9			3	7
		8						
1				2	5			

Ranking: 9977

	9		2		6			4
7				8	5			
	4	5						3
			1					7
	5							
1						8	9	
				7	2			
			6					
	6	3		4	1			

Ranking: 10872

	5				2		3	
			5			8		9
			9	7				
8						6		
	9			5			8	
	4		8		1	3		
	8			2		7		1
	7	5		6				3
		2		1				

Solution on page 298

Puzzle 1 — Ranking: 9952

```
. 9 . | . . . | . 8 .
. . . | 3 . . | 2 . .
. 4 . | 7 1 . | 5 . 9
------+-------+------
7 . . | 1 . . | 9 6 .
. . . | . . 8 | . . 1
. . . | 6 3 . | . . .
------+-------+------
8 . . | . 5 . | . . .
2 1 . | . . 3 | . . .
. . 9 | . . . | 6 . .
```

Puzzle 2 — Ranking: 11105

```
. 4 . | 5 . . | . . .
2 . . | . 1 . | . . .
. . 3 | . . 2 | . 6 7
------+-------+------
. . 1 | . 5 3 | . . 6
. . 8 | . . . | 7 1 .
. 3 . | 9 . . | 2 . .
------+-------+------
. 6 2 | . . . | . . 4
. . . | 6 4 . | 3 . .
. . 4 | 1 . . | . 8 .
```

Puzzle 3 — Ranking: 10564

```
. . . | . . . | . 2 .
. . 2 | 7 . . | . . .
1 6 . | . . 9 | 8 . .
------+-------+------
5 . . | . . . | . 4 9
4 7 . | 6 1 . | . . 5
. . . | . 5 . | . . .
------+-------+------
6 . . | . . 1 | . . .
. . 3 | . . . | . 8 .
. 9 5 | . . . | 6 . .
```

Puzzle 4 — Ranking: 10947

```
. 1 . | 6 . . | . . .
6 . . | . . . | . . 9
. . 5 | . 9 . | . . 6
------+-------+------
5 3 . | . . 4 | . 8 7
4 . 1 | . . . | . . 2
. 8 . | . . . | 1 . .
------+-------+------
. . . | 9 7 8 | 2 . .
. 2 . | . 1 . | 3 . .
8 . . | 3 . . | . . .
```

Solution on page 298

Puzzle 1 — Ranking: 10317

	6	4			9			1
	9					4		
3	7				1	9	6	
				7			3	
	2	7		1	3		9	
	8	3		5	6	7		
						2		9
		6		2			5	
	4			9	5	3		

Puzzle 2 — Ranking: 9728

		1			8	2		
	8				7	6		
				3			5	
6	5				9			
8	9		2			4		
	4					9		1
9							3	5
	7	6					4	

Puzzle 3 — Ranking: 11323

5			8				4	
4			7			6		3
					6			
	9		4			1		
2		4		8	5			
		7		3				
	5							
							8	9
	7				4	5	3	

Puzzle 4 — Ranking: 9970

			7			6		
	1		6		2			5
4		6		5	9			
			3					1
7	2	3						
					6	5		
		9			1		6	
		2					8	
			3		2			

Solution on page 298

Ranking: 9469

		1		3	6		2	
5	2							
			4			1		
	9	2						
3		5						1
			9	4				
		6	7					5
					8			
4					8	6	3	2

Ranking: 10430

2		3					7	
					6			9
						4		
6				5		3		
		4						
	9		1			7	8	
3	5			1		6		
		2		4		1		
								3

Ranking: 10718

		6			4			
		5		2		1	6	
3			6			9		
	8	4						
7							9	
		1					4	7
	5		2	9				8
4		2	8					
				3	2			

Ranking: 9512

9			6					2
			5			8	6	
		7		4				5
					9		2	6
2	7		3				8	
	2			8				1
6			5				9	
		3			1		5	

Solution on page 299

Puzzle 1

8	5		3		6			1
				4	2	7		
4								8
		1					3	9
				7			1	
	3	8				2		7
		5						
	9			2	5			
	4		6					

Ranking: 9935

Puzzle 2

		4	1		7			
				4				
7	3						5	
1	9						7	
			6			8		
		8				5		
	7				3			
9		3						2
2	5		8	7				6

Ranking: 10242

Puzzle 3

	3		6	7				4
		6	1				5	
				8			7	
	5							3
			6	4			1	
	9			7	2			
			8	9				5
8	6	2				9		

Ranking: 10366

Puzzle 4

		2			8	9		6
			7			1		
		6			9		7	
		5	8					1
			1		6			
		9				4	3	
		3						9
	9	1	2		3			
	7							

Ranking: 9512

Solution on page 299

Puzzle 1 — Ranking: 10898

	6	1		2	5			
						6	2	
		8		7				
	4						7	
	8		4	6				3
9			3			4		
	9							
		2		3		5		7
								8

Puzzle 2 — Ranking: 10332

2								5
		3		5	1		2	
6			7			4	3	
			2	9		5		
				3	4		7	
							1	
7					3		4	
		1			6			7
	9	8						

Puzzle 3 — Ranking: 9786

					2			4
			9		7			
			6				9	8
		5						3
9		4		2		5		
1	8			4				
				1		9		
		1						7
	2	6			3		1	

Puzzle 4 — Ranking: 9593

3							4	
			9		5			
	6	8	7					
							3	8
1	7		3	5		4	2	
						4	1	
	3			6				
7	4				3	6		
6			7					1

Solution on page 299

Ranking: 10616

```
. . . | . 3 . | 1 . .
6 . . | . . . | . 5 .
7 . . | . . . | . 8 6
------+-------+------
5 . 3 | . 9 . | . . .
. 4 . | . . 6 | 2 3 .
. . . | . 5 . | 7 . .
------+-------+------
. . . | 1 . 5 | . . 9
. . . | . 7 4 | . . .
2 5 . | . . . | . . .
```

Ranking: 10302

```
. 4 . | . . 9 | . . .
1 . 9 | . . . | 7 . 2
3 . . | . . . | . 9 4
------+-------+------
. . 5 | . 4 8 | . . .
9 . . | 6 . . | . . .
. 3 . | . 9 . | 8 . 7
------+-------+------
. . 3 | 1 . . | . . 8
2 . . | . . 7 | 6 3 .
. 6 . | . . . | 4 . 1
```

Ranking: 10707

```
. 4 7 | . 2 1 | . . 6
6 . . | . . . | . . .
. 9 1 | . . 8 | . 2 .
------+-------+------
. . 9 | . . 7 | . . 4
. . . | 9 . . | . 8 .
. 8 2 | . . . | . . 9
------+-------+------
. . . | . 6 . | 4 3 .
. . . | . . 5 | . . .
2 . 3 | . . . | . 1 5
```

Ranking: 10306

```
. . . | . 1 . | . . .
3 . 5 | . . . | 8 . .
. . 8 | . . 3 | . . 2
------+-------+------
9 . . | 4 . 5 | . . .
. . . | 2 . . | . . .
. . 7 | 3 . 8 | . 6 5
------+-------+------
8 . . | 5 . 7 | . 2 6
. 7 . | . . . | . . 8
. . 2 | . . . | . 1 .
```

Solution on page 299

Puzzle 1 — Ranking: 9802

							9	
3		8					5	
	5		3			6		7
6	2						7	
7			5					9
					4	1		
2		5	7					8
	4				6		1	
	3							4

Puzzle 2 — Ranking: 9416

		6			8	3		
	1	7				4		
2								1
			6		9			
			7			1		
5								8
7				6		9		
		2	5		3			
		3					8	

Puzzle 3 — Ranking: 10599

	2	9		1	4			5
				7	2	6		
			2	8				
		1	3				2	
5				4		9		
	4						3	6
7	1			9			5	
6						3		
		5						7

Puzzle 4 — Ranking: 9163

		5		8	3			
					1			5
7		6					3	
			2	4	6			1
9								
			9			7	2	6
	9					5		
				6	9	8	7	
4				8				

Solution on page 300

Ranking: 10151

		1	4		6			
5					9	2		
							3	
6				8			4	
					2	5		
		9		6		3		
	1	4				8		
9	2				8			
8	5						7	1

Ranking: 10822

	8	1	6				3	7
	2					4		
	7	5				6		
			8		7			
9	5		2	4				
				9				
7		6		2			9	
				1			6	
		2		6		5		3

Ranking: 11004

		6			5			4
2	1		3			9		
			8				5	
		8		4			9	
	4				3		7	6
		3					2	
	6	4		7				
			5					1
8						7		

Ranking: 10945

	9							
					3		1	
	1			5		8		9
			9					2
2	7		1					
		4			2	5	6	
		7						
3								4
6	5		8			4	3	

Solution on page 300

Ranking: 9172

	9	6			5			
	5		3	7				9
8				2	6			
9								6
			6			2	3	
		7					8	
6	7			3				
		1			8	5		
			5				7	

Ranking: 9636

1				3		5	7	
				6				2
7			8					
		5			9			6
	3					2		
	1			5			6	
8			2		6		9	4
	4	7						

Ranking: 9263

4		3			7			5
	6		8		9			7
	7	8				4		
		5		3				1
	4					5		
							4	
				9	3		2	
9			2					
	2			6			8	9

Ranking: 10441

							8	6
						7		
5			6					3
7		1	9		6			
	2	6	8	7		9	1	
			3			4		
6	8		7					
	1				3			
9		2						8

Solution on page 300

Ranking: 10626

```
. . . | . . 9 | . 3 .
. 7 1 | . . . | . . .
. . . | 2 . . | 8 . .
------+-------+------
1 . . | . 8 7 | . 2 .
. . 9 | . 3 . | 5 . .
3 8 . | . . . | . . .
------+-------+------
. . . | . . 8 | 2 6 .
. . . | 6 2 . | 3 5 .
. . 5 | . . . | . . 7
```

Ranking: 10532

```
. . 2 | 1 . 6 | . 3 .
. . . | . . . | . . 8
. 5 . | 2 4 . | . . .
------+-------+------
9 . 8 | . . . | . . 3
. . . | 9 . . | . . .
. 2 4 | . . . | 9 . .
------+-------+------
. 8 . | 5 1 . | 3 . 7
. 7 5 | 6 . 4 | . . .
2 . . | 3 . . | 6 . .
```

Ranking: 9492

```
. . . | 3 . . | . . 2
. . . | . 9 . | . . 4
3 . . | 2 7 . | 9 . .
------+-------+------
7 9 4 | . . . | 6 . .
. . 1 | . 3 . | 2 . .
2 . . | . . 5 | . 1 .
------+-------+------
. . . | 8 . . | . 4 5
. 6 . | . . . | . . .
8 . . | . . 1 | . . .
```

Ranking: 10782

```
9 . . | . 7 5 | . . .
. . 3 | . . . | 1 . .
8 . . | . . . | 5 2 3
------+-------+------
. . . | 6 2 . | 4 . .
1 . . | . . . | 8 . .
. . . | 8 4 . | 1 . .
------+-------+------
6 7 . | . . . | . . .
. . . | . . . | . . 4
. . . | 9 3 . | 2 . .
```

Solution on page 300

Puzzle — Ranking: 9610

```
. . 7 | . 1 . | . . .
9 . . | 8 . 5 | . . 1
4 . . | . . . | . 7 9
------+-------+------
. . 3 | . 9 7 | 6 . .
. . . | 5 . . | . . .
. 2 . | . . . | 5 . .
------+-------+------
. 6 . | 1 . . | 7 2 .
. . . | . 3 . | . 4 .
. . . | . . . | 1 . .
```

Puzzle — Ranking: 9584

```
. . . | 6 . . | 9 7 .
. . . | . . . | 8 . .
. . 1 | 7 5 . | 4 . .
------+-------+------
9 . 3 | . . . | . . .
. . . | . 5 1 | . . 2
1 . . | 2 . . | 8 . .
------+-------+------
. . 8 | . 7 . | . . 5
. 6 . | . . . | . . .
. 3 2 | 5 1 . | . . .
```

Puzzle — Ranking: 10466

```
. 7 . | . . . | 8 . 9
8 . . | . . . | . . 1
. . . | 5 . . | 2 . .
------+-------+------
. . . | 8 . . | 3 . .
. . 2 | . . . | . 1 .
9 . . | 1 . . | . . 6
------+-------+------
3 1 . | . 9 . | . . 4
. . 4 | 3 . 7 | 9 . .
6 . . | . . . | . . 2
```

Puzzle — Ranking: 9869

```
2 . . | . . . | . . .
4 . . | 6 5 . | . . .
. . 1 | . . . | 8 . .
------+-------+------
. . . | 4 . . | . 9 1
. . . | 3 . . | . . 8
. . . | 7 . . | 5 6 .
------+-------+------
7 2 6 | . . . | . . .
. . 3 | . 8 . | . 7 .
. 8 . | . 3 6 | . 5 4
```

Solution on page 301

Ranking: 10676

		6	3				9	4
8				5				
1		2	4					6
	6	9			8	3		
				3				
	2		1			9		
		1		2			7	
		8	3		4		1	

Ranking: 10340

								7
	4			1		9		
6			5	4			3	
	8		4					
7			2					
		4	1	3			5	9
	1	9	3			4		6
	7					8	9	

Ranking: 9265

			2		6		8	5
5	2					7		
				5	3			
	8	9						7
2				9	5			3
3	5						4	
	6						9	4
			7			3		
4				3		6		

Ranking: 10439

8			7					1
	5				4	6		
	2	4		9				
4			9					
				4	8		2	
3	9				2			
			6				7	
				8				3
	3	7			9	4		

Solution on page 301

Sudoku Puzzles

Ranking: 9534

	1							
6	5			8	7	4		
		7		4	6			
8			3					
		6	9					
			5			9		
						8	2	
1	7							6
			6	2	3	1		

Ranking: 10576

			6			8		
		6		2				
			1	8		5		3
	1							8
3			2					
6				7		5		
	9			6				
	3	4				7		5
	1	4	5					9

Ranking: 10184

		6	5				4	7
8				7			9	
				6	5			
7			6	9	4			
		3						1
2			8					
	8					1		
9				7	5			
		4	6		8		2	

Ranking: 10649

	7					5		
6	2	5				7		4
				6				
			5	2				7
3				7	4			
8			4					2
								3
5						9	8	
		8		9				

Solution on page 301

Puzzle — Ranking: 11526

1					3			7
5			9					
	4			8			3	
					9	4		
9			1		6		7	8
		6	2					1
			3	2		7		5
					4			3
		2					4	

Puzzle — Ranking: 9396

5					3		2	
1		6		7				
								1
	8	4		9				7
	5		8					9
		3			4			
		2		5		3	7	
3					6	9		
		8						

Puzzle — Ranking: 10641

		2		5			3	
1	7				6			9
4			8	7				
		9				7	2	
			1		2	9		
3								
	3	4		6		1		
	8			1	7	2		

Puzzle — Ranking: 10582

			1			5		2
			9	6		4		
		1					7	
	2	3						7
5		6		2				
								5
8				5			9	
3			4					
7		2		8				1

Solution on page 301

Puzzle 1

9	2	4				6		
	1		4			9		
					7			
	9			8	1			
		3	6					
1		2				3		
5					6			7
					3			
	4			9			8	

Ranking: 9238

Puzzle 2

5								
		8			6			5
1	6	3			8			
			3	9				4
				8	4	6	2	
							9	
3	9		2			7		
								6
2			6	3	7			9

Ranking: 9520

Puzzle 3

9	6				2	1		4
	1		3					8
		2						
	8		6	4				
		6	1		5			
3								
		7	2					6
	5		7			2	8	
				3			7	

Ranking: 11273

Puzzle 4

3			5					4
				1				
1	6			9				
		9				7		
	8						5	9
2	7		3					
								1
	2		6			1	4	7
8				7			6	2

Ranking: 9246

Solution on page 302

Puzzle 1 — Ranking: 10790

					5		7	
5		4					3	9
	2	7		8				
						9		
			6	3	8			4
					7		5	6
4			8					
9		5			1		4	
	1					2		3

Puzzle 2 — Ranking: 11130

1				7	3			6
			1			5		3
				8				
3		5			7		4	
			8		4			
	4			1			7	8
	1	9						
		3				7		1
8		2					3	

Puzzle 3 — Ranking: 9661

8	1			7		3		
								7
2				1	4			
9		4	5					
	3				9			
					3	1		8
7						2		9
3						6		
	6			4				

Puzzle 4 — Ranking: 11197

6				5				
1			9	4			3	
8	7			2			1	
								5
		2			5	7		
7				3			4	
					3	8		4
		2						
	1			7			2	

Solution on page 302

Puzzle 1 — Ranking: 10292

			7			4	1	
	1			2	9	7		
			4					
1			9					4
								2
5					6			
3	7		2				9	
	9	4		1				3
					8			6

Puzzle 2 — Ranking: 9677

7		9		2			5	
3					4		2	
	6		7		1		9	3
4			9					
						7		
			1					
	1	5		6				
	4	3						
	3		8			2		1

Puzzle 3 — Ranking: 11107

	4				5			
			6	4			7	
				8		6		
1							4	
			2			5		
	3			6				8
8		2		3			5	
3						2	1	
	5	9						7

Puzzle 4 — Ranking: 10109

7				6		4		
	9						3	5
			4		3	1		
		5						
6	7		3					
	1	9			7	6	5	
		2	5					6
		1		2	3			
	4						2	

Solution on page 302

Puzzle — Ranking: 10021

	9							
	8					1	2	
3		4	8					
			5			2		6
	2		4		3	7	5	
7						8		
	1	6				3	7	
				9				
					7		4	

Ranking: 10021

Puzzle — Ranking: 9288

8	5		7	1				
	7				6			8
		1		4			7	
	1	7			8	2		
2	4				5			
	6					7	4	
	3			5			2	4
7			6	8			9	
		3						

Ranking: 9288

Puzzle — Ranking: 10648

	4	8		7	2			
		9	8					6
7					3			
		5				1		
2				5		4	6	
4	8				1			
			1			6	7	
	2					5	9	
1		7						2

Ranking: 10648

Puzzle — Ranking: 9676

6			7		1	2		
5		7		2				
	1							
7		9	1	5				8
	1	8						
							6	
		4	7		1			
9				5	3	4		
				8	6			

Ranking: 9676

Solution on page 302

Puzzle 1 — Ranking: 11449

```
5 4 . | . . . | 9 . .
. . 3 | . . 8 | . . .
. . 9 | . . . | 7 3 .
------+-------+------
. . . | 2 . . | 6 . .
. . . | 7 . . | . . .
. 8 5 | . . 9 | 3 . 7
------+-------+------
4 6 . | . . . | . . .
. . . | . . . | 9 . 8
2 . . | . . . | 6 4 .
```

Puzzle 2 — Ranking: 10118

```
. 7 . | 2 . . | . . .
. 9 2 | . 5 . | . 3 .
. . . | . 4 6 | . 7 .
------+-------+------
. . 7 | . 6 . | 5 . .
. 4 1 | . . 8 | . . .
. . 9 | . . . | 7 2 .
------+-------+------
1 . 4 | 6 . . | 2 . .
. . . | . . . | 4 . .
. . . | . 9 . | 6 . .
```

Puzzle 3 — Ranking: 10798

```
6 . . | 1 . . | 5 . .
. 1 . | . 7 . | . . 9
. . 7 | 6 . . | . . .
------+-------+------
2 8 . | . . . | . 1 5
. . . | 2 1 . | 8 . .
. 6 . | . . . | . . 7
------+-------+------
9 . . | 5 6 . | . . 4
. 5 . | 4 . . | . . .
4 . 6 | . 9 . | . . 8
```

Puzzle 4 — Ranking: 11214

```
. 6 5 | 2 1 . | . . .
2 . 8 | . . . | 5 . .
1 . . | 7 . . | . . 9
------+-------+------
6 . 4 | . . . | . . .
. 1 . | . . . | 7 . .
3 . . | 4 . . | 9 . .
------+-------+------
5 . . | . 8 . | 3 7 .
. . . | 9 7 1 | . . .
. . . | 5 . . | . . .
```

Solution on page 303

Ranking: 10322

9								
	3	8		6	9	5		1
	6			5				
		3					5	8
	1	9			5		6	2
			7					
			8	3				
	4							6
			5				2	

Ranking: 10760

9			6		7			
	2			3		4	5	
		1	2					
		6				3		
			9	2		1		
3	5				1		4	
				4				
						7	2	
8								3

Ranking: 10794

							7	6
		7				2		9
					1			
			3					
7				4		5		
9	6				7		4	
					8		6	
3	5		6					
	1		4			3	8	

Ranking: 11022

		5		9		3		4
	8		7		4	9		
					3	2	8	
				8		1		
				5				
1	7							6
						7		
			5				1	
6			1				4	9

Solution on page 303

Puzzle 1 — Ranking: 9786

```
. 2 . | 4 . . | . . 9
. . . | 3 5 . | 6 . 1
. . . | . 9 . | . . .
------+-------+------
4 1 . | . . 5 | . . .
6 . . | . . . | . . 8
. . 2 | . 6 . | . 1 3
------+-------+------
. 5 . | . . 8 | 2 . .
. 7 4 | . . 3 | . . .
. . 6 | 9 2 . | . . .
```

Puzzle 2 — Ranking: 10790

```
6 . . | . . . | . . .
3 . 7 | 5 . . | . . 8
8 . 9 | . . 1 | 7 . 5
------+-------+------
. . . | 4 . . | . . 1
. 6 . | 8 . 5 | . 3 7
2 . . | . 1 9 | . . 6
------+-------+------
7 8 . | 6 9 . | . . .
. . 5 | . . 8 | . . 2
. . . | . . . | 7 . .
```

Puzzle 3 — Ranking: 9138

```
. . . | . . . | . . .
. . 5 | 6 7 2 | . . 4
. 2 . | . 4 . | 8 . .
------+-------+------
. . 2 | . 3 . | 4 . .
. 7 . | . . . | . 9 .
. 4 . | 2 8 . | . 5 .
------+-------+------
1 . . | . . 3 | . . .
. . . | 1 . . | . . 6
. . 6 | . . 9 | . 7 1
```

Puzzle 4 — Ranking: 9660

```
. . 6 | . 4 . | . . 5
. 4 . | 8 . 9 | . . .
7 . . | . 3 . | . . 6
------+-------+------
. . . | . 1 . | . 3 .
9 . . | . . . | 5 6 .
. . . | 9 . 2 | . 1 8
------+-------+------
. . . | . . . | . 5 .
. 1 2 | . . . | 3 . .
5 9 7 | . . . | . . 3
```

Solution on page 303

Ranking: 10601

			5	9			4	
		4			8		5	
						2		3
			3				9	5
					1	8		2
	6							7
		5	8			7		
7		3	9	2				
	2							

Ranking: 10374

3			6				5	
		4			7	6		
6		9		1				8
9				3				
	8							
	3		1		8			5
		5		9	1		2	4
		4						
					2		3	

Ranking: 9410

5					6			
8		4	3					
	9			7				
							9	4
		2					6	
	7			1		8		
					9		3	
3	1		5		7			6
			8	3				2

Ranking: 10690

		6				3		8
			5					
1			8	4	7			
	8				9	5		6
				2				
	1		7	3				
3		9				6		
		7				5		
			2			4		9

Solution on page 303

Puzzle 1

	6						9	
8								5
		2	5	1				
	9				6	7		
1			9	3		4	2	
2		6		5				
6		4		7				
	8							
			1		8		3	

Ranking: 10906

Puzzle 2

7		1	3				5	
						3		1
	2	5				4	6	
				5				2
	6			4				
2		3	9				1	
8			7		3		9	
	3			1				8
			4	8		1		

Ranking: 9379

Puzzle 3

		8		2				
	7		4			6		
5	4		7					
				9				7
			3				2	
		1		4				
1						3		
		2	3	1		4	5	
3						7	8	

Ranking: 9429

Puzzle 4

							5	
3		6		5		1		
8	2		1			4		
	5		2	4				
6				1	9			
		4						3
	9		7	2				1
4				8			2	5
					4	8		

Ranking: 9362

Solution on page 304

Ranking: 10765

	9							
7	5		6			8		
	8	3			7			4
				9			5	
2		9					4	
	6							1
5				9		2		
				4	7			
			1	7	6			

Ranking: 10624

			3					9
3					7			
	2			4		3		
	1	5			2		7	
9		6		3		2		
						4		
	6		5					1
						9		
		2	1					7

Ranking: 10657

		6	7	5			9	
9				1		4		8
7								
	4				7			
6		7	5					
		2		9			1	
		8		7				9
				4		8		3
3					9			1

Ranking: 10168

	3				5		1	
	6	2	7					
7			3					
								8
		6	1	2				9
	8				6	5		
			7					
2				1		4		
3			8		9			6

Solution on page 304

Ranking: 11080

	9	8					3	
		2			5			1
	6					7		9
				7	9	1		
	8		3				5	
9			5	8			7	
	5							
3			7		1		4	
			4					3

Ranking: 11237

5	1	2					4	
								6
					3	9	1	
		2					3	
	4							5
	6	4					7	
	2	7			1	5		
6				8				7
9			6			1		

Ranking: 10715

		3						
4	1							
	5	9	3		6			
			5		7	3		9
				2	3		5	
				9			7	
6	7		8					
		5		7	4			2
				1				4

Ranking: 10458

	8	4					5	
1	6							
			4		2			
9			2					
	7					8	9	
				5			1	
6		8		9	5		4	3
							8	5
4				6	7			

Solution on page 304

Ranking: 10234

	2	8	3					
			7		4			
5					8		2	3
			9				7	
7				6			9	
	9		2			6		
		7	1		2			
6		5						
2	8			3			5	

Ranking: 10143

			3	5				
9	1			4				
	7							5
			1			4	2	
6	5		8					7
3								
			2			6	9	
		2			1	8		4

Ranking: 10374

			6		2			
	1	6	8	3		2		
				1		3		
						4		
		8	7			6	3	
					3			5
	7	3	4	5		9		
		5	9		8			
6	8						4	

Ranking: 9927

	8					7		2
			6	2				4
4								
		3	4		8			
		7						
9	6		5				2	3
	1		2				3	
					4			7
			9	7				6

Solution on page 304

Puzzle 1 — Ranking: 9678

```
4 7 . | . . . | . . 9
. . 6 | . 4 3 | 8 . .
. 8 . | . . . | . . .
------+-------+------
. . . | . 7 . | 6 4 .
5 . . | 3 . 8 | 1 . .
. . . | 2 . . | 9 . .
------+-------+------
2 . 1 | . . 9 | 5 . .
. . 9 | 4 3 . | . . 6
. . . | . . . | 4 . .
```

Puzzle 2 — Ranking: 9711

```
. . . | . . 6 | . . .
4 . 9 | 7 . . | 1 . .
5 . . | 1 4 . | . . .
------+-------+------
. 3 . | . . . | 6 . 5
. . . | . . . | . . 2
. 4 2 | . . 8 | . . 3
------+-------+------
. . . | . 1 . | 7 . .
. 8 . | . 3 . | 6 . .
. 9 . | . 4 5 | . . .
```

Puzzle 3 — Ranking: 9338

```
8 . . | 5 . 1 | . . .
. . . | . . 8 | . . .
9 . . | 4 6 2 | . . 5
------+-------+------
4 9 . | . . 3 | . . .
. . 8 | . 5 9 | . . .
5 . 6 | 1 . . | 2 . .
------+-------+------
1 . . | . 3 . | . . .
. . . | . . . | 8 2 .
. . 7 | . . . | . 6 9
```

Puzzle 4 — Ranking: 10849

```
. 1 . | 8 . . | . . .
4 . . | . 2 . | 5 . .
. . 2 | . 3 . | . . .
------+-------+------
9 . 6 | . 3 . | 2 . .
. 2 . | . 6 8 | . . 5
. . . | . . . | 7 . .
------+-------+------
. . . | . . . | . 9 4
6 . 5 | . . . | 1 . .
. . . | 3 2 . | . 6 .
```

Solution on page 305

Sudoku Puzzles

Puzzle 1 — Ranking: 11271

					2			
9			7	4				8
	8						7	5
				9	1	6		4
1				7				
4					3	8		
	5			6				
		6	4	8				
				1		9		

Puzzle 2 — Ranking: 9960

			8			1		9
		1						3
	9				6	4	7	8
1			2				3	
2		3	7			6		
			8					
		6						
								2
4	5	2		9				

Puzzle 3 — Ranking: 9968

5		2	3					
			5					
	8	3	7					9
8						9		6
				4	3	8		
			6				5	4
	6		1		5	7	9	
	7	8						
			6			8		3

Puzzle 4 — Ranking: 10158

		3		1	9	7		
6								
4			5			3		9
					5	8		
		1		3	8			2
		8	9					1
	2						8	7
					4			3
	7					4	9	

Solution on page 305

Puzzle 1

6		1					8	
	5			4		2		7
	9		8				1	5
1			2		3			
		9						2
	6					1	3	
				4	8	7		
		7						4
		4			1			

Ranking: 10093

Puzzle 2

							8	3
				2	4			
3					9	6	5	
2				3	5			
	8		2					9
5				9				7
		8		6			1	4
6						7		
			1					

Ranking: 10433

Puzzle 3

	7	2		3				
		8		6	4			3
			2				5	
7	4				1		8	
							7	
1								5
	2			6		3		
	6		4					
5		9						

Ranking: 10324

Puzzle 4

	9			8				6
				2		3		
			3			5	7	
			1	5		6		4
	6		2					
5	8							
		3	7					5
6								
	5	4		9	1			

Ranking: 10526

Solution on page 305

Ranking: 10265

			5		9	7		
				2			3	
	5	7	1					2
	1						4	
			7		1	8	2	
			8	4	6			
1	4							
	6						5	
3		2				1		8

Ranking: 11288

			7			3		
	9					2		8
1							9	
	5					9	6	
2	3					1		
	7			1				3
7								
	2		3	6			4	
6			9		4		3	

Ranking: 10250

	5							
2						9		1
		8		6				
4				3				
		9					7	
3	8		7			5	1	
		4	2		7		8	
	2		5			3		
								9

Ranking: 9321

	6		8	1	5			
7	4		6				1	
				7				
1	7						4	2
6		4	1					
			9			7		
		3				8		
				6				5
9			5			2		

Solution on page 305

Ranking: 10699

1		2	5					
						5		
7			6					1
		6	4			3	2	
5	3					1		
						8		
		5	8			6		
3					4	8		
8		7		2		4		5

Ranking: 9811

9							2	5
		4			7	1		
	7		6					3
5				6		8		
	2		3				9	
4		6			9			
	5			1	6	2		
		7						
8			3					

Ranking: 10433

9	3	1				7	8	
5		7	6					
	4							
	1		4		9	6		7
							1	9
					5	8	4	
1								
			7	5	3			
6	5			8				

Ranking: 10811

	8	9	7	1				
1		3						5
				2				
		5				1		6
9						3	7	
			4					
		6	2	5				
3				4				2
		1			7	8		

Solution on page 306

Ranking: 10010

```
6 . . | . . 4 | . . .
. 8 . | . . . | 9 3 .
2 . 1 | . . . | . . 6
------+-------+------
. . . | 8 . 3 | . 1 7
. . . | . . 6 | 8 . 9
. . . | 1 4 . | . . .
------+-------+------
8 . . | 9 . 5 | . . .
. . . | 7 . . | . . .
. 3 5 | . . 8 | . . .
```

Ranking: 9711

```
. . . | . . 9 | . 1 .
. 2 7 | 6 . . | . . .
3 . . | . . . | . . 4
------+-------+------
. . 3 | . 6 . | . . .
4 1 . | . . . | . . 5
. 9 . | . 8 2 | . . .
------+-------+------
. 5 . | . . . | 7 1 2
. . 6 | 8 . . | . 9 5
. . . | . . . | . . .
```

Ranking: 11561

```
. . 6 | . . . | . . 9
4 . 9 | . . . | . 2 .
3 7 . | . . . | 6 . .
------+-------+------
7 . 1 | 5 8 . | 9 3 .
. . . | . 9 1 | . 4 7
. . . | 2 . . | . . 1
------+-------+------
. 3 . | . . . | . . .
. . . | 9 7 5 | . . .
. . . | 3 . 2 | . 5 8
```

Ranking: 10166

```
. . . | . . 4 | . 2 .
. 5 1 | . . 7 | . . .
6 . . | . . . | . . 8
------+-------+------
. . 7 | 5 . . | 3 1 .
. 3 2 | . 6 . | . . .
9 . . | 4 . . | . . 2
------+-------+------
. . . | . . . | 7 8 1
. . . | 9 . . | . 3 .
. . . | . 5 . | . 6 .
```

Solution on page 306

Ranking: 10649

	4			8				
5						9		2
		9		1		3		
	7		4		2		6	
9		1	8			2		
4	9				1	5		
2		6			4		9	
						3		

Ranking: 10315

	5		2	8		1		9
					6		3	
9		6	7					
3			8				2	4
			3	7				
							5	
				1	8			2
	8	7	6	2		3		1
2						6		

Ranking: 9520

	1			6	2	5		
9	5		7					6
4				5				
6								
		1		9		8		3
			8				5	1
					1	6	8	
	4	9				1		
					8		3	9

Ranking: 11846

	7			3				8
							3	
					6			5
9				5		6	1	
			8		2			
5						8		9
3		4			1			7
		8						6
	9		4			5		

Solution on page 306

Page 199

Ranking: 11178

			5			8		
					2		4	
6	3		8					
	7	6						
2					4		9	
4		9	3	8				6
5				2			6	
	2			7			3	1
			1				2	

Ranking: 10340

	3				7			
1						2	6	
		6		2				8
							5	
6	9							
	4	7	5					
			6	2	8			5
		3		1	7			
9			5			3	1	

Ranking: 10080

	1							4
7	5						2	
					8			
								5
1	9			5	7			
	3		7	6		8		
			3	7	1			
		8						2
9			4		2			7

Ranking: 9332

5						4	9	
			9					
	2	6						8
6		1						
	5		3	8				2
7				6		3		
		8		5				
			9	3		7		
			4		2	3		

Solution on page 306

Puzzle 1

5			6					
		1		2	3	5		
						2		9
	5			1	6			
3						7		6
		2				8	5	
					9	1		
	3				1			8
8		4		6				

Ranking: 11155

Puzzle 2

		1		6		7		
2	4		1				3	
			9		2			
	1	3					4	5
			3					9
		2			1	6	8	
3		4						6
				8				
	5	9						

Ranking: 10998

Puzzle 3

	7						5	
			3					8
2							3	
			5	2	9	4		
	9	4				5	6	
				1		3		
8				3		1		
		7			5			
9			4					6

Ranking: 10118

Puzzle 4

4			1				9	
5						1		
	6		9		4			
	9			6		2	1	
				5		4		
8			1			3		9
6		2				8		
1	5					4	3	
				7				

Ranking: 10002

Solution on page 307

Ranking: 10840

	7				9			
			2					
2		1	3	7				
8				9		7	5	
			8			1		6
		5	6					
			4			8		
9							1	3
		3		5	6		2	

Ranking: 10956

					9			
7				6			4	1
	1		4				2	9
2	7			9				5
		1	2				7	
4		8	6	1				
								4
5							3	
9				6	8			7

Ranking: 10981

	5			2				4
						7		
	2		3		6			9
					2			
		9			8		1	
5			2	7				
			4					
9			8					6
6	4	1			2		5	

Ranking: 11721

5								
4				7				2
	7	9			8			3
	3							
8			3			6		
				4				7
		4	5	2		1		
	1	2			4		9	
7			1	6				4

Solution on page 307

Puzzle 1 — Ranking: 10060

```
. . 9 | . . . | 3 . .
. 1 . | 2 . 4 | . . .
. 7 8 | 3 9 . | . . 5
------+-------+------
7 3 . | . . . | . . 8
. . . | . 7 . | . 6 3
. . . | . . . | 9 7 .
------+-------+------
. . . | 1 . . | 4 . .
. 5 1 | . 2 8 | . . .
. . . | 4 3 9 | . 5 1
```

Puzzle 2 — Ranking: 10600

```
7 1 . | 9 . . | . 8 .
8 . . | . 4 . | 9 . 3
5 . . | . . . | . . .
------+-------+------
. . . | 8 1 . | 3 6 .
. 6 . | . . . | . . .
. . . | . 4 . | . . 5
------+-------+------
. . . | 9 7 . | . . .
. . 2 | 7 . . | . . 8
. 7 . | 5 2 1 | . . .
```

Puzzle 3 — Ranking: 9918

```
. . 8 | 7 . . | . . 4
. 2 . | 1 . . | 9 . .
5 . . | . . 8 | . . .
------+-------+------
. 5 2 | 8 . . | . 9 .
. . . | . . 7 | . 2 .
. . . | . 9 . | 4 3 5
------+-------+------
. . . | . . . | 3 . 1
. 3 . | . . . | 2 6 .
1 7 . | . . . | . . .
```

Puzzle 4 — Ranking: 9291

```
. . . | . . . | . 8 5
2 . . | 4 . . | . . 9
. 5 1 | . . . | 2 6 .
------+-------+------
. . . | 6 . . | 9 . 3
. . . | 2 . 9 | 5 4 .
. . 3 | . . 5 | . . 6
------+-------+------
3 . . | 8 . . | . . 2
. . . | 9 2 . | . . 1
. 8 . | . 1 . | . . .
```

Solution on page 307

Ranking: 9877

	8						4	
		4				9	1	
		7			2			
		5		2	1	3		
	1				9		7	4
	6		7					
8			6			1		
3								
	9				5		8	

Ranking: 11114

	3	6		2				9
		8	9			2		
9			3	8				
6						5		
	1						2	
	4			1	7			
			9	8	4		7	
		4	7					
7	8			4	2		6	

Ranking: 9826

		9	7	1	6			
		4						
		8	5					2
	6	7	5					8
						4		
				3	1	7		
	3		9			2	1	
			8					
9	2		1					

Ranking: 11466

7	8					9		
4					2			
		2	5					
		3						
	4					1		
	1	5					6	2
			3	8	5			
	7	8					3	
			7			9	4	

Solution on page 307

Ranking: 10439

	9		8					5
				2				
			5	1		6		
	5	3	8			2		4
		4	2			5	9	1
8		1				4		7
5	4			7	3		1	8

Ranking: 10250

7						6		
			5	8	7			
	1	4	6				5	
9				6		1		
		1			2		8	
6								2
			4			2	3	
1	4			5				
	9			7		5		

Ranking: 9559

2		1					6	8
3		9	2	5		4		
		8						
			3	4	7	9		
			6					
		7				5		
		9				2	1	
			3					
	1		8			7		

Ranking: 10516

						7		
3						2		
	4	5					3	
	5		9					
		1	7					5
		9		4	6			7
	1	7			2			
			8			9		
	6			7		3		

Solution on page 308

Puzzle — Ranking: 9827

			2				5	6
	7	1						
3								
			7		6		9	
2			5			3		4
1		3		6				2
		4					1	
	8				3			9

Puzzle — Ranking: 10790

5				3		9		
		2			8			7
7		1				6		
				4				
4		6	8		2			
	5		1		9			
		3						2
	4					8		
	6		7				1	

Puzzle — Ranking: 9196

7				3		5	4	
			8			9		
	3			1				
					7	6	2	
			5	8				
	6	7	2					
							5	
9	8	3					1	
	1	2						9

Puzzle — Ranking: 10549

9	2							
8			9	6				
		6		1	3			
3	5		4				8	
				3			4	
				7				
	7	9	5					
						2	1	
2	3			7	4	5		

Solution on page 308

Sudoku — Ranking: 9454

```
. 3 1 | . . 6 | . . .
. . . | 2 . 8 | 7 . .
. . . | . 3 . | 6 . .
------+-------+------
. . 4 | . . . | 6 . .
. 6 9 | 1 . . | . 3 5
. 7 . | . . . | . 8 .
------+-------+------
. . 6 | . 4 . | . 2 .
. 9 . | . 2 . | . 7 8
. . . | . . . | . . .
```

Ranking: 9454

Sudoku — Ranking: 10248

```
8 . . | . . 2 | . 6 9
6 5 . | 4 . . | . . .
. . 4 | . . . | . . .
------+-------+------
. 9 . | 5 8 . | . . .
. . . | . . . | 3 . 5
. . . | . 1 2 | . . .
------+-------+------
. . . | . . . | 5 . .
. 3 . | 6 7 . | . 1 .
. 7 . | 9 . 5 | . . 6
```

Ranking: 10248

Sudoku — Ranking: 11039

```
. . 2 | . . 1 | . . 6
. 6 . | . . . | . 9 .
. . . | . 2 . | . . .
------+-------+------
. . . | . 7 . | . . 5
2 . . | 5 . . | . 3 .
8 . 7 | 6 . . | . . 9
------+-------+------
5 . . | . . . | . . 1
. . . | 8 3 . | . 5 .
. 9 . | . 4 . | . 8 .
```

Ranking: 11039

Sudoku — Ranking: 9238

```
. . 4 | 9 1 . | . 5 .
. . . | . . . | . . 7
. . . | . 3 . | . 4 9
------+-------+------
6 3 1 | . 5 . | 2 9 .
. . . | 3 . . | . 1 .
5 . . | . . . | . . .
------+-------+------
. 6 . | . 5 . | . . 2
8 . 5 | . 4 . | . . .
. . . | . . 8 | . . .
```

Ranking: 9238

Solution on page 308

Puzzle — Ranking: 10643

	2	4			5			
7							1	
		3				5		
			2					5
		8		1	7			
	4		3			8	6	
2					6		4	
				5				7
6	8	7			4	1		

Puzzle — Ranking: 10046

			7		3		1	
		4				3		
				5	9			
	9						5	1
		6	1				8	
7		1	6			4		
2		3					4	
1								
	8					7	2	

Puzzle — Ranking: 10466

	7	1	6			2		
	4		1		7	8	5	
2								
								7
	5						9	
6			9					
			4		3			2
					5	6		8
9		4		6				5

Puzzle — Ranking: 10223

1	4				7			
	9	3						4
2							9	
			8		6	5		
7				4				1
	8		3				4	
					2			
4	7	6						8
					4		1	5

Solution on page 308

Puzzle — Ranking: 10685

```
. 5 . | . . . | . . 6
. . . | . 9 7 | . . .
. 6 . | . . . | 9 4 .
------+-------+------
. . 2 | . 3 . | . 1 5
. 8 . | . 2 . | 4 . .
. . 5 | 4 . . | 3 . .
------+-------+------
2 . . | 7 1 . | . . .
. 3 . | 5 . . | . . 8
. . . | . . . | . 2 .
```

Puzzle — Ranking: 11114

```
. 8 . | 3 . . | . . 6
. . . | 5 . . | 4 . .
3 . . | 2 . . | 8 . 5
------+-------+------
. . . | 2 9 . | . . 7
1 . . | . . . | 2 . .
. 6 . | . . . | . 3 4
------+-------+------
. . . | 6 . . | . 4 .
6 7 . | 5 1 . | . . .
9 3 . | 7 . . | . . .
```

Puzzle — Ranking: 10143

```
. . . | . 7 5 | . 6 .
9 . . | . . . | . . 8
. 1 . | 2 . . | 4 . .
------+-------+------
. 9 . | . . . | 6 3 .
. . 3 | . . . | . . 5
. 6 . | 1 . . | . . .
------+-------+------
. . . | 7 9 . | . . .
7 2 . | 4 . . | . . 9
. . . | 5 . . | . 8 1
```

Puzzle — Ranking: 10979

```
. . 9 | . . 6 | 8 . .
. . . | . . . | . 3 .
. 6 . | . . . | . . 9
------+-------+------
1 . . | 7 9 . | . . 8
. . 2 | 8 3 . | . 5 .
. . . | . . . | 2 . .
------+-------+------
5 . . | . . 9 | 4 . .
. . . | . 5 8 | 9 . .
4 . . | 6 . 7 | . . .
```

Solution on page 309

Puzzle 1 — Ranking: 10450

	4				8		7	
9		7						
					1			3
			1			3		
1		9		6			8	
				2				7
			5			6	2	1
4				7			5	8
	8				2			

Puzzle 2 — Ranking: 10707

1	2				7			
	3	9		8		1		
			4			8		
	1			6				
9		5				2		
							5	
		3		1		6	4	
6			4				8	
	7		2			5		

Puzzle 3 — Ranking: 10668

	2							3
			7					
8		4		2	1		9	
1					2			
	4							6
	3	2		4				
4		5				8		
			8	9		6		
	9			4		1		

Puzzle 4 — Ranking: 9470

		2						5
	3	4	1				2	
	7				6			4
			7					
		9	4	1	8			
8						5		
5		1		4		3		
			2					7
			3			6		

Solution on page 309

Puzzle 1

	6		1					
		2		3	7			
		4						5
				8	2			
				5	3			
	9		4	7				
5	1							6
4						9		
7			6	1	5			

Ranking: 9827

Puzzle 2

	7				9	5		
	3			5	1			
	8						6	
	9	6	3				2	8
		9		8		4		
	5			1				
		2		4	8	3		
		5		3				1

Ranking: 11262

Puzzle 3

			7		3		4	
3				4				
	1	7		8		2		
			6		8			
	8			7			6	
		1						
		4	9					
		9	3		1	7		
5						8		

Ranking: 9271

Puzzle 4

			7	5		2		
6		8		3		5		
	4							
	7		4			1		8
		4		2				7
	9			2				1
3				1			6	
	5	6						

Ranking: 9922

Solution on page 309

Ranking: 10168

	4		9				5	
3				5	2			
2								9
6		9	7		3	1		4
				1		9		7
							3	5
		4			7			
			1				9	
	1				8	6		

Ranking: 10143

4	6							
				2				6
	2	9				5		1
		4	8		7			
	8	5	9					
3			1					
								4
		3	8			9		
		1				2		7

Ranking: 10573

6	9			3		4		
					6		3	8
		3	7		4			
				9	6			
			1	7			4	
2	5							
	3		6				5	1
				5				
			8	1		7	9	

Ranking: 10367

	6		9			2		7
				8				
			6			1		3
	3			1		4		
		6	8				2	
4				5	9			
						7	4	2
		8						9
7	4				6			

Solution on page 309

Puzzle — Ranking: 10755

2				4	8			6
	5	7			2		8	
		6				7		
			1	6		9		
1	3						4	5
			3		6	2		1
				2				
5			9					7

Puzzle — Ranking: 10962

8							5	
	9	2	8			1		
	1				2			
1				2	7			
		9	6					
		3				6		7
2	3			8		1		
			1			7	4	
	4				6	2		

Puzzle — Ranking: 9918

		9			7	4		
1	8							
				2			7	
3								
			2			5		
	1	6	4				2	
9	7			3	4			6
8						1		
			6	8				2

Puzzle — Ranking: 11306

				3			2	
			1		6		7	
		6		9				1
			2	8				
				7		5		
	8	9	3					
	7	8						6
9		2			1	7		
				8				5

Solution on page 310

Puzzle 1 — Ranking: 11155

```
7 . . | . . . | . . .
. . . | 5 6 . | 7 9 .
. . . | . 2 . | . . 8
------+-------+------
. . . | . . . | . . 1
3 . . | 9 5 . | 2 . 4
. 6 . | . . . | 5 7 .
------+-------+------
. . 7 | . . . | 6 . .
. 2 1 | . . 8 | . . .
5 . . | 2 . . | . 8 .
```

Puzzle 2 — Ranking: 10939

```
. . . | . . . | . . 1
. 3 . | 8 . . | 9 . .
. 6 . | . . 3 | . . 2
------+-------+------
. 5 . | . . 6 | . . .
. . . | 2 . . | . . .
4 9 . | 1 5 . | 7 . .
------+-------+------
. . 1 | 7 . . | 3 . .
8 . . | . . . | . . 9
5 . . | . . . | 4 7 .
```

Puzzle 3 — Ranking: 10102

```
. . 7 | 8 6 . | . . 1
. 3 1 | . . 7 | . 9 6
6 . . | 3 2 . | . . .
------+-------+------
. . 5 | . . . | 9 . .
. 7 6 | . 3 . | . 5 4
. 4 . | . . . | . 2 .
------+-------+------
7 . . | . 5 . | 6 4 .
. . . | 7 . . | . . .
5 . 3 | . . . | . . .
```

Puzzle 4 — Ranking: 10056

```
6 . . | . . . | . . 5
. . 4 | . . 7 | 6 . .
. . 9 | . . 8 | . . .
------+-------+------
. 8 7 | . . . | . 1 .
. 4 . | 7 . . | . . 3
. . . | . 2 . | 6 . .
------+-------+------
. 7 3 | . . . | 1 9 .
. . . | 4 3 . | . . .
4 1 . | . . . | . . .
```

Solution on page 310

Puzzle 1 — Ranking: 10093

9						6		4
		6					9	3
	4	3				2		
3		9		5	7		1	
			8		3		6	
					2			7
7			2					6
							3	
8			7		1		2	5

Puzzle 2 — Ranking: 11038

		8		2		1		
	4			9	1	2		
	2				3		8	
				4	2			
		3						6
						7	4	
		1						5
		9	5					
7				1		8	9	

Puzzle 3 — Ranking: 11407

	6							2
1			6		5			
3		8						
			4					7
		6				1		
5				7	8	9	2	
					3	8		5
9							4	
	1	5			9			

Puzzle 4 — Ranking: 10181

	7	8						
	4			6			9	
9		1	2	7				
	6			4		8	3	
4		5					1	
	9							
3			5	8				6
	5			1			4	
		6						1

Solution on page 310

Grid 1 — Ranking: 10865

5				4		8		
	6			2				
						7	1	6
7				5			6	
	4		1					
		9	3				7	
	2				6			
		7						5
8				7	4	6	9	

Grid 2 — Ranking: 9775

	9		8	1				
						4		
	3			6			7	8
			3				6	
6			2	9				1
	7					8		
	1	8	6			9		
4			7				5	
		7						

Grid 3 — Ranking: 9960

2	8	6	7					
			2		3		1	
	1			8	9	7		
		9						
	3					6	4	
6							5	7
	9	5	3			2		
4				5		1		
			6		1	5		

Grid 4 — Ranking: 9495

3		5		4		1		
				8				9
	6							4
				7	6			2
4			2			3	9	7
								1
6						7		
	2	4	9					
	3		5					

Solution on page 310

Grid 1 — Ranking: 9271

		2	6				8	3
			9		1			
5							9	7
7	5							8
	3	9	2		5		6	
6					4			
					2			
9	8					2		
				4			7	

Grid 2 — Ranking: 10778

	1	7						
2						4		
			1				8	
	3		9					4
			5			1	9	2
				7				
		6				5		
	7	3		6	9			
		2			8			3

Grid 3 — Ranking: 9184

7				9				5
	6					2		
			5				3	
			1			8	9	2
	4	1			2	7		
			9					
	5				7			
	9	8						4
6		2			3			

Grid 4 — Ranking: 9736

		4						2
1				7				
7			1	2		3	9	
		7					1	
9	1			5		8	6	
			6					9
3			9			6		
	2						5	
			6	8				

Solution on page 311

Puzzle — Ranking: 10093

3					1	9	5	
	6		8				1	
	4			3				
			2	8	1	4	7	
					5			
7				4				
2	3							
		5	9				7	
		9			3			

Puzzle — Ranking: 10857

	7					6		
	8	1						7
3		4	1		6			2
2				3	4			
4							1	
	6			8				
						9		
		3	5				2	
			4			1	5	

Puzzle — Ranking: 9653

		1	6			5		
8								
				8	7		6	
5				1				
	3	9				1		
2				4				
	4		5				7	
		5	3		9		6	1
						2		

Puzzle — Ranking: 10458

	3		8	7			1	
2					1			
		8	2				9	6
4								
					5	2		
		1		3			6	8
		6			1			
	5			4	8			
	2			8	9			

Solution on page 311

Ranking: 10666

	1							6
			5		9	4	1	
				2			3	5
	6	3	4					
		4	1					
				7	6			8
		9				5		
5	7						8	
	8	2			7			

Ranking: 9920

8	2			7			9	
						1		2
9		7		4				
						9	5	
	3						1	4
7		4	5					8
		3		1	8			
				2	5	6		
2			7					

Ranking: 10533

					7	9		
				4		1		6
			6				2	7
	2				5			8
	4				1	6		
	9	5	7	8				
	5	4						
		8	5	2				9
			8		3			

Ranking: 11398

4	3							
			6	8		5		
		5				4	1	
2				7				4
7			9	5				2
	8	9	4					
		8	1			9		3
	4			7	9			1

Solution on page 311

Ranking: 10200

1				3		7	5	
		3			7			2
	5		4					
	2		6	1		3		
8		5	2				1	
		4						9
								1
5	7			2			6	
					6		3	

Ranking: 10819

6	4							
				5				3
	7		1	9	6			
	1		3			7		
4								2
		5	2	1				
		8	5				2	
		6		3			8	
						1		

Ranking: 10051

8		5		4				
					6	3		
	3		2					7
1			6		9			3
9		4				7		
							5	
	7	2			5	9		
			4			8		2
			3					

Ranking: 11178

8			9					4
6							9	5
				4		6		
3	4							1
9				8		3		
		5	2					
	3						5	
1			6			9		
		8		9			7	

Solution on page 311

Ranking: 11071

6		9				7		
4							1	
			1			9		6
8								3
9	6	3	2		7			
		7	6					
	9		3		2	8		
				1				2
		8	4		6			

Ranking: 10836

6	7					3		
				9		5		
	5		8					7
	2			4		7		
			6		8			
7		6	2			1		
		5		6	3			
		4				1		
		8						6

Ranking: 9728

	8			9		4		
							1	
							8	5
	2	6			4			
					1			7
4				3	8			
8	4					9		
	3	5		8				
		1	6		5			

Ranking: 9719

		7						
	3				6	9		
				3			6	8
1								
7			6			8	5	1
	6	5	2					9
			8		4			7
		2		7	5			3
						4	9	

Solution on page 312

Puzzle 1 — Ranking: 11139

	4		7		5			
1			3			7		
	5	9		1				4
			9			4		
				6				3
	9					8		
2		1					8	
							7	
3	6				1			

Puzzle 2 — Ranking: 9610

	3				6			2
9					3			
			2					5
			7					
		8	4		5		1	
		1		8		6		
	9							7
			3			8		
2	6		8			4		

Puzzle 3 — Ranking: 9887

4						8	5	
		2	6	1	5			7
	7		8					2
7		5						
						7	1	
			2	6				5
						3	9	
2								8
8	3		5		9			

Puzzle 4 — Ranking: 9130

9			5			8		
	1		4		2		9	
7		6	3			5		
	6							
			8			9		
5		2					1	4
4			2		3			6
6		3		5				

Solution on page 312

Ranking: 10591

	3							
2		4			8		1	
	8	5			4	2		
	4				9		5	
		7	5			8		
			8			4		3
	7		1			5		
					3		9	
			4	6				

Ranking: 9873

						1	3	
				8		4		
	4	2				6		5
		3		7		1		
5			6					
	7		4					
	5		2		1			
3			7	4				8
	2				6		7	

Ranking: 10004

7	8					5		2
				8		6		
			2	9			4	7
				5	1			
		7	8					
		3	6		9	2		5
6								
		5		3	6			9
	3				2			

Ranking: 11250

8		7	5				6	2
	5					1		
					2			
		9			8			3
7	8		3				4	
						5	2	
2				8	9			
					4			
4		1					7	

Solution on page 312

Puzzle — Ranking: 9937

		2				8		
				7				2
	4					5		
7		6	5				4	
				8				3
3	5		9					
	3			9				
	9	5	8	3	2		6	
6		8			5			

Ranking: 9937

Puzzle — Ranking: 9952

			7		4			
			3		4			
9		7	5		6			
	2	4				5		
	7		4			8		
6		1					7	
				9	7		2	
			8				6	
		5	6			3		8

Ranking: 9952

Puzzle — Ranking: 10235

8		5		2				
			3			9		
7			5	9			8	
		4					3	
		8		3			6	
			6		5			4
			9					1
5						7	2	
	4				1	3		

Ranking: 10235

Puzzle — Ranking: 10002

		8						6
	9			1			3	
1				8		4		5
	2			5	6			9
7	5		1					
	4							7
	8		9					
		3	4	7	5		8	
								4

Ranking: 10002

Solution on page 312

Ranking: 10004

4		1			5			
					3		5	
				1		2		6
3			9		7	5		
2				8			6	
	7							
			6					1
8			5			9	7	
		2	8	7				

Ranking: 9304

9		7	2					
	5	1						6
4				5				
1			6					
2					7	6	5	
6			5	2			4	3
		4				7	1	
		2		9	5			
	1			8			6	

Ranking: 10106

9			3		5			8
					4	1		
4	1			8				
				6				2
5		4			1	9		
7					8			
							6	7
1		5				8	9	
	3						5	

Ranking: 11130

		8		4		2		
3					1			6
4			9					5
				7			9	2
	4		1					8
7			3	5	9			
					5			
	1			3			6	
2	3					1		

Solution on page 313

Ranking: 10026

	5				1			
		1		4				9
							6	2
2		5	9	6		4		
						5		8
						9		
	7			3	2	6		
	4					8		
		8		7			2	

Ranking: 10367

		6					4	
4			2			1		
1				9			2	
	1	8			7			
		9		3				
						5	7	
6		2						7
3				1			6	
	8				6	2	5	

Ranking: 11315

	9							5
8		7					3	
				2	4	7		
			4		2			
3			2					7
4				5			1	
		2	1	8				
	1				6	8		
		6	5					

Ranking: 10475

					9	7		8
				3	4			
4	8							
		1						9
	9		7	5	6	1		
						2		
		9	7					
	7					9	1	6
	5		4		1			

Solution on page 313

Puzzle 1 — Ranking: 10290

		7	9	8		2		1
	2				5			6
				1			3	
						9		
							4	8
9			2	6	8			
		2	5					
	7						6	
8					4	7		

Puzzle 2 — Ranking: 9826

2		9				7		
		5		9			2	
1		4						3
	1	6		2			4	
								8
				6				
		7			1	4		
9	8				3		7	
			5					2

Puzzle 3 — Ranking: 9686

	5					4	9	
9					6	7		
7		3			1			
	6			5		9		
	3		8		7		4	
2							8	3
8	9	6			5			
						3		
		4	7					

Puzzle 4 — Ranking: 9420

	7			9	8	6		
		6				9	1	8
						5		
						6		
			4			3		
3			1			4		
7		8	3		2			
	6			7			9	
		4		5				

Solution on page 313

Ranking: 10026

Ranking: 10109

Ranking: 10999

Ranking: 9462

Solution on page 313

Ranking: 10298

3		8		9				
	7	6				5		
					2		3	
		3				9		
8			5				2	7
1				8				
				4	3			
4	1					2		
			2	7			6	

Ranking: 10004

	2				8	1		
	6			7				
		4		1				
	9				7			6
7		6					2	
4			2				9	3
							3	
6		5	4					
		8			9			7

Ranking: 9130

	6		7		3			
		5				2		
		9	5				3	
5	9							
			8					4
	1	2						5
		4		1	6	3		
	3		9		4			
1		6						

Ranking: 10632

	1				5			
	8	5	7				6	
4		9		8			1	
				4			2	
			8					7
			5	3	6	8		
7	9		3			6		
	2	6			9			8

Solution on page 314

Ranking: 10002

	4						8	
			2				9	7
5				9				
1					2	5		
6						3	7	
	8				3			
		7	8					3
	3			5	4			6
				1				9

Ranking: 9376

	9					4		
	1				6			
6		4			8		3	
3							1	
			7				8	4
	4					3		2
4		8				1	5	
		9	4					3
2	5		3		1			

Ranking: 10226

3				7				
7		1	2			4	3	
2					3			
								9
		4	6	8		1		
		7		3			4	
	5			9				8
8					7	3		
						2	5	

Ranking: 10726

				7	6			
		6	4	1	2			8
	1	7					4	
	2						1	6
	9			5			3	
		5						
								5
	4				8			7
	5		3	4			6	

Solution on page 314

Puzzle 1 — Ranking: 10466

6			2					
		2	6				1	
		8			4			9
		1			8	3		
		5		3	6			
		4				8		
7				9				2
8			3	6		7		

Puzzle 2 — Ranking: 9595

		5	1					8
	6		9			3		
			8		5			
5	2					4		
			7				9	
1								7
		3	4		2			1
			8					4
9					3	7		

Puzzle 3 — Ranking: 9761

5			9					7
2			4			1		6
		9	6				5	
					2			
			8	6				3
3		1				5		
4		3						
		5		8		7		
1						4		

Puzzle 4 — Ranking: 9470

1					2		6	
								7
5		8		1		9		
	8						3	
		6	3			5	7	
4				6				
		5			4			9
	7		1					
3			2			4		

Solution on page 314

Puzzle — Ranking: 10441

		7	5					9
9			4	6			3	
	2		7					
			6				4	1
				7		6	5	
				4		9		3
4	7			9				
		5				1		
6								

Puzzle — Ranking: 9819

			9	4		7		5
4						1		
	3	6					2	
5								1
8			7		4			
		5		6				
		4	7	8				
7				1		2	3	

Puzzle — Ranking: 9504

	7		2	9		3		
					1			
5		2			7			
9		1	7			5		
		4		5		2		
					3			6
	4	7				8		
	9						7	
	6							2

Puzzle — Ranking: 10987

			6					7
		6				2		8
			5					
2	4			3		9		
8		7					4	
7				6				5
1					2	6	8	9
	9			6	1	7		
				8		4		

Solution on page 314

Ranking: 9110

8		5			9		2	
	6	2		5				
		3				9		
	2							1
3				6	4			2
		6	1		8			
			6					
		1		7		8		4
					3		7	

Ranking: 11039

	6		8				1	
					5		9	
			1	3		4		2
	5	9			1		6	
8								
1	2		6				8	
				4				6
		5	7					1
4		2						7

Ranking: 9853

5			3		8			
			1	8				2
	3					9		
		4						
3	2		4					5
			6	1	2	7		
				7				
		8	4				6	9
	4			8			2	

Ranking: 11445

	4				6			8
			3		9		6	
9								
			5	3	1			
		4						7
7					8			3
		9		1		7		
5		6					2	
	2		5					

Solution on page 315

Ranking: 10217

```
. . . | . . . | . . 2
9 . . | . . 4 | . . .
. . 6 | 5 9 . | 3 . .
------+-------+------
. . . | . . . | . . 8
. 8 9 | . . 5 | 1 . .
5 . 1 | . 8 . | . 9 6
------+-------+------
7 . . | 1 . . | . . 4
1 3 . | . . 2 | 5 . .
. . . | . 7 . | . . .
```

Ranking: 11774

```
. . 7 | . . 1 | . . 6
5 . . | . . . | . . .
. 3 . | 7 8 4 | . . .
------+-------+------
. . . | 3 9 1 | . . .
. . 3 | . . . | 8 . 5
4 . . | 2 . . | 7 . .
------+-------+------
. . . | . . . | . . .
. 5 . | . 4 . | . 2 .
2 . . | 6 . . | 4 . 8
```

Ranking: 10463

```
3 . . | . . . | . . 9
9 . 4 | . . 8 | . . .
. . . | . . 2 | 3 8 .
------+-------+------
. . . | . . 7 | . . .
7 . 8 | 6 . 9 | . 1 .
. . . | 1 5 . | . . .
------+-------+------
1 . 9 | . 7 . | 8 . 6
. . 2 | 5 . . | . . .
. . . | . . . | 5 9 .
```

Ranking: 10366

```
1 . . | . . . | . 8 .
. 5 3 | . 7 . | 9 . .
. . 7 | . . . | 2 . .
------+-------+------
. 8 4 | . 3 . | . 6 .
. . . | . . 1 | 5 . .
. . . | 7 2 . | . . 9
------+-------+------
. . . | . . . | . . .
2 7 8 | 6 1 . | 4 . .
3 6 . | . 5 . | 7 . .
```

Solution on page 315

Puzzle — Ranking: 9840

```
. . 1 | . . 2 | 5 . .
. . . | 3 . . | . . .
. . . | 5 . . | . 6 8
------+-------+------
2 4 . | . . . | . . 6
1 . . | . . 9 | 4 . .
. 3 . | . . . | . . 2
------+-------+------
. 6 . | . 4 . | 2 8 .
. . 4 | 8 . . | 1 9 .
. . . | . 5 . | . . .
```

Puzzle — Ranking: 9811

```
. . . | . . . | . . 8
. 1 8 | . . . | . 9 .
6 9 . | . . . | . 5 .
------+-------+------
9 . . | . . . | 1 2 .
3 . . | . 1 4 | . . 5
. . . | 2 . 8 | . . 7
------+-------+------
. . 6 | . . 7 | 2 . .
. . 8 | . . . | . . 4
. 2 . | . . 1 | . 7 .
```

Puzzle — Ranking: 10118

```
. . 6 | 3 8 1 | . . .
9 . . | . . 4 | 1 . .
. . 8 | . . . | . . 4
------+-------+------
. . 1 | . 6 . | . . 8
. . . | . . 9 | 4 . .
8 . . | . . . | 6 5 9
------+-------+------
. . 2 | . 7 6 | . . .
. 7 . | 9 . . | 3 . 2
. 8 . | . . . | . . .
```

Puzzle — Ranking: 9138

```
. . . | 4 6 . | 1 7 .
6 7 9 | . . 3 | . . 4
. 4 . | 2 . . | . . .
------+-------+------
4 . 5 | . . 2 | 3 . .
3 . . | . . . | 6 9 .
. 6 . | . . . | . . .
------+-------+------
. . . | . 3 . | 5 . .
7 . . | . . 1 | . . .
. . . | . 4 . | . 2 6
```

Solution on page 315

Puzzle 1 — Ranking: 11340

```
. 4 . | . . . | . . .
. . . | 3 4 . | . 7 .
. . 9 | . . 5 | . 8 .
------+-------+------
. . . | . . 6 | . . .
. . . | 4 . . | 5 . .
6 . . | . . . | 1 . 7
------+-------+------
2 7 . | 9 . . | . . 8
. 5 . | 1 . . | . . 6
3 6 . | . 7 . | . 9 .
```

Puzzle 2 — Ranking: 10898

```
. . . | . 4 8 | 7 5 .
. 5 . | . . . | . . 3
8 . 9 | . . . | . . 6
------+-------+------
. . 3 | . 8 7 | . . 1
. 8 6 | . . . | . . 5
. . . | . 1 . | . . .
------+-------+------
. 4 . | . 5 . | . 9 .
9 . . | 4 . . | 3 . .
. . 2 | . 6 . | . . .
```

Puzzle 3 — Ranking: 10350

```
5 . . | . . . | . . .
. 9 1 | . . . | 3 . .
. . . | 4 . 3 | 7 . .
------+-------+------
. . . | . . . | . . 2
. 2 . | . 6 . | . . 9
8 . . | . . 9 | 1 . .
------+-------+------
. 6 . | . . 7 | . . 5
. . . | 5 3 . | . 8 .
. . 3 | 9 . 6 | . . .
```

Puzzle 4 — Ranking: 9935

```
. . . | 5 1 . | . . .
. . 3 | 6 . . | . . .
. 9 . | . . 4 | 5 . .
------+-------+------
. . . | 9 . . | 1 . 8
2 . . | 3 . . | . 9 .
. 8 . | . 4 . | . 5 .
------+-------+------
8 1 6 | . 7 . | . . .
. . . | . 6 . | . 3 .
. . 2 | . . . | . . 9
```

Solution on page 315

Puzzle 1 — Ranking: 10118

		4	5	9		6		
						9		
	1	9	4			2	5	
	4			5			6	
	7				8			
		6	7					
						3	2	
	3		8				1	
	5	8		1	2		9	

Puzzle 2 — Ranking: 11315

3				9				
	7		3		5		8	
			7	8	2	4		
			7			5		9
		9		5	6		3	
		1						8
		3			9		2	6
5	2							

Puzzle 3 — Ranking: 10906

3		1				4	6	
	2				7			
5		9	2					
			9			2	6	
				4	5	7		
	1							
		3	4	5				
2		8		3		1		

Puzzle 4 — Ranking: 11105

2						8		
3				8		1	4	
		6	4	7				
				2				4
				9				
9				3		5	8	
	9		2					3
7	8		1		5		6	
6			9					

Solution on page 316

Puzzle — Ranking: 9698

					8		5	
	5			6		8		4
		9						6
	8				1	5		2
1		6	2			4		8
	2							
			1					
6	1		7	9	3			
3		5	8			7		1

Puzzle — Ranking: 9562

7				3	1	9		
			6					
	8	5	4		2			
8				3				2
		2				6		
	2		6				7	5
		3	9	7		5		
		8						
						2		6

Puzzle — Ranking: 9686

	4	7		5			2	
		3				5		
		3						9
4				3				
	7		8			4	6	
	6	2						
	9		1			2		
		6		4				1
		5				8		

Puzzle — Ranking: 10206

		1		7				9
				4		5		2
					8		1	
	5					9		
		6					3	
9				2		4		
1		3			7		4	
2					3			
		9				7		

Solution on page 316

Puzzle 1 — Ranking: 10682

	8							4
5				1				
		4	9					3
6		5			2		8	
								9
	2	1	3					5
			5	6		3		
				3	4		8	
4		9	8					

Puzzle 2 — Ranking: 9832

9	7				2		1	
	2	3						
	5			8				
		2		5		4		
8							2	3
	6			9				
			5			8		
6			7					4
			3				6	

Puzzle 3 — Ranking: 9329

			5	7				9
4	6	5			9			
9		3		2				5
		7		8				
	1			5	3			7
5	4						9	6
				3		6		
		1	5					4
6				1	4			

Puzzle 4 — Ranking: 10476

		7	9					
	8			4	7	9		
	1							3
			4		6			
	6	8	9		7	5		
					8	9	3	
1								6
5			8		2			
	9				1		4	

Solution on page 316

Ranking: 9685

8	6		3	2				
2	5				1			
			8				6	
	4					7		
						8	9	
		7			3	1		
			4					3
	3		5			4		
		1			9		8	

Ranking: 10101

7				1	9		8	3
			4				1	6
8				7			9	
						2	1	
			8			3		6
		4						
	6		9					5
		7	1		5			
2	5	3			7			

Ranking: 9766

	3			1			9	
1		4		2	5	8		
	2				9		5	
3			2					4
	6			7				8
6		9				4		
	4	3		8		1		
8						6		

Ranking: 10671

						2	6	
		8		4				9
1	7					4		
	2			8	6	9		
							3	
4				3	9			
9		7						1
8	6							5
		5	4			6		

Solution on page 316

Puzzle — Ranking: 10574

```
. . . | . . 6 | . . 5
. . . | . 7 . | 8 . 3
2 3 . | . . 9 | 4 . .
------+-------+------
. . . | 4 1 . | . . .
. . 5 | . . . | . . .
6 . 3 | . . . | 1 . .
------+-------+------
4 . 9 | . 5 . | . . 2
. . . | 3 . . | . . .
. . 8 | 6 . . | . 5 .
```

Puzzle — Ranking: 10156

```
. . 3 | 2 . 8 | 6 . .
. 1 . | . . . | . . 4
. . . | . . . | . . 9
------+-------+------
. 2 . | . . . | 8 . 7
. . 5 | . . . | 3 . .
. . . | 3 4 . | 6 . .
------+-------+------
. . . | . . . | 2 . .
4 . 5 | . . 6 | . . .
9 8 . | 1 . . | . . .
```

Puzzle — Ranking: 10387

```
6 . . | . 1 . | . . .
. 5 1 | 7 2 . | 6 . .
. . 2 | 3 6 7 | . . .
------+-------+------
. . . | . . 6 | . . .
. 9 4 | . . . | . . 1
1 . . | 8 7 . | . . .
------+-------+------
. . . | . 2 . | . . .
. 8 . | 1 . 3 | . . .
. 2 3 | . 9 . | . . 4
```

Puzzle — Ranking: 11610

```
. . 5 | . . . | . . 1
. . . | . 3 . | 9 . .
. 9 . | . 2 . | . . 3
------+-------+------
. . 6 | . . . | . 5 .
. 3 8 | . . 5 | 1 . 7
. . 7 | 1 . . | . . .
------+-------+------
8 6 . | . . . | 2 . .
. . . | 8 5 . | . . .
4 . . | . . 2 | 9 . 6
```

Solution on page 317

Puzzle 1 — Ranking: 11323

```
. . . | . 4 . | . . .
. 9 . | . . . | 7 2 8
. . . | . . . | 6 . .
. . . | . 3 2 | 6 . .
. . 6 | . 5 . | . . 9
. . 1 | . 2 . | 5 . .
2 . . | 8 . . | . . .
8 . 4 | . 9 6 | 3 . .
1 . 7 | . 2 . | . . .
```

Puzzle 2 — Ranking: 9562

```
. 8 . | . . . | . 2 .
6 2 . | . 7 5 | 1 3 .
. 5 1 | . . . | . . 4
. . 8 | 6 3 . | . . .
1 . . | 4 5 . | . 7 .
. . . | . 2 1 | . . .
. . . | . . 3 | 9 . .
3 . 9 | . . 6 | 5 . .
. . . | . . . | 2 . .
```

Puzzle 3 — Ranking: 10307

```
. . . | 7 . . | . . 5
. 8 . | . 5 2 | . . .
. 4 . | . . . | . . .
. . 8 | . 1 . | . 6 2
. . 6 | 9 . . | . . .
5 . . | 2 . . | 3 . .
. . 4 | . . . | . . 1
. . . | . 6 . | . 5 .
9 . . | 3 . 7 | 8 . .
```

Puzzle 4 — Ranking: 9354

```
. 7 . | . 4 5 | . . .
. 9 . | . . . | . . 6
. . 8 | . . . | 3 4 .
. . . | . 3 . | 1 . 8
3 5 . | . . . | . . .
. . 7 | 1 5 2 | . . .
2 3 . | 6 . 4 | . . .
7 4 . | 1 . . | . . .
. . . | 2 . . | . . 9
```

Solution on page 317

Page 242

Sudoku — Ranking: 11053

				2	8			
1				5			4	
			3					8
6	7		4					1
	9							
				3	6			
3						7		6
		5			1			2
	8			9		5		

Sudoku — Ranking: 9786

				9		8		5
	6				8		7	
5			7		3		1	
3		1		6				
			5	8				7
	8				2		6	
	2	5						4
		3						8

Sudoku — Ranking: 10035

	5	2		3	6		1	
			7					
6		3	8	2				
	8		1				9	
				5		4		
		7					2	
							6	
1	3							9
		6	4					7

Sudoku — Ranking: 9887

7			2	8				
4					1		9	
		6				5		2
3			1		9	8	6	
9		8		2				
	5							
			5					7
						9	8	1
		3		9		6		

Solution on page 317

Page 243

Ranking: 10886

	2	7			5			3
		3		9		1		
				3	2			8
		8	4		3		6	
				5		4		
	5		2		1			
	9			2				
6					8		1	
					7			

Ranking: 10425

5		7						4
				8	4			
	6	1						
		3		1	2			
6		2				9		
			9			7	3	
					1		8	
7		8				6		
	2			3		5		

Ranking: 9028

4	3							
			1				4	
				7				
6		9	7					4
							7	
		4	8			1	2	
5					3	6		
	7		5		1		3	
		8						2

Ranking: 9670

4	7			1				
		8				7	5	
			3			4	9	
2								
		3		6		8	2	
							3	6
6			9	2			4	
	5	2		8				
				5			8	

Solution on page 317

Ranking: 10084

			7		6			
		3					5	
		4			9		3	
			2	4				
					1		6	
			8			9		
5				3	2	1		
	9		5			6		
6			4				7	8

Ranking: 11155

		2		9				
						9		7
5						3	1	
	4		9	6		3		5
		3						
9		8		5				
		6	5	4		8	9	
7								
	5	1						2

Ranking: 10998

7	5			2				
		2	9		6	4		7
9			4					2
		1	8			6		
				4				
						7	2	9
				3	8			
	7	8				9	1	
4								

Ranking: 10010

	2		5			4	3	
						1		
1	5		4	7				8
9	8				6			
						3		1
4						8		
			2				1	
	6				9			
8			6			5		4

Solution on page 318

Page 245

Ranking: 9653

	4	3		5				8
5			1					
	1					2		
		8	7		9			
						4		
				1	8		6	
		5				3	1	4
	6	4						
7			2	3				

Ranking: 11214

9			1			6	4	
3		6			7			
							2	3
		8						
5			7	9				
		3		2	6	4		
						9	1	
1				4	8	3		2
			5					

Ranking: 9487

				3		8		
2					8		5	3
1						2		
				4	2	3		9
				6				7
	5	9	7				8	
7		3	6		5			
		4						
		1		8				

Ranking: 11188

8							6	
4	9		1					7
		2						
			6				3	
	4		2		8	1		
1			9	3			8	
	8						5	
	7			5				
2						9		

Solution on page 318

Puzzle 1 — Ranking: 9593

	9				4			
	5	8			7			
1						2		
	7		8	1				
		9		6		1		
5							6	
			2					
			3		1	6	4	
	4	2				5		9

Puzzle 2 — Ranking: 9188

4			9				7	
5	9	1					6	
	6					3		
6	5			1		7	3	
		8		3				4
	2					1		
			8			6		
1				7				
2	8				4			

Puzzle 3 — Ranking: 9677

	5	9						1
		3	6		4			
				5	7			
	3	4	2	7			1	
		6	4				7	
						2	8	
		8			7	9		
				4	2			
9							6	

Puzzle 4 — Ranking: 11502

		7		1		3		
		4		7			5	
	9				8		2	
		2	7				8	
	8			3		6		9
				5				
2			5				1	
		9						8
	4							2

Solution on page 318

Ranking: 10636

6			3				7	
	7			2				9
						8	6	
		5						2
	8	4		6				
					8	3		
	2		9	7	4		1	
	1		6					4
				1				

Ranking: 9445

		6	3	4			7	
9			5		6			2
	4			2	7			
	7							5
		5					6	1
6							2	
				7				4
	5	3						
			1		5		9	6

Ranking: 10732

4				2				
	9							
2		5				4		6
6							3	
	3				7	2		
			6			8	1	9
	8		7				2	
		1		8		6		
7	5			1	9			

Ranking: 11484

	1	9						
6		3	9	1		7		
7				8	6			
						2		3
5		7		3				1
			8			4		
			4					5
			1			3		
		6	2	5			1	4

Solution on page 318

Ranking: 10217

	3	7		2				5
9		8	6		4			
	5		9	3			7	
			2					
8					5		6	9
	8	1					5	
6		4		1		3		
								4

Ranking: 9462

		1	6				2	
	3	8		1	4			
	9		2			7		
4								3
	8	7	5					
	1		4			8	9	
			7			6	3	
9								2
					2	1		

Ranking: 9484

					8			
	9			2		5	3	
3	5	8						
			4			8	5	
	1	9						
5			9			4		
		7		1		9	4	
			5	3				1
								2

Ranking: 10856

		7						
	4		9			3		
	5			8			7	9
	6		5	7	4		9	
				2			6	7
						4		
		3	2				8	
2								5
		5		6	1			

Solution on page 319

Puzzle — Ranking: 11205

	1	4			7			
8			2		6		9	
		9	1	3				
	7			2	9	3		
			3					4
	8						7	9
	9	8						
	5				4			2
				5		1		

Puzzle — Ranking: 9479

								9
7							1	
			7			3		6
	7	3			8	5		
8	2			3			6	
	1	5		7				
4	9			1				
	5		9	8			2	
2					4			

Puzzle — Ranking: 10898

6								8
			3		4			
		9		5				
	9		7			3	6	
	6	8				7		2
		5						
	3		1		6			7
	7				9			
5			4		2		9	1

Puzzle — Ranking: 10283

2			8	6				7
					9			3
	1		3					2
1								
		2			5	9		
	9		1				4	6
7				8			2	
		1					8	9
	8	4	6			7		

Solution on page 319

Ranking: 9163

```
. 7 . | . 9 . | . . .
6 . 3 | 7 . . | 5 . .
9 . . | 2 . . | 1 . 4
------+-------+------
. . . | . . 5 | 7 . .
. . . | 8 . 3 | . 4 6
. . . | 7 . . | 8 . .
------+-------+------
1 . . | . . 2 | . 5 .
. 5 . | . . . | 6 2 .
. . 6 | 1 . . | 4 . .
```

Ranking: 11097

```
. 3 4 | 5 . 6 | . . .
. . 6 | . 4 1 | . 3 .
. . 5 | . 7 3 | . 2 .
------+-------+------
. 5 . | . . . | . . .
. . . | . . . | 8 6 .
. . 1 | 2 . 8 | . . .
------+-------+------
7 6 . | . 5 9 | . . .
. . 9 | 6 . . | 1 . .
. . 3 | . 8 2 | . 7 .
```

Ranking: 9553

```
. . . | . . . | . . .
. . . | . 4 8 | . . .
. . . | 5 1 . | . 9 2
------+-------+------
. . 2 | . 5 . | . . .
. 1 . | 6 . . | . . .
. . . | 1 2 . | 7 4 5
------+-------+------
. . 9 | . 8 . | . 6 .
4 . . | 3 . 6 | 5 . .
8 7 . | . . . | 3 . .
```

Ranking: 11054

```
. . . | . 9 . | . . 5
. 6 . | . 4 . | . . .
. 5 . | . 1 . | 8 . .
------+-------+------
. 1 . | 3 . . | 2 8 .
7 . . | 9 5 . | 3 . .
. . . | 4 . . | . . .
------+-------+------
. . . | . . . | 1 . 3
4 . 8 | . 6 . | 7 . .
. 1 . | . . . | 6 . .
```

Solution on page 319

Ranking: 9528

		3			7	5		
	5	4				6		
2		7				9	3	
8			9			7		
			2		8	3		
	2	1	7	6				
4		2		3				
			4		5			8

Ranking: 10724

							3	
	9		7			8		
			4		3		2	6
2				7		3	8	
	7							
			1		8			
		2		6		1		
	4	5			9			
						5	9	4

Ranking: 9258

	5				6	8		
				7	4		3	
		4		3				
		1	7					
	7	6			5	2		
				1		5		6
8					2			
								3
	6					1		9

Ranking: 9601

		4		8		3	9	
			3	7				6
				1	4		2	
	1			2				
	2						4	8
5	3							
	9			4			6	
						9		
	5	6			7			

Solution on page 319

Sudoku 1

	4			2	3		6	
		9	1					7
	3							
					5		1	3
	2		6				5	
3					4	8		
		7			9			
	8		3	6		9		
				8				

Ranking: 10979

Sudoku 2

			5					
		2		8		1		
		4		6				2
		8					1	
2			4				7	
			8	3	6			
	8	5			9			
	6						4	
9					7		6	

Ranking: 9985

Sudoku 3

	8		5	6				
7			3			8		2
5								7
	5		2	4		6		
1	7							8
						7		
				3				1
4			9	8				
2			4					

Ranking: 11641

Sudoku 4

		4				7		6
			5	4		1		
	7		3				5	8
				3		6		7
			9					
		6		1		3	4	
	3	1	8		4			
2								
	8	9						

Ranking: 10307

Solution on page 320

Sudoku Puzzle 1

					4		6	8
		3				2		
7	5						3	
4					2			9
2	3	9	4	6				5
			5					
		7			1			2
	1			8				
3		4				1		

Ranking: 10525

Sudoku Puzzle 2

		9						3
6					5	1		
5					7	4		9
4		2			6			7
1			8					
				9				
2		6	4					1
	4	3	5	2				
				7				

Ranking: 9366

Sudoku Puzzle 3

4	2			5				6
	5							
			4				1	
	6		8					
3				4		9	2	
		5			2		8	
1						5	3	
	9				3			
	4		1		7			

Ranking: 10782

Sudoku Puzzle 4

1				8				
7		9	2				8	
				3	7	6		
	3	1		7				
		2	4	1				
				2			9	7
			6					5
4							6	
				4			2	8

Ranking: 11130

Solution on page 320

Puzzle 1 — Ranking: 10176

		8	3	2				
3	6							2
	7				6			
	9		1					
	2		6	4			8	3
							7	
		5						
		9			5	6		
6			4		1	7	2	

Puzzle 2 — Ranking: 9844

	2				3			7
		6						
3	4	5			7	9		6
	3			4	6			
	9							2
			9	5			1	
					2		9	
			5		4		7	
	5	3	7	8				

Puzzle 3 — Ranking: 9761

		2						
	5				9	7		2
1	6	8	5					
					1			
6	7				5	4		
							3	
	2	6	9					
4	8		1					
				2	4			6

Puzzle 4 — Ranking: 10055

6							8	9
1				6				4
				4	8			5
		3						7
	1				7			
							6	
9				2	6	7		
	2		4				9	
		7	9		3			8

Solution on page 320

Sudoku — Ranking: 9230

			3					9
		6		7				
9					2			
	8	7				1		6
		2					3	
3	5							
	7			1		2		5
2								
				5		6	4	

Sudoku — Ranking: 9534

8		4						
	2		8		3			
	5						1	7
	4		2			3		
	2		5					
3	1		6		4	7		
						4		
		7						8
		8			5		9	6

Sudoku — Ranking: 9341

	7	5	9					
6				5	2			
				5	1			
5						8	2	
	4		2		7	9		
	3		1			7		4
			7		6	3		
					3			1

Sudoku — Ranking: 9487

		1		5				7
5			9			8		3
					8		1	4
		2						
1	5			4				
			3				4	6
4				3				
	3		5		7			
8	1							

Solution on page 320

Page 1

Grid 1:
```
5 4 9 | 6 8 2 | 7 3 1
3 8 6 | 9 7 1 | 2 4 5
1 7 2 | 5 4 3 | 9 6 8
------+-------+------
8 6 3 | 1 5 7 | 4 2 9
7 2 5 | 3 9 4 | 1 8 6
9 1 4 | 8 2 6 | 3 5 7
------+-------+------
4 9 7 | 2 6 5 | 8 1 3
2 5 1 | 7 3 8 | 6 9 4
6 3 8 | 4 1 9 | 5 7 2
```

Grid 2:
```
7 6 9 | 2 8 5 | 3 4 1
3 8 5 | 9 1 4 | 6 2 7
2 1 4 | 7 6 3 | 9 8 5
------+-------+------
9 2 8 | 4 5 7 | 1 6 3
1 7 3 | 6 9 2 | 8 5 4
5 4 6 | 8 3 1 | 2 7 9
------+-------+------
6 5 2 | 3 7 9 | 4 1 8
8 9 7 | 1 4 6 | 5 3 2
4 3 1 | 5 2 8 | 7 9 6
```

Page 2

Grid 3:
```
4 9 5 | 3 8 2 | 1 6 7
7 6 2 | 9 5 1 | 3 8 4
1 8 3 | 7 4 6 | 2 5 9
------+-------+------
5 3 4 | 6 7 8 | 9 1 2
8 1 9 | 2 3 4 | 5 7 6
2 7 6 | 1 9 5 | 8 4 3
------+-------+------
9 4 1 | 8 6 3 | 7 2 5
6 2 7 | 5 1 9 | 4 3 8
3 5 8 | 4 2 7 | 6 9 1
```

Grid 4:
```
3 5 4 | 2 6 7 | 1 8 9
9 6 7 | 1 3 8 | 4 2 5
2 8 1 | 4 9 5 | 3 6 7
------+-------+------
8 7 5 | 9 4 2 | 6 1 3
6 9 2 | 8 1 3 | 7 5 4
1 4 3 | 7 5 6 | 8 9 2
------+-------+------
7 3 8 | 6 2 9 | 5 4 1
4 2 6 | 5 7 1 | 9 3 8
5 1 9 | 3 8 4 | 2 7 6
```

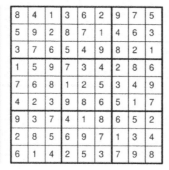

Grid 5:
```
5 1 4 | 6 2 3 | 7 9 8
8 2 9 | 7 1 5 | 3 6 4
6 7 3 | 4 8 9 | 1 5 2
------+-------+------
1 4 6 | 9 5 8 | 2 7 3
2 3 7 | 1 4 6 | 5 8 9
9 8 5 | 2 3 7 | 6 4 1
------+-------+------
4 6 2 | 8 7 1 | 9 3 5
3 9 8 | 5 6 2 | 4 1 7
7 5 1 | 3 9 4 | 8 2 6
```

Grid 6:
```
6 8 4 | 9 7 2 | 1 3 5
3 1 7 | 6 4 5 | 9 2 8
5 2 9 | 8 1 3 | 7 4 6
------+-------+------
1 5 6 | 4 8 9 | 2 7 3
4 3 2 | 7 5 6 | 8 9 1
7 9 8 | 2 3 1 | 5 6 4
------+-------+------
8 7 1 | 3 2 4 | 6 5 9
2 6 3 | 5 9 8 | 4 1 7
9 4 5 | 1 6 7 | 3 8 2
```

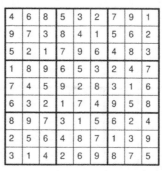

Grid 7:
```
4 1 5 | 3 7 8 | 6 2 9
3 6 9 | 2 1 4 | 5 7 8
7 8 2 | 6 9 5 | 1 4 3
------+-------+------
5 9 7 | 8 3 2 | 4 6 1
6 4 3 | 9 5 1 | 2 8 7
8 2 1 | 4 6 7 | 3 9 5
------+-------+------
1 5 6 | 7 2 9 | 8 3 4
9 3 4 | 5 8 6 | 7 1 2
2 7 8 | 1 4 3 | 9 5 6
```

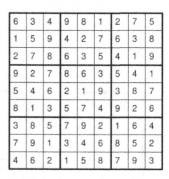

Grid 8:
```
3 6 4 | 9 5 7 | 8 1 2
1 7 9 | 6 8 2 | 5 3 4
2 8 5 | 1 4 3 | 7 6 9
------+-------+------
8 2 1 | 7 6 4 | 9 5 3
4 5 6 | 8 3 9 | 1 2 7
9 3 7 | 2 1 5 | 6 4 8
------+-------+------
6 9 8 | 4 2 1 | 3 7 5
5 1 2 | 3 7 8 | 4 9 6
7 4 3 | 5 9 6 | 2 8 1
```

Page 3

Grid 9:
```
1 6 7 | 8 2 5 | 4 3 9
9 4 8 | 1 3 7 | 2 5 6
5 3 2 | 9 6 4 | 8 1 7
------+-------+------
4 7 3 | 5 8 1 | 9 6 2
6 1 5 | 2 7 9 | 3 8 4
2 8 9 | 6 4 3 | 1 7 5
------+-------+------
7 2 4 | 3 1 6 | 5 9 8
3 9 6 | 4 5 8 | 7 2 1
8 5 1 | 7 9 2 | 6 4 3
```

Grid 10:
```
8 4 1 | 3 6 2 | 9 7 5
5 9 2 | 8 7 1 | 4 6 3
3 7 6 | 5 4 9 | 8 2 1
------+-------+------
1 5 9 | 7 3 4 | 2 8 6
7 6 8 | 1 2 5 | 3 4 9
4 2 3 | 9 8 6 | 5 1 7
------+-------+------
9 3 7 | 4 1 8 | 6 5 2
2 8 5 | 6 9 7 | 1 3 4
6 1 4 | 2 5 3 | 7 9 8
```

Page 4

Grid 11:
```
4 6 8 | 5 3 2 | 7 9 1
9 7 3 | 8 4 1 | 5 6 2
5 2 1 | 7 9 6 | 4 8 3
------+-------+------
1 8 9 | 6 5 3 | 2 4 7
7 4 5 | 9 2 8 | 3 1 6
6 3 2 | 1 7 4 | 9 5 8
------+-------+------
8 9 7 | 3 1 5 | 6 2 4
2 5 6 | 4 8 7 | 1 3 9
3 1 4 | 2 6 9 | 8 7 5
```

Grid 12:
```
6 3 4 | 9 8 1 | 2 7 5
1 5 9 | 4 2 7 | 6 3 8
2 7 8 | 6 3 5 | 4 1 9
------+-------+------
9 2 7 | 8 6 3 | 5 4 1
5 4 6 | 2 1 9 | 3 8 7
8 1 3 | 5 7 4 | 9 2 6
------+-------+------
3 8 5 | 7 9 2 | 1 6 4
7 9 1 | 3 4 6 | 8 5 2
4 6 2 | 1 5 8 | 7 9 3
```

Grid 13:
```
9 2 8 | 4 6 3 | 7 5 1
5 7 3 | 9 8 1 | 6 2 4
4 6 1 | 2 7 5 | 8 9 3
------+-------+------
2 1 4 | 6 9 8 | 3 7 5
8 9 7 | 3 5 4 | 2 1 6
6 3 5 | 7 1 2 | 4 8 9
------+-------+------
7 5 2 | 1 4 6 | 9 3 8
3 8 6 | 5 2 9 | 1 4 7
1 4 9 | 8 3 7 | 5 6 2
```

Grid 14:
```
3 5 7 | 4 2 6 | 1 8 9
4 8 2 | 3 9 1 | 6 7 5
1 6 9 | 7 5 8 | 2 3 4
------+-------+------
2 7 3 | 8 4 5 | 9 1 6
8 9 1 | 2 6 7 | 4 5 3
5 4 6 | 9 1 3 | 7 2 8
------+-------+------
9 3 5 | 1 7 4 | 8 6 2
7 2 8 | 6 3 9 | 5 4 1
6 1 4 | 5 8 2 | 3 9 7
```

Grid 15:
```
4 3 1 | 2 9 8 | 7 6 5
9 6 8 | 5 1 7 | 2 4 3
7 5 2 | 3 6 4 | 1 8 9
------+-------+------
5 2 6 | 9 4 1 | 8 3 7
1 8 7 | 6 3 2 | 5 9 4
3 4 9 | 7 8 5 | 6 2 1
------+-------+------
8 7 4 | 1 2 3 | 9 5 6
2 9 5 | 4 7 6 | 3 1 8
6 1 3 | 8 5 9 | 4 7 2
```

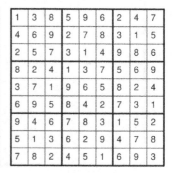

Grid 16:
```
1 3 8 | 5 9 6 | 2 4 7
4 6 9 | 2 7 8 | 3 1 5
2 5 7 | 3 1 4 | 9 8 6
------+-------+------
8 2 4 | 1 3 7 | 5 6 9
3 7 1 | 9 6 5 | 8 2 4
6 9 5 | 8 4 2 | 7 3 1
------+-------+------
9 4 6 | 7 8 3 | 1 5 2
5 1 3 | 6 2 9 | 4 7 8
7 8 2 | 4 5 1 | 6 9 3
```

Page 5

4	5	7	2	1	6	3	9	8
8	1	2	9	3	4	7	6	5
3	6	9	5	7	8	2	4	1
2	7	3	8	4	1	6	5	9
5	9	8	7	6	2	4	1	3
6	4	1	3	9	5	8	2	7
1	3	4	6	8	9	5	7	2
7	2	6	1	5	3	9	8	4
9	8	5	4	2	7	1	3	6

3	7	9	2	1	5	6	8	4
8	5	1	6	3	4	2	7	9
6	2	4	9	8	7	3	1	5
2	6	3	5	9	1	8	4	7
9	4	8	3	7	2	5	6	1
5	1	7	8	4	6	9	2	3
7	8	6	1	5	9	4	3	2
4	3	5	7	2	8	1	9	6
1	9	2	4	6	3	7	5	8

Page 6

2	3	4	6	1	5	8	9	7
7	1	8	2	4	9	5	3	6
6	5	9	8	3	7	2	4	1
9	7	2	5	8	6	3	1	4
5	6	3	4	7	1	9	8	2
8	4	1	3	9	2	7	6	5
1	9	6	7	5	3	4	2	8
4	2	7	9	6	8	1	5	3
3	8	5	1	2	4	6	7	9

5	6	8	3	9	2	7	1	4
3	7	9	6	4	1	8	2	5
1	4	2	7	8	5	6	3	9
2	5	4	1	3	8	9	7	6
8	9	1	4	6	7	3	5	2
6	3	7	2	5	9	4	8	1
7	8	5	9	2	4	1	6	3
9	1	3	5	7	6	2	4	8
4	2	6	8	1	3	5	9	7

8	9	3	5	6	2	1	7	4
6	5	7	8	4	1	9	3	2
1	2	4	7	3	9	8	6	5
3	1	8	2	7	5	6	4	9
5	6	2	4	9	8	3	1	7
7	4	9	3	1	6	2	5	8
9	7	6	1	2	4	5	8	3
2	3	5	6	8	7	4	9	1
4	8	1	9	5	3	7	2	6

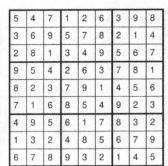

5	7	9	8	1	3	6	2	4
2	6	4	9	7	5	3	1	8
1	3	8	4	6	2	7	5	9
3	2	7	5	4	1	9	8	6
8	4	6	7	2	9	5	3	1
9	5	1	3	8	6	2	4	7
7	1	5	6	3	4	8	9	2
6	9	2	1	5	8	4	7	3
4	8	3	2	9	7	1	6	5

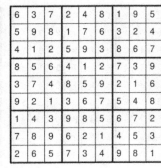

6	9	1	8	2	7	3	5	4
4	8	3	9	6	5	7	2	1
7	2	5	1	3	4	6	9	8
3	4	2	6	1	8	5	7	9
5	1	8	2	7	9	4	3	6
9	7	6	4	5	3	8	1	2
1	3	4	7	8	2	9	6	5
8	6	7	5	9	1	2	4	3
2	5	9	3	4	6	1	8	7

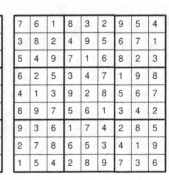

2	4	3	7	6	1	9	8	5
7	8	9	3	5	4	6	2	1
5	1	6	8	2	9	3	4	7
3	2	7	9	8	6	5	1	4
9	5	4	2	1	3	8	7	6
8	6	1	5	4	7	2	3	9
1	7	8	6	9	2	4	5	3
4	9	5	1	3	8	7	6	2
6	3	2	4	7	5	1	9	8

Page 7

6	9	3	5	1	4	7	8	2
5	7	1	2	9	8	4	3	6
8	2	4	6	3	7	9	1	5
9	6	2	7	4	1	8	5	3
7	1	5	3	8	6	2	9	4
4	3	8	9	5	2	6	7	1
3	8	9	4	6	5	1	2	7
1	4	7	8	2	3	5	6	9
2	5	6	1	7	9	3	4	8

5	4	7	1	2	6	3	9	8
3	6	9	5	7	8	2	1	4
2	8	1	3	4	9	5	6	7
9	5	4	2	6	3	7	8	1
8	2	3	7	9	1	4	5	6
7	1	6	8	5	4	9	2	3
4	9	5	6	1	7	8	3	2
1	3	2	4	8	5	6	7	9
6	7	8	9	3	2	1	4	5

Page 8

6	3	7	2	4	8	1	9	5
5	9	8	1	7	6	3	2	4
4	1	2	5	9	3	8	6	7
8	5	6	4	1	2	7	3	9
3	7	4	8	5	9	2	1	6
9	2	1	3	6	7	5	4	8
1	4	3	9	8	5	6	7	2
7	8	9	6	2	1	4	5	3
2	6	5	7	3	4	9	8	1

7	6	1	8	3	2	9	5	4
3	8	2	4	9	5	6	7	1
5	4	9	7	1	6	8	2	3
6	2	5	3	4	7	1	9	8
4	1	3	9	2	8	5	6	7
8	9	7	5	6	1	3	4	2
9	3	6	1	7	4	2	8	5
2	7	8	6	5	3	4	1	9
1	5	4	2	8	9	7	3	6

1	2	9	3	8	5	6	4	7
8	5	3	4	6	7	2	9	1
7	6	4	1	9	2	8	3	5
3	4	6	2	1	9	5	7	8
2	8	5	7	4	6	9	1	3
9	1	7	5	3	8	4	2	6
5	3	1	8	2	4	7	6	9
4	9	8	6	7	3	1	5	2
6	7	2	9	5	1	3	8	4

7	6	1	2	3	4	8	5	9
2	8	3	5	9	6	7	1	4
5	9	4	7	8	1	6	3	2
6	5	9	1	7	8	4	2	3
3	7	2	6	4	5	1	9	8
1	4	8	9	2	3	5	7	6
8	1	5	3	6	2	9	4	7
9	2	6	4	5	7	3	8	1
4	3	7	8	1	9	2	6	5

7	9	6	2	8	5	3	1	4
8	3	4	6	7	1	2	5	9
2	5	1	4	3	9	7	6	8
9	4	7	5	2	3	6	8	1
3	2	8	9	1	6	4	7	5
6	1	5	7	4	8	9	2	3
5	7	2	8	9	4	1	3	6
1	6	9	3	5	7	8	4	2
4	8	3	1	6	2	5	9	7

2	4	7	8	6	9	5	3	1
9	6	3	1	7	5	8	2	4
5	1	8	3	2	4	7	6	9
4	9	5	6	1	7	3	8	2
1	8	6	2	5	3	9	4	7
7	3	2	9	4	8	6	1	5
6	5	1	7	8	2	4	9	3
3	2	4	5	9	6	1	7	8
8	7	9	4	3	1	2	5	6

Page 9 / Page 10

Grid 1

7	2	8	4	1	6	3	5	9
4	5	3	8	9	7	1	6	2
9	6	1	2	5	3	4	7	8
2	8	6	1	4	9	7	3	5
3	9	7	5	6	2	8	1	4
1	4	5	3	7	8	9	2	6
5	3	2	9	8	1	6	4	7
8	7	4	6	3	5	2	9	1
6	1	9	7	2	4	5	8	3

Grid 2

8	4	6	7	3	9	2	1	5
2	5	1	6	8	4	9	7	3
3	7	9	1	5	2	8	4	6
4	6	3	5	1	8	7	2	9
5	1	7	9	2	3	6	8	4
9	8	2	4	7	6	3	5	1
1	9	5	2	6	7	4	3	8
6	2	8	3	4	1	5	9	7
7	3	4	8	9	5	1	6	2

Grid 3

7	9	2	3	5	1	4	6	8
5	6	1	8	2	4	7	9	3
8	3	4	9	7	6	2	1	5
3	7	6	1	8	9	5	2	4
1	4	5	2	6	3	9	8	7
9	2	8	7	4	5	6	3	1
2	5	7	6	3	8	1	4	9
6	8	9	4	1	7	3	5	2
4	1	3	5	9	2	8	7	6

Grid 4

8	3	6	5	1	2	7	9	4
9	4	1	6	3	7	5	8	2
5	7	2	8	4	9	3	6	1
1	6	3	7	5	4	8	2	9
2	5	7	1	9	8	4	3	6
4	9	8	2	6	3	1	7	5
3	8	9	4	2	5	6	1	7
6	2	5	3	7	1	9	4	8
7	1	4	9	8	6	2	5	3

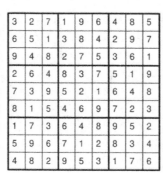

Grid 5

1	3	8	4	7	6	9	2	5
9	7	4	5	3	2	6	1	8
2	5	6	9	1	8	4	7	3
8	2	3	6	4	7	1	5	9
4	9	5	3	2	1	8	6	7
6	1	7	8	5	9	3	4	2
7	8	9	1	6	5	2	3	4
3	6	2	7	9	4	5	8	1
5	4	1	2	8	3	7	9	6

Grid 6

1	3	4	9	2	6	7	5	8
6	2	8	1	7	5	3	4	9
5	9	7	4	8	3	1	6	2
7	1	6	8	5	9	4	2	3
4	5	9	3	1	2	8	7	6
2	8	3	6	4	7	9	1	5
3	6	5	7	9	4	2	8	1
9	7	1	2	6	8	5	3	4
8	4	2	5	3	1	6	9	7

Grid 7

5	7	9	8	1	2	3	4	6
1	4	6	7	5	3	9	2	8
2	8	3	6	4	9	5	1	7
8	1	5	3	2	7	6	9	4
3	2	4	5	9	6	7	8	1
6	9	7	1	8	4	2	3	5
4	6	8	2	3	5	1	7	9
9	5	2	4	7	1	8	6	3
7	3	1	9	6	8	4	5	2

Grid 8

5	2	6	1	7	9	3	8	4
9	3	1	6	4	8	7	5	2
8	4	7	3	2	5	1	9	6
4	9	8	2	6	3	5	7	1
7	6	3	8	5	1	2	4	9
2	1	5	4	9	7	6	3	8
6	8	2	5	3	4	9	1	7
1	5	9	7	8	2	4	6	3
3	7	4	9	1	6	8	2	5

Page 11 / Page 12

Grid 9

7	9	4	6	3	1	5	8	2
8	3	5	4	9	2	1	7	6
2	1	6	5	8	7	9	3	4
5	7	8	9	4	6	2	1	3
9	4	2	1	7	3	6	5	8
3	6	1	2	5	8	7	4	9
1	2	7	3	6	4	8	9	5
6	5	3	8	1	9	4	2	7
4	8	9	7	2	5	3	6	1

Grid 10

3	2	7	1	9	6	4	8	5
6	5	1	3	8	4	2	9	7
9	4	8	2	7	5	3	6	1
2	6	4	8	3	7	5	1	9
7	3	9	5	2	1	6	4	8
8	1	5	4	6	9	7	2	3
1	7	3	6	4	8	9	5	2
5	9	6	7	1	2	8	3	4
4	8	2	9	5	3	1	7	6

Grid 11

5	1	6	8	2	4	7	9	3
2	7	8	1	3	9	6	5	4
3	4	9	7	6	5	8	2	1
6	9	7	3	4	8	5	1	2
8	3	5	6	1	2	4	7	9
1	2	4	5	9	7	3	8	6
4	5	3	9	7	1	2	6	8
9	8	2	4	5	6	1	3	7
7	6	1	2	8	3	9	4	5

Grid 12

9	6	5	7	1	8	2	4	3
2	3	7	5	9	4	8	6	1
8	4	1	2	3	6	5	7	9
4	5	8	6	7	9	3	1	2
7	2	3	8	5	1	4	9	6
1	9	6	4	2	3	7	5	8
5	8	4	1	6	2	9	3	7
6	7	9	3	8	5	1	2	4
3	1	2	9	4	7	6	8	5

Grid 13

8	3	9	6	5	2	7	1	4
5	7	6	3	4	1	8	9	2
1	4	2	8	7	9	6	5	3
2	6	4	9	8	5	3	7	1
3	5	8	7	1	4	9	2	6
7	9	1	2	3	6	4	8	5
6	1	5	4	9	7	2	3	8
4	8	7	1	2	3	5	6	9
9	2	3	5	6	8	1	4	7

Grid 14

6	5	3	2	9	7	4	8	1
2	8	7	5	1	4	3	9	6
4	1	9	6	8	3	7	5	2
3	2	5	9	4	8	1	6	7
9	4	8	7	6	1	5	2	3
7	6	1	3	5	2	9	4	8
1	7	6	4	2	5	8	3	9
8	9	4	1	3	6	2	7	5
5	3	2	8	7	9	6	1	4

Grid 15

4	1	6	5	9	3	2	8	7
5	8	9	2	7	6	1	3	4
7	2	3	8	1	4	5	6	9
3	5	4	7	8	1	9	2	6
6	9	8	3	4	2	7	5	1
2	7	1	9	6	5	8	4	3
1	3	2	6	5	9	4	7	8
9	6	7	4	2	8	3	1	5
8	4	5	1	3	7	6	9	2

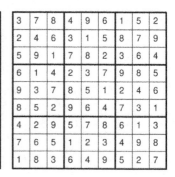

Grid 16

3	7	8	4	9	6	1	5	2
2	4	6	3	1	5	8	7	9
5	9	1	7	8	2	3	6	4
6	1	4	2	3	7	9	8	5
9	3	7	8	5	1	2	4	6
8	5	2	9	6	4	7	3	1
4	2	9	5	7	8	6	1	3
7	6	5	1	2	3	4	9	8
1	8	3	6	4	9	5	2	7

Page 13

2	8	5	9	7	4	1	3	6
7	9	6	1	2	3	4	5	8
3	4	1	6	8	5	2	9	7
1	6	4	8	3	2	5	7	9
9	5	3	4	1	7	6	8	2
8	7	2	5	9	6	3	1	4
4	2	9	3	5	8	7	6	1
6	3	8	7	4	1	9	2	5
5	1	7	2	6	9	8	4	3

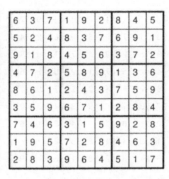

3	8	4	9	5	6	2	7	1
1	2	5	8	7	3	6	9	4
7	6	9	4	2	1	3	5	8
8	5	6	2	1	7	4	3	9
2	3	7	6	4	9	8	1	5
9	4	1	5	3	8	7	2	6
5	1	8	7	6	2	9	4	3
6	7	3	1	9	4	5	8	2
4	9	2	3	8	5	1	6	7

Page 14

4	5	9	7	8	6	1	3	2
6	7	2	9	3	1	8	5	4
1	3	8	4	5	2	6	7	9
7	2	6	8	1	4	3	9	5
3	4	5	6	7	9	2	8	1
8	9	1	3	2	5	4	6	7
9	6	3	2	4	7	5	1	8
5	8	4	1	9	3	7	2	6
2	1	7	5	6	8	9	4	3

5	3	1	6	9	8	7	2	4
2	4	6	1	3	7	5	9	8
9	7	8	5	4	2	3	1	6
1	9	4	7	8	6	2	3	5
8	5	7	4	2	3	9	6	1
6	2	3	9	1	5	4	8	7
3	6	2	8	7	4	1	5	9
4	8	9	2	5	1	6	7	3
7	1	5	3	6	9	8	4	2

6	5	8	2	7	1	3	4	9
9	1	3	6	8	4	7	5	2
4	2	7	9	5	3	1	6	8
7	9	5	1	4	2	6	8	3
2	8	6	7	3	5	4	9	1
3	4	1	8	6	9	5	2	7
5	7	4	3	2	8	9	1	6
8	6	9	4	1	7	2	3	5
1	3	2	5	9	6	8	7	4

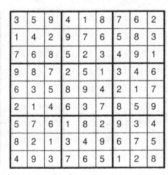

6	3	7	1	9	2	8	4	5
5	2	4	8	3	7	6	9	1
9	1	8	4	5	6	3	7	2
4	7	2	5	8	9	1	3	6
8	6	1	2	4	3	7	5	9
3	5	9	6	7	1	2	8	4
7	4	6	3	1	5	9	2	8
1	9	5	7	2	8	4	6	3
2	8	3	9	6	4	5	1	7

6	7	4	5	9	1	8	3	2
2	3	1	6	4	8	7	9	5
9	5	8	3	2	7	1	6	4
7	6	5	9	1	2	3	4	8
4	9	2	7	8	3	6	5	1
1	8	3	4	6	5	2	7	9
3	1	7	2	5	4	9	8	6
5	2	9	8	7	6	4	1	3
8	4	6	1	3	9	5	2	7

4	9	8	5	7	2	1	6	3
1	3	6	4	9	8	2	7	5
2	5	7	3	1	6	9	8	4
5	6	3	2	4	9	8	1	7
7	2	4	1	8	3	6	5	9
8	1	9	7	6	5	4	3	2
3	7	1	6	2	4	5	9	8
9	4	5	8	3	1	7	2	6
6	8	2	9	5	7	3	4	1

Page 15

5	9	2	7	6	3	1	8	4
6	7	1	4	5	8	3	9	2
3	4	8	2	1	9	5	6	7
4	6	3	1	9	7	2	5	8
8	5	9	6	4	2	7	1	3
2	1	7	8	3	5	9	4	6
7	8	5	9	2	6	4	3	1
1	3	6	5	7	4	8	2	9
9	2	4	3	8	1	6	7	5

3	5	9	4	1	8	7	6	2
1	4	2	9	7	6	5	8	3
7	6	8	5	2	3	4	9	1
9	8	7	2	5	1	3	4	6
6	3	5	8	9	4	2	1	7
2	1	4	6	3	7	8	5	9
5	7	6	1	8	2	9	3	4
8	2	1	3	4	9	6	7	5
4	9	3	7	6	5	1	2	8

Page 16

5	7	2	6	9	1	3	8	4
9	8	3	7	5	4	1	2	6
6	4	1	2	3	8	5	7	9
7	1	4	3	8	5	9	6	2
2	9	8	1	7	6	4	5	3
3	5	6	9	4	2	8	1	7
1	2	9	5	6	3	7	4	8
8	3	5	4	2	7	6	9	1
4	6	7	8	1	9	2	3	5

3	2	4	5	9	8	1	7	6
8	9	1	7	4	6	5	3	2
5	6	7	1	2	3	4	8	9
9	5	3	8	1	7	2	6	4
6	4	2	3	5	9	8	1	7
7	1	8	4	6	2	9	5	3
4	7	5	9	3	1	6	2	8
2	8	9	6	7	5	3	4	1
1	3	6	2	8	4	7	9	5

1	2	3	6	5	8	4	7	9
7	6	8	3	9	4	2	1	5
9	5	4	7	1	2	8	3	6
8	7	5	4	2	3	9	6	1
2	4	9	1	6	7	3	5	8
6	3	1	5	8	9	7	4	2
4	1	2	9	3	6	5	8	7
5	8	7	2	4	1	6	9	3
3	9	6	8	7	5	1	2	4

3	4	2	1	8	5	7	6	9
1	5	9	3	7	6	4	8	2
8	7	6	4	9	2	5	1	3
4	8	5	9	3	1	2	7	6
7	6	3	5	2	4	8	9	1
2	9	1	8	6	7	3	5	4
5	1	8	6	4	3	9	2	7
6	2	4	7	5	9	1	3	8
9	3	7	2	1	8	6	4	5

2	3	7	8	6	4	5	1	9
4	1	8	3	9	5	7	2	6
9	6	5	2	1	7	8	4	3
6	9	1	7	2	3	4	8	5
5	8	3	6	4	1	2	9	7
7	2	4	5	8	9	3	6	1
3	4	2	9	5	6	1	7	8
8	5	6	1	7	2	9	3	4
1	7	9	4	3	8	6	5	2

4	8	1	2	7	9	3	6	5
2	6	7	8	5	3	9	1	4
9	3	5	6	4	1	7	2	8
7	9	4	5	8	6	1	3	2
3	1	2	4	9	7	5	8	6
8	5	6	3	1	2	4	9	7
6	7	3	1	2	5	8	4	9
5	2	8	9	3	4	6	7	1
1	4	9	7	6	8	2	5	3

Page 17

5	2	9	7	8	1	4	6	3
7	8	3	2	6	4	1	9	5
1	4	6	3	9	5	7	8	2
6	1	8	9	7	2	5	3	4
4	7	5	8	1	3	6	2	9
3	9	2	5	4	6	8	1	7
9	3	4	1	5	8	2	7	6
2	5	1	6	3	7	9	4	8
8	6	7	4	2	9	3	5	1

6	2	3	1	9	7	8	5	4
8	5	9	3	4	6	7	1	2
7	4	1	8	2	5	9	6	3
3	6	8	9	7	2	1	4	5
5	1	7	4	3	8	6	2	9
2	9	4	6	5	1	3	8	7
1	7	5	2	6	3	4	9	8
4	3	6	5	8	9	2	7	1
9	8	2	7	1	4	5	3	6

Page 18

5	9	7	2	8	3	6	1	4
2	1	8	6	9	4	3	7	5
3	6	4	5	7	1	9	2	8
4	7	9	8	1	5	2	6	3
8	2	6	7	3	9	5	4	1
1	3	5	4	2	6	8	9	7
7	8	3	1	6	2	4	5	9
9	5	2	3	4	7	1	8	6
6	4	1	9	5	8	7	3	2

8	9	7	4	2	1	3	6	5
6	4	1	3	9	5	7	8	2
2	5	3	7	8	6	1	4	9
9	8	4	6	7	3	5	2	1
7	3	6	1	5	2	4	9	8
1	2	5	9	4	8	6	3	7
4	6	8	2	1	7	9	5	3
5	1	9	8	3	4	2	7	6
3	7	2	5	6	9	8	1	4

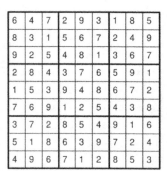

9	3	2	5	7	4	8	6	1
7	4	1	2	6	8	3	5	9
5	8	6	1	9	3	2	7	4
2	1	4	6	3	5	9	8	7
3	6	9	8	1	7	5	4	2
8	7	5	9	4	2	6	1	3
4	5	3	7	8	9	1	2	6
1	9	8	4	2	6	7	3	5
6	2	7	3	5	1	4	9	8

2	3	9	4	1	6	8	7	5
4	6	7	8	3	5	1	2	9
5	1	8	9	7	2	6	4	3
7	9	6	1	2	3	5	8	4
8	4	5	7	6	9	3	1	2
1	2	3	5	8	4	7	9	6
9	8	2	3	5	7	4	6	1
3	7	4	6	9	1	2	5	8
6	5	1	2	4	8	9	3	7

8	4	6	1	2	3	5	9	7
3	1	7	5	6	9	8	2	4
9	5	2	8	4	7	1	6	3
4	8	5	7	1	2	9	3	6
6	2	9	4	3	5	7	8	1
7	3	1	6	9	8	4	5	2
2	6	8	9	7	4	3	1	5
1	9	4	3	5	6	2	7	8
5	7	3	2	8	1	6	4	9

1	5	7	8	3	6	2	9	4
8	2	9	5	1	4	6	3	7
4	3	6	7	2	9	8	1	5
3	4	1	9	6	8	7	5	2
7	6	5	3	4	2	1	8	9
2	9	8	1	5	7	3	4	6
6	8	4	2	9	1	5	7	3
9	7	3	6	8	5	4	2	1
5	1	2	4	7	3	9	6	8

4	2	8	9	5	1	3	7	6
5	3	9	6	8	7	1	2	4
1	6	7	2	3	4	8	5	9
3	5	1	7	9	6	4	8	2
8	7	2	3	4	5	6	9	1
6	9	4	8	1	2	7	3	5
7	1	3	4	2	9	5	6	8
2	8	5	1	6	3	9	4	7
9	4	6	5	7	8	2	1	3

6	4	7	2	9	3	1	8	5
8	3	1	5	6	7	2	4	9
9	2	5	4	8	1	3	6	7
2	8	4	3	7	6	5	9	1
1	5	3	9	4	8	6	7	2
7	6	9	1	2	5	4	3	8
3	7	2	8	5	4	9	1	6
5	1	8	6	3	9	7	2	4
4	9	6	7	1	2	8	5	3

Page 19

6	3	4	8	5	7	1	9	2
2	1	5	9	4	3	6	8	7
7	8	9	2	1	6	4	5	3
8	4	1	6	2	9	3	7	5
3	2	7	1	8	5	9	6	4
9	5	6	3	7	4	2	1	8
5	9	8	4	3	1	7	2	6
1	7	3	5	6	2	8	4	9
4	6	2	7	9	8	5	3	1

3	7	5	9	2	4	8	6	1
9	4	2	6	8	1	3	5	7
6	1	8	5	7	3	9	4	2
1	3	7	8	5	9	6	2	4
2	8	4	7	3	6	1	9	5
5	9	6	4	1	2	7	3	8
7	2	1	3	9	5	4	8	6
8	6	9	2	4	7	5	1	3
4	5	3	1	6	8	2	7	9

Page 20

8	5	4	7	6	3	2	1	9
3	1	6	2	9	8	7	4	5
9	7	2	1	4	5	8	6	3
6	4	9	8	2	1	3	5	7
2	3	5	6	7	9	1	8	4
7	8	1	5	3	4	9	2	6
1	6	3	9	5	2	4	7	8
5	9	8	4	1	7	6	3	2
4	2	7	3	8	6	5	9	1

1	4	5	7	9	6	2	3	8
8	2	9	3	5	1	6	7	4
7	6	3	4	2	8	9	1	5
9	1	2	5	4	3	8	6	7
3	5	7	6	8	2	1	4	9
6	8	4	1	7	9	5	2	3
5	3	8	2	1	7	4	9	6
4	7	1	9	6	5	3	8	2
2	9	6	8	3	4	7	5	1

4	5	2	1	6	9	3	8	7
7	3	6	5	4	8	9	2	1
8	1	9	3	7	2	6	5	4
6	8	4	2	9	3	7	1	5
3	7	1	6	5	4	2	9	8
9	2	5	7	8	1	4	6	3
2	6	7	8	3	5	1	4	9
5	9	3	4	1	6	8	7	2
1	4	8	9	2	7	5	3	6

5	6	8	9	7	2	1	3	4
2	7	1	8	4	3	5	6	9
4	9	3	5	1	6	2	8	7
6	3	7	4	2	8	9	1	5
9	8	4	7	5	1	3	2	6
1	5	2	6	3	9	7	4	8
3	4	6	2	9	5	8	7	1
7	1	5	3	8	4	6	9	2
8	2	9	1	6	7	4	5	3

Page 21

3	5	2	9	6	7	1	4	8
4	8	6	2	5	1	9	3	7
9	1	7	8	4	3	2	6	5
1	4	3	7	2	5	6	8	9
2	6	8	3	1	9	7	5	4
5	7	9	6	8	4	3	2	1
8	9	1	4	3	2	5	7	6
7	2	4	5	9	6	8	1	3
6	3	5	1	7	8	4	9	2

2	7	8	1	3	6	5	4	9
6	3	4	7	9	5	2	1	8
9	1	5	4	2	8	6	3	7
1	5	3	9	7	2	8	6	4
8	4	6	5	1	3	7	9	2
7	2	9	6	8	4	1	5	3
4	8	2	3	5	1	9	7	6
5	6	7	2	4	9	3	8	1
3	9	1	8	6	7	4	2	5

Page 22

1	8	3	5	6	2	9	7	4
6	9	7	1	4	8	5	2	3
4	5	2	3	7	9	6	8	1
5	4	8	7	2	3	1	9	6
9	2	1	8	5	6	4	3	7
3	7	6	9	1	4	8	5	2
2	6	5	4	9	7	3	1	8
8	1	4	2	3	5	7	6	9
7	3	9	6	8	1	2	4	5

9	1	4	2	6	3	8	5	7
6	3	8	7	5	9	4	1	2
7	2	5	1	8	4	3	6	9
5	9	6	3	4	1	2	7	8
4	7	3	8	2	5	1	9	6
1	8	2	6	9	7	5	3	4
2	6	7	5	3	8	9	4	1
3	4	1	9	7	2	6	8	5
8	5	9	4	1	6	7	2	3

5	9	8	7	1	3	2	6	4
1	7	4	2	6	8	9	5	3
2	6	3	9	5	4	7	1	8
9	8	1	6	2	5	4	3	7
7	4	2	3	9	1	5	8	6
3	5	6	4	8	7	1	9	2
8	2	9	5	7	6	3	4	1
6	3	5	1	4	2	8	7	9
4	1	7	8	3	9	6	2	5

8	1	9	6	2	5	3	7	4
5	7	4	3	1	8	9	2	6
2	6	3	4	9	7	8	5	1
1	5	6	2	3	4	7	9	8
7	3	2	9	8	6	1	4	5
4	9	8	5	7	1	6	3	2
3	2	1	8	5	9	4	6	7
9	4	7	1	6	2	5	8	3
6	8	5	7	4	3	2	1	9

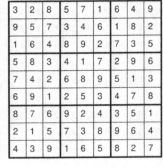

5	8	3	9	7	4	1	6	2
1	2	4	8	3	6	7	5	9
9	7	6	5	2	1	3	4	8
4	3	5	6	1	8	9	2	7
2	9	8	3	5	7	6	1	4
6	1	7	4	9	2	8	3	5
8	4	9	2	6	3	5	7	1
3	5	1	7	4	9	2	8	6
7	6	2	1	8	5	4	9	3

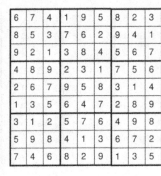

9	2	5	4	7	8	6	1	3
7	6	8	5	3	1	2	4	9
1	3	4	9	2	6	8	7	5
4	5	9	1	6	7	3	8	2
2	1	3	8	4	9	5	6	7
6	8	7	3	5	2	1	9	4
5	9	6	2	1	4	7	3	8
8	7	2	6	9	3	4	5	1
3	4	1	7	8	5	9	2	6

6	2	7	1	8	3	5	9	4
4	3	5	9	2	6	8	1	7
9	1	8	4	5	7	2	3	6
1	7	2	3	9	5	4	6	8
8	9	3	2	6	4	7	5	1
5	6	4	8	7	1	9	2	3
3	4	9	7	1	2	6	8	5
7	8	6	5	3	9	1	4	2
2	5	1	6	4	8	3	7	9

5	3	6	7	9	4	8	2	1
8	9	1	5	6	2	4	7	3
2	7	4	3	1	8	6	9	5
9	1	8	2	7	3	5	4	6
7	4	5	1	8	6	2	3	9
3	6	2	9	4	5	7	1	8
1	5	9	8	2	7	3	6	4
6	8	7	4	3	9	1	5	2
4	2	3	6	5	1	9	8	7

Page 23

3	2	8	5	7	1	6	4	9
9	5	7	3	4	6	1	8	2
1	6	4	8	9	2	7	3	5
5	8	3	4	1	7	2	9	6
7	4	2	6	8	9	5	1	3
6	9	1	2	5	3	4	7	8
8	7	6	9	2	4	3	5	1
2	1	5	7	3	8	9	6	4
4	3	9	1	6	5	8	2	7

6	7	4	1	9	5	8	2	3
8	5	3	7	6	2	9	4	1
9	2	1	3	8	4	5	6	7
4	8	9	2	3	1	7	5	6
2	6	7	9	5	8	3	1	4
1	3	5	6	4	7	2	8	9
3	1	2	5	7	6	4	9	8
5	9	8	4	1	3	6	7	2
7	4	6	8	2	9	1	3	5

Page 24

6	2	4	1	3	7	5	9	8
8	1	7	9	5	6	4	2	3
3	5	9	8	4	2	1	7	6
9	7	8	6	1	4	2	3	5
5	3	6	2	9	8	7	4	1
2	4	1	5	7	3	6	8	9
7	6	5	4	8	9	3	1	2
1	8	3	7	2	5	9	6	4
4	9	2	3	6	1	8	5	7

3	6	8	9	7	1	4	5	2
2	9	4	5	6	3	8	7	1
1	7	5	2	8	4	9	6	3
4	5	9	3	2	8	7	1	6
7	3	2	1	9	6	5	4	8
8	1	6	4	5	7	3	2	9
6	4	1	8	3	5	2	9	7
9	8	7	6	4	2	1	3	5
5	2	3	7	1	9	6	8	4

6	8	2	3	5	7	1	9	4
3	4	9	8	2	1	5	6	7
7	5	1	9	4	6	3	8	2
4	7	5	6	9	2	8	3	1
1	3	8	4	7	5	6	2	9
2	9	6	1	8	3	7	4	5
5	6	4	7	3	9	2	1	8
8	2	3	5	1	4	9	7	6
9	1	7	2	6	8	4	5	3

3	2	4	9	8	7	6	5	1
6	1	9	5	3	2	8	4	7
5	7	8	1	4	6	3	9	2
8	9	6	7	2	3	4	1	5
2	5	3	6	1	4	7	8	9
7	4	1	8	5	9	2	6	3
4	8	7	2	9	1	5	3	6
9	6	5	3	7	8	1	2	4
1	3	2	4	6	5	9	7	8

Page 25

4	9	6	2	1	3	5	8	7
1	7	2	4	8	5	6	9	3
3	5	8	9	6	7	1	4	2
5	3	1	7	4	6	9	2	8
8	4	9	3	2	1	7	5	6
2	6	7	5	9	8	3	1	4
7	2	4	1	3	9	8	6	5
9	8	5	6	7	4	2	3	1
6	1	3	8	5	2	4	7	9

7	9	1	3	5	8	6	4	2
2	8	3	6	4	1	5	7	9
6	4	5	2	7	9	8	3	1
5	3	2	9	1	7	4	8	6
9	6	4	5	8	3	2	1	7
1	7	8	4	2	6	9	5	3
8	5	7	1	6	2	3	9	4
3	1	6	8	9	4	7	2	5
4	2	9	7	3	5	1	6	8

Page 26

9	1	5	4	7	6	8	2	3
2	6	7	1	8	3	9	4	5
3	8	4	9	2	5	6	7	1
1	4	2	6	3	9	5	8	7
7	5	9	8	1	2	4	3	6
6	3	8	5	4	7	1	9	2
8	7	6	3	9	1	2	5	4
5	9	3	2	6	4	7	1	8
4	2	1	7	5	8	3	6	9

8	5	3	9	7	1	6	2	4
4	9	6	8	5	2	3	7	1
7	2	1	4	3	6	9	5	8
9	8	5	2	1	3	7	4	6
6	3	7	5	4	9	1	8	2
1	4	2	7	6	8	5	9	3
2	1	4	3	9	7	8	6	5
5	6	9	1	8	4	2	3	7
3	7	8	6	2	5	4	1	9

4	1	7	3	6	5	8	9	2
2	6	9	7	8	1	3	5	4
5	8	3	9	2	4	6	7	1
3	7	2	1	5	6	9	4	8
6	5	8	4	7	9	2	1	3
9	4	1	2	3	8	7	6	5
8	3	5	6	4	7	1	2	9
1	2	6	5	9	3	4	8	7
7	9	4	8	1	2	5	3	6

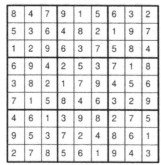

2	9	5	7	4	6	8	1	3
7	6	3	2	1	8	4	9	5
1	8	4	3	9	5	7	2	6
8	4	6	1	3	7	2	5	9
9	2	7	5	6	4	3	8	1
3	5	1	8	2	9	6	7	4
5	3	2	6	8	1	9	4	7
4	7	8	9	5	3	1	6	2
6	1	9	4	7	2	5	3	8

4	6	7	8	3	1	9	5	2
2	8	5	9	6	4	1	7	3
3	1	9	5	7	2	8	6	4
1	4	6	2	9	5	7	3	8
8	7	2	6	1	3	4	9	5
5	9	3	4	8	7	2	1	6
6	2	4	7	5	9	3	8	1
7	3	8	1	2	6	5	4	9
9	5	1	3	4	8	6	2	7

4	6	7	3	8	1	5	9	2
1	3	9	4	2	5	6	8	7
2	5	8	9	6	7	3	1	4
8	2	1	7	9	6	4	5	3
7	4	6	1	5	3	8	2	9
3	9	5	8	4	2	7	6	1
6	7	2	5	3	9	1	4	8
5	1	4	2	7	8	9	3	6
9	8	3	6	1	4	2	7	5

Page 27

8	4	6	1	2	3	7	5	9
7	9	1	8	4	5	6	2	3
5	3	2	9	7	6	8	1	4
2	5	8	4	1	7	9	3	6
6	7	9	5	3	8	2	4	1
3	1	4	2	6	9	5	7	8
1	2	7	6	8	4	3	9	5
9	8	3	7	5	1	4	6	2
4	6	5	3	9	2	1	8	7

8	4	7	9	1	5	6	3	2
5	3	6	4	8	2	1	9	7
1	2	9	6	3	7	5	8	4
6	9	4	2	5	3	7	1	8
3	8	2	1	7	9	4	5	6
7	1	5	8	4	6	3	2	9
4	6	1	3	9	8	2	7	5
9	5	3	7	2	4	8	6	1
2	7	8	5	6	1	9	4	3

Page 28

3	9	8	2	6	4	5	1	7
5	2	4	1	7	3	8	9	6
1	7	6	5	8	9	4	2	3
9	3	2	8	4	5	7	6	1
6	5	7	3	2	1	9	4	8
4	8	1	7	9	6	2	3	5
2	6	3	9	5	7	1	8	4
7	1	9	4	3	8	6	5	2
8	4	5	6	1	2	3	7	9

9	5	4	6	1	2	8	7	3
8	3	1	4	5	7	2	6	9
7	6	2	9	8	3	1	4	5
3	9	5	2	7	6	4	1	8
2	1	7	8	4	9	5	3	6
6	4	8	5	3	1	7	9	2
4	7	9	3	2	8	6	5	1
1	8	3	7	6	5	9	2	4
5	2	6	1	9	4	3	8	7

5	6	2	1	8	7	9	4	3
3	8	1	5	4	9	6	7	2
9	7	4	2	6	3	8	1	5
2	4	7	3	9	6	5	8	1
6	3	8	4	5	1	2	9	7
1	5	9	7	2	8	3	6	4
4	9	3	6	7	5	1	2	8
7	1	6	8	3	2	4	5	9
8	2	5	9	1	4	7	3	6

6	3	5	2	4	9	1	7	8
8	1	7	3	6	5	9	2	4
9	2	4	1	7	8	5	3	6
7	4	9	5	8	2	6	1	3
1	8	6	9	3	4	7	5	2
3	5	2	6	1	7	4	8	9
2	6	1	7	9	3	8	4	5
5	7	8	4	2	6	3	9	1
4	9	3	8	5	1	2	6	7

1	3	7	2	5	4	9	6	8
9	6	2	1	3	8	4	7	5
8	5	4	6	7	9	3	2	1
2	4	1	8	9	5	7	3	6
7	8	3	4	6	1	5	9	2
5	9	6	3	2	7	8	1	4
6	7	9	5	8	2	1	4	3
4	2	8	9	1	3	6	5	7
3	1	5	7	4	6	2	8	9

5	9	3	6	8	2	4	1	7
6	8	7	5	4	1	9	2	3
4	2	1	3	9	7	5	8	6
1	5	9	2	6	3	8	7	4
2	4	6	8	7	9	3	5	1
3	7	8	1	5	4	6	9	2
9	6	4	7	2	5	1	3	8
8	1	2	9	3	6	7	4	5
7	3	5	4	1	8	2	6	9

Page 29 — Grid 1:
```
9 4 5 | 6 2 1 | 8 7 3
3 8 2 | 9 4 7 | 6 1 5
1 6 7 | 5 3 8 | 9 2 4
------+-------+------
7 3 6 | 4 5 9 | 1 8 2
4 1 8 | 2 7 3 | 5 6 9
5 2 9 | 1 8 6 | 4 3 7
------+-------+------
6 9 3 | 7 1 5 | 2 4 8
8 5 4 | 3 6 2 | 7 9 1
2 7 1 | 8 9 4 | 3 5 6
```

Grid 2:
```
1 5 9 | 7 3 2 | 4 8 6
7 2 3 | 4 6 8 | 9 5 1
4 8 6 | 1 9 5 | 3 2 7
------+-------+------
2 1 5 | 6 4 9 | 8 7 3
9 6 8 | 5 7 3 | 2 1 4
3 4 7 | 8 2 1 | 5 6 9
------+-------+------
8 3 2 | 9 1 6 | 7 4 5
6 9 4 | 2 5 7 | 1 3 8
5 7 1 | 3 8 4 | 6 9 2
```

Page 30 — Grid 3:
```
3 9 8 | 1 6 7 | 5 4 2
7 4 2 | 3 8 5 | 6 9 1
6 1 5 | 2 9 4 | 8 3 7
------+-------+------
4 2 9 | 7 1 6 | 3 5 8
8 3 6 | 5 2 9 | 1 7 4
5 7 1 | 8 4 3 | 2 6 9
------+-------+------
2 6 4 | 9 3 1 | 7 8 5
9 8 7 | 6 5 2 | 4 1 3
1 5 3 | 4 7 8 | 9 2 6
```

Grid 4:
```
4 2 3 | 9 7 6 | 8 1 5
8 5 7 | 1 3 4 | 6 9 2
9 6 1 | 5 8 2 | 4 7 3
------+-------+------
7 3 9 | 8 1 5 | 2 4 6
5 8 4 | 6 2 9 | 7 3 1
6 1 2 | 7 4 3 | 5 8 9
------+-------+------
1 9 5 | 4 6 7 | 3 2 8
2 7 8 | 3 5 1 | 9 6 4
3 4 6 | 2 9 8 | 1 5 7
```

Grid 5:
```
8 9 4 | 6 7 2 | 3 5 1
1 5 2 | 8 3 4 | 6 7 9
3 6 7 | 1 5 9 | 2 4 8
------+-------+------
6 1 5 | 9 2 8 | 7 3 4
2 4 3 | 5 1 7 | 9 8 6
7 8 9 | 3 4 6 | 5 1 2
------+-------+------
5 3 6 | 4 9 1 | 8 2 7
9 7 1 | 2 8 3 | 4 6 5
4 2 8 | 7 6 5 | 1 9 3
```

Grid 6:
```
8 2 7 | 5 9 1 | 6 3 4
1 6 9 | 7 3 4 | 5 2 8
3 4 5 | 6 2 8 | 1 7 9
------+-------+------
6 8 4 | 9 5 7 | 2 1 3
7 9 1 | 2 8 3 | 4 6 5
5 3 2 | 1 4 6 | 8 9 7
------+-------+------
4 7 3 | 8 6 2 | 9 5 1
9 1 6 | 4 7 5 | 3 8 2
2 5 8 | 3 1 9 | 7 4 6
```

Grid 7:
```
3 8 4 | 9 1 7 | 6 2 5
2 9 7 | 5 8 6 | 4 1 3
6 1 5 | 2 3 4 | 8 7 9
------+-------+------
4 2 6 | 1 9 5 | 3 8 7
9 7 1 | 3 4 8 | 2 5 6
5 3 8 | 7 6 2 | 9 4 1
------+-------+------
7 5 9 | 8 2 3 | 1 6 4
8 4 3 | 6 7 1 | 5 9 2
1 6 2 | 4 5 9 | 7 3 8
```

Grid 8:
```
9 3 6 | 1 2 7 | 8 5 4
8 4 7 | 5 3 9 | 2 6 1
2 5 1 | 8 4 6 | 9 3 7
------+-------+------
3 6 2 | 7 5 4 | 1 8 9
5 8 9 | 2 6 1 | 4 7 3
1 7 4 | 9 8 3 | 6 2 5
------+-------+------
4 9 8 | 6 7 5 | 3 1 2
7 2 3 | 4 1 8 | 5 9 6
6 1 5 | 3 9 2 | 7 4 8
```

Page 31 — Grid 9:
```
9 8 5 | 4 6 7 | 1 3 2
7 2 4 | 9 3 1 | 8 5 6
6 3 1 | 8 5 2 | 4 9 7
------+-------+------
3 7 8 | 6 4 9 | 2 1 5
2 5 6 | 3 1 8 | 9 7 4
4 1 9 | 7 2 5 | 6 8 3
------+-------+------
8 4 3 | 5 9 6 | 7 2 1
5 9 2 | 1 7 4 | 3 6 8
1 6 7 | 2 8 3 | 5 4 9
```

Grid 10:
```
6 1 5 | 8 7 3 | 4 2 9
2 4 3 | 9 6 1 | 8 7 5
7 9 8 | 5 4 2 | 6 1 3
------+-------+------
9 5 6 | 2 8 4 | 7 3 1
1 3 7 | 6 5 9 | 2 8 4
4 8 2 | 3 1 7 | 9 5 6
------+-------+------
5 6 4 | 1 2 8 | 3 9 7
8 7 9 | 4 3 5 | 1 6 2
3 2 1 | 7 9 6 | 5 4 8
```

Page 32 — Grid 11:
```
9 1 6 | 8 7 2 | 5 3 4
2 5 8 | 9 3 4 | 6 1 7
3 4 7 | 1 6 5 | 9 2 8
------+-------+------
8 3 1 | 2 5 9 | 7 4 6
6 7 5 | 3 4 8 | 2 9 1
4 2 9 | 6 1 7 | 3 8 5
------+-------+------
5 8 4 | 7 2 3 | 1 6 9
7 6 2 | 4 9 1 | 8 5 3
1 9 3 | 5 8 6 | 4 7 2
```

Grid 12:
```
4 3 1 | 8 6 5 | 7 2 9
8 2 9 | 1 4 7 | 5 3 6
7 5 6 | 2 9 3 | 1 8 4
------+-------+------
6 7 5 | 4 2 9 | 3 1 8
2 8 4 | 5 3 1 | 9 6 7
1 9 3 | 6 7 8 | 2 4 5
------+-------+------
5 6 2 | 9 1 4 | 8 7 3
9 1 7 | 3 8 6 | 4 5 2
3 4 8 | 7 5 2 | 6 9 1
```

Grid 13:
```
9 5 3 | 7 2 4 | 6 8 1
8 1 6 | 3 9 5 | 2 4 7
4 2 7 | 8 6 1 | 3 9 5
------+-------+------
3 9 5 | 1 4 7 | 8 2 6
2 8 4 | 6 5 9 | 7 1 3
6 7 1 | 2 3 8 | 4 5 9
------+-------+------
5 6 9 | 4 8 3 | 1 7 2
1 4 2 | 5 7 6 | 9 3 8
7 3 8 | 9 1 2 | 5 6 4
```

Grid 14:
```
1 2 9 | 5 3 4 | 7 8 6
4 3 8 | 7 2 6 | 1 9 5
7 5 6 | 9 8 1 | 3 4 2
------+-------+------
6 7 3 | 1 5 9 | 4 2 8
5 4 2 | 3 6 8 | 9 1 7
9 8 1 | 2 4 7 | 5 6 3
------+-------+------
8 9 5 | 6 1 3 | 2 7 4
2 1 4 | 8 7 5 | 6 3 9
3 6 7 | 4 9 2 | 8 5 1
```

Grid 15:
```
3 6 7 | 9 5 2 | 8 4 1
9 8 1 | 6 7 4 | 5 2 3
4 5 2 | 8 3 1 | 6 9 7
------+-------+------
1 4 5 | 3 6 8 | 2 7 9
7 9 6 | 4 2 5 | 3 1 8
2 3 8 | 7 1 9 | 4 6 5
------+-------+------
8 1 9 | 2 4 3 | 7 5 6
6 2 3 | 5 9 7 | 1 8 4
5 7 4 | 1 8 6 | 9 3 2
```

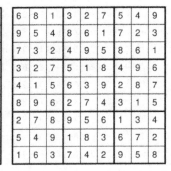

Grid 16:
```
6 8 1 | 3 2 7 | 5 4 9
9 5 4 | 8 6 1 | 7 2 3
7 3 2 | 4 9 5 | 8 6 1
------+-------+------
3 2 7 | 5 1 8 | 4 9 6
4 1 5 | 6 3 9 | 2 8 7
8 9 6 | 2 7 4 | 3 1 5
------+-------+------
2 7 8 | 9 5 6 | 1 3 4
5 4 9 | 1 8 3 | 6 7 2
1 6 3 | 7 4 2 | 9 5 8
```

Page 33

Grid 1

2	5	1	8	4	9	6	7	3
9	6	7	2	5	3	4	8	1
8	4	3	1	6	7	5	2	9
5	2	8	9	7	4	1	3	6
7	1	6	5	3	8	9	4	2
3	9	4	6	2	1	7	5	8
6	7	2	3	1	5	8	9	4
1	8	5	4	9	2	3	6	7
4	3	9	7	8	6	2	1	5

Grid 2

5	7	1	3	6	8	9	4	2
2	9	6	7	1	4	8	3	5
8	3	4	9	2	5	6	7	1
7	8	5	1	9	6	3	2	4
9	6	3	5	4	2	7	1	8
1	4	2	8	7	3	5	9	6
3	5	7	2	8	1	4	6	9
4	2	8	6	3	9	1	5	7
6	1	9	4	5	7	2	8	3

Page 34

Grid 3

3	2	5	4	8	9	6	7	1
7	9	6	1	3	2	5	8	4
1	4	8	6	7	5	2	9	3
2	7	4	9	5	3	8	1	6
9	5	1	2	6	8	3	4	7
6	8	3	7	1	4	9	2	5
8	3	7	5	2	1	4	6	9
5	1	9	8	4	6	7	3	2
4	6	2	3	9	7	1	5	8

Grid 4

1	5	8	4	2	3	9	7	6
7	3	6	9	5	1	2	8	4
4	9	2	8	7	6	1	5	3
8	7	1	2	3	5	4	6	9
2	4	9	1	6	8	5	3	7
3	6	5	7	9	4	8	2	1
6	1	3	5	8	9	7	4	2
9	8	7	6	4	2	3	1	5
5	2	4	3	1	7	6	9	8

Grid 5

1	9	8	6	5	7	3	4	2
6	3	2	1	9	4	7	8	5
7	4	5	8	2	3	1	9	6
3	1	9	5	8	2	4	6	7
4	5	7	3	1	6	9	2	8
8	2	6	4	7	9	5	3	1
2	7	4	9	6	1	8	5	3
9	8	1	2	3	5	6	7	4
5	6	3	7	4	8	2	1	9

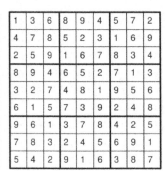

Grid 6

2	5	3	1	7	9	6	4	8
6	9	4	3	8	2	7	5	1
1	7	8	4	5	6	9	3	2
5	3	1	7	4	8	2	6	9
9	2	7	6	1	3	4	8	5
8	4	6	2	9	5	3	1	7
7	1	9	8	6	4	5	2	3
3	6	5	9	2	1	8	7	4
4	8	2	5	3	7	1	9	6

Grid 7

5	9	1	8	4	2	3	7	6
8	2	7	6	5	3	4	1	9
3	6	4	1	7	9	5	2	8
1	5	8	9	3	7	2	6	4
6	7	9	2	8	4	1	3	5
4	3	2	5	6	1	9	8	7
2	8	3	4	9	6	7	5	1
7	4	5	3	1	8	6	9	2
9	1	6	7	2	5	8	4	3

Grid 8

6	1	9	2	5	7	4	8	3
4	7	5	8	1	3	9	2	6
8	2	3	6	4	9	5	1	7
9	6	1	3	2	4	8	7	5
7	4	2	9	8	5	6	3	1
5	3	8	7	6	1	2	4	9
3	5	6	4	7	8	1	9	2
2	9	4	1	3	6	7	5	8
1	8	7	5	9	2	3	6	4

Page 35

Grid 9

9	4	1	2	6	5	8	3	7
6	2	7	4	8	3	1	9	5
8	3	5	7	1	9	6	4	2
3	1	8	9	2	4	5	7	6
4	9	2	6	5	7	3	1	8
5	7	6	1	3	8	9	2	4
1	5	3	8	4	2	7	6	9
2	8	9	3	7	6	4	5	1
7	6	4	5	9	1	2	8	3

Grid 10

1	3	6	8	9	4	5	7	2
4	7	8	5	2	3	1	6	9
2	5	9	1	6	7	8	3	4
8	9	4	6	5	2	7	1	3
3	2	7	4	8	1	9	5	6
6	1	5	7	3	9	2	4	8
9	6	1	3	7	8	4	2	5
7	8	3	2	4	5	6	9	1
5	4	2	9	1	6	3	8	7

Page 36

Grid 11

6	3	9	1	8	4	7	2	5
8	1	4	2	7	5	3	9	6
5	2	7	9	3	6	1	8	4
1	6	2	8	4	3	5	7	9
4	7	5	6	1	9	2	3	8
3	9	8	5	2	7	4	6	1
7	4	1	3	9	8	6	5	2
2	8	6	7	5	1	9	4	3
9	5	3	4	6	2	8	1	7

Grid 12

7	2	4	8	9	1	3	6	5
1	8	5	7	6	3	2	4	9
3	6	9	2	4	5	1	7	8
5	3	8	9	2	4	6	1	7
9	1	6	3	8	7	4	5	2
2	4	7	5	1	6	8	9	3
8	5	1	6	3	9	7	2	4
4	9	3	1	7	2	5	8	6
6	7	2	4	5	8	9	3	1

Grid 13

1	9	6	4	8	7	5	2	3
5	4	3	6	9	2	8	1	7
8	2	7	1	3	5	6	4	9
3	7	4	5	2	9	1	6	8
2	1	9	8	7	6	4	3	5
6	5	8	3	1	4	9	7	2
7	8	5	2	4	1	3	9	6
4	3	2	9	6	8	7	5	1
9	6	1	7	5	3	2	8	4

Grid 14

7	8	6	5	9	3	1	4	2
3	1	9	4	6	2	7	5	8
4	5	2	1	7	8	9	3	6
9	6	5	2	3	4	8	1	7
1	4	7	8	5	9	6	2	3
8	2	3	7	1	6	4	9	5
2	7	4	9	8	5	3	6	1
6	9	8	3	2	1	5	7	4
5	3	1	6	4	7	2	8	9

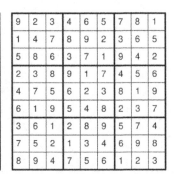

Grid 15

6	3	5	9	2	4	7	8	1
2	8	1	6	5	7	3	4	9
9	4	7	3	8	1	2	5	6
7	1	8	2	9	5	4	6	3
5	6	4	8	7	3	9	1	2
3	2	9	1	4	6	5	7	8
8	7	3	5	6	2	1	9	4
1	5	6	4	3	9	8	2	7
4	9	2	7	1	8	6	3	5

Grid 16

9	2	3	4	6	5	7	8	1
1	4	7	8	9	2	3	6	5
5	8	6	3	7	1	9	4	2
2	3	8	9	1	7	4	5	6
4	7	5	6	2	3	8	1	9
6	1	9	5	4	8	2	3	7
3	6	1	2	8	9	5	7	4
7	5	2	1	3	4	6	9	8
8	9	4	7	5	6	1	2	3

Page 37

2	5	1	7	9	6	4	3	8
8	6	4	5	3	1	7	2	9
7	3	9	2	4	8	6	5	1
3	9	5	6	2	4	8	1	7
1	7	2	3	8	9	5	4	6
4	8	6	1	5	7	3	9	2
6	2	3	9	7	5	1	8	4
9	4	7	8	1	3	2	6	5
5	1	8	4	6	2	9	7	3

5	4	3	9	7	1	6	2	8
9	7	2	4	6	8	3	1	5
6	1	8	3	5	2	7	4	9
8	3	1	2	4	5	9	6	7
7	5	9	1	3	6	2	8	4
2	6	4	8	9	7	5	3	1
4	8	5	6	2	9	1	7	3
1	9	6	7	8	3	4	5	2
3	2	7	5	1	4	8	9	6

Page 38

8	1	5	3	4	7	6	9	2
6	4	2	8	5	9	3	1	7
9	7	3	6	1	2	8	5	4
5	9	4	7	2	6	1	8	3
2	8	6	5	3	1	4	7	9
7	3	1	9	8	4	2	6	5
3	6	8	4	9	5	7	2	1
4	2	9	1	7	8	5	3	6
1	5	7	2	6	3	9	4	8

9	5	1	4	2	3	8	6	7
3	6	2	7	8	1	5	4	9
8	7	4	9	6	5	1	3	2
2	1	8	6	5	9	4	7	3
5	9	3	1	7	4	6	2	8
6	4	7	2	3	8	9	5	1
1	3	6	8	4	7	2	9	5
7	2	9	5	1	6	3	8	4
4	8	5	3	9	2	7	1	6

1	3	9	6	7	2	4	5	8
2	7	8	9	5	4	6	1	3
4	5	6	3	8	1	2	7	9
8	4	3	1	2	7	5	9	6
9	2	7	5	3	6	1	8	4
6	1	5	4	9	8	7	3	2
7	9	4	2	1	3	8	6	5
3	6	1	8	4	5	9	2	7
5	8	2	7	6	9	3	4	1

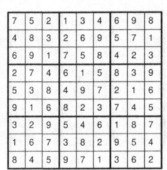

9	3	7	2	4	5	6	1	8
8	2	6	1	7	3	9	4	5
1	5	4	8	6	9	7	2	3
4	9	8	6	5	7	2	3	1
2	7	1	3	8	4	5	9	6
5	6	3	9	2	1	4	8	7
3	1	5	7	9	2	8	6	4
6	4	9	5	3	8	1	7	2
7	8	2	4	1	6	3	5	9

5	9	4	7	2	6	8	3	1
1	8	7	4	3	5	9	6	2
2	6	3	1	9	8	7	4	5
7	3	1	2	6	9	5	8	4
6	2	8	3	5	4	1	9	7
4	5	9	8	1	7	3	2	6
9	7	2	5	4	3	6	1	8
3	1	5	6	8	2	4	7	9
8	4	6	9	7	1	2	5	3

4	1	2	5	9	6	7	3	8
7	8	3	4	2	1	6	5	9
9	6	5	7	3	8	4	2	1
2	7	9	3	1	5	8	6	4
5	4	8	9	6	2	3	1	7
1	3	6	8	4	7	2	9	5
8	5	1	6	7	3	9	4	2
3	2	4	1	8	9	5	7	6
6	9	7	2	5	4	1	8	3

Page 39

5	7	9	4	1	2	6	3	8
6	2	8	9	7	3	4	1	5
4	3	1	5	6	8	9	7	2
7	9	2	6	3	4	8	5	1
3	6	5	1	8	9	7	2	4
8	1	4	2	5	7	3	6	9
9	8	3	7	2	5	1	4	6
2	4	6	3	9	1	5	8	7
1	5	7	8	4	6	2	9	3

7	5	2	1	3	4	6	9	8
4	8	3	2	6	9	5	7	1
6	9	1	7	5	8	4	2	3
2	7	4	6	1	5	8	3	9
5	3	8	4	9	7	2	1	6
9	1	6	8	2	3	7	4	5
3	2	9	5	4	6	1	8	7
1	6	7	3	8	2	9	5	4
8	4	5	9	7	1	3	6	2

Page 40

5	6	3	2	9	1	8	4	7
1	7	2	8	5	4	3	9	6
8	4	9	6	7	3	5	2	1
3	1	7	4	8	5	2	6	9
6	8	5	7	2	9	1	3	4
9	2	4	1	3	6	7	5	8
2	9	1	5	4	8	6	7	3
7	3	6	9	1	2	4	8	5
4	5	8	3	6	7	9	1	2

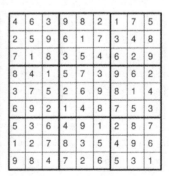

2	8	7	1	9	3	4	5	6
4	9	5	8	2	6	1	3	7
6	1	3	4	5	7	9	8	2
5	7	2	6	1	9	3	4	8
9	4	8	2	3	5	7	6	1
3	6	1	7	8	4	2	9	5
7	5	4	9	6	2	8	1	3
8	2	6	3	4	1	5	7	9
1	3	9	5	7	8	6	2	4

1	3	5	7	9	4	2	8	6
8	6	2	1	3	5	4	7	9
7	4	9	6	8	2	5	1	3
6	5	7	4	1	3	8	9	2
4	1	3	8	2	9	7	6	5
9	2	8	5	6	7	1	3	4
3	9	4	2	7	8	6	5	1
5	8	1	3	4	6	9	2	7
2	7	6	9	5	1	3	4	8

2	1	6	8	3	7	4	9	5
7	9	8	6	4	5	3	2	1
5	3	4	1	9	2	6	8	7
1	2	3	5	7	8	9	4	6
9	4	5	3	1	6	8	7	2
8	6	7	9	2	4	5	1	3
3	7	1	4	6	9	2	5	8
4	5	2	7	8	3	1	6	9
6	8	9	2	5	1	7	3	4

4	6	1	2	8	9	3	7	5
7	2	5	3	6	1	4	9	8
9	8	3	5	4	7	1	2	6
6	1	4	8	5	2	9	3	7
5	3	9	7	1	4	6	8	2
8	7	2	9	3	6	5	1	4
2	5	8	4	9	3	7	6	1
3	4	6	1	7	8	2	5	9
1	9	7	6	2	5	8	4	3

4	6	3	9	8	2	1	7	5
2	5	9	6	1	7	3	4	8
7	1	8	3	5	4	6	2	9
8	4	1	5	7	3	9	6	2
3	7	5	2	6	9	8	1	4
6	9	2	1	4	8	7	5	3
5	3	6	4	9	1	2	8	7
1	2	7	8	3	5	4	9	6
9	8	4	7	2	6	5	3	1

Grid 1

6	5	7	3	2	9	8	4	1
9	8	3	4	6	1	7	5	2
1	4	2	5	7	8	6	9	3
2	6	5	9	8	3	1	7	4
4	3	8	6	1	7	9	2	5
7	1	9	2	4	5	3	8	6
5	7	6	8	3	2	4	1	9
3	2	1	7	9	4	5	6	8
8	9	4	1	5	6	2	3	7

Grid 2

6	1	5	7	9	8	4	3	2
4	2	7	3	1	5	8	9	6
9	8	3	6	4	2	7	1	5
1	5	6	2	3	4	9	8	7
8	3	9	5	6	7	2	4	1
7	4	2	1	8	9	6	5	3
5	7	8	4	2	1	3	6	9
3	9	1	8	7	6	5	2	4
2	6	4	9	5	3	1	7	8

Grid 3

4	9	7	1	5	6	2	8	3
8	3	6	7	4	2	9	1	5
2	5	1	9	8	3	4	7	6
6	7	8	5	1	9	3	4	2
1	4	5	3	2	8	7	6	9
3	2	9	4	6	7	8	5	1
7	1	4	2	3	5	6	9	8
5	8	2	6	9	4	1	3	7
9	6	3	8	7	1	5	2	4

Grid 4

6	9	2	1	4	3	8	5	7
7	3	1	9	5	8	2	6	4
5	4	8	7	2	6	9	3	1
3	8	5	4	6	7	1	9	2
9	7	6	3	1	2	5	4	8
2	1	4	8	9	5	6	7	3
8	5	3	2	7	9	4	1	6
1	6	7	5	8	4	3	2	9
4	2	9	6	3	1	7	8	5

Grid 5

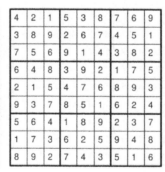

2	6	4	5	7	9	8	3	1
9	7	3	6	1	8	4	5	2
5	1	8	2	4	3	6	9	7
8	5	2	7	6	1	3	4	9
3	4	7	9	2	5	1	8	6
6	9	1	3	8	4	7	2	5
1	3	9	8	5	7	2	6	4
4	2	5	1	3	6	9	7	8
7	8	6	4	9	2	5	1	3

Grid 6

8	9	6	3	5	7	1	4	2
2	3	1	8	4	9	5	6	7
7	5	4	1	2	6	9	8	3
5	8	3	7	1	4	6	2	9
4	7	9	5	6	2	8	3	1
6	1	2	9	3	8	7	5	4
9	4	7	2	8	5	3	1	6
1	2	5	6	9	3	4	7	8
3	6	8	4	7	1	2	9	5

Grid 7

5	7	3	8	9	4	6	1	2
8	1	6	3	5	2	7	9	4
4	9	2	1	6	7	3	5	8
2	4	8	5	3	1	9	6	7
9	6	1	7	4	8	5	2	3
3	5	7	9	2	6	8	4	1
7	8	9	4	1	5	2	3	6
6	3	4	2	7	9	1	8	5
1	2	5	6	8	3	4	7	9

Grid 8

3	5	7	4	2	6	8	9	1
9	4	1	8	5	7	6	3	2
6	8	2	9	3	1	4	5	7
8	2	9	5	7	3	1	6	4
7	6	5	1	9	4	3	2	8
1	3	4	6	8	2	5	7	9
2	1	6	7	4	5	9	8	3
5	7	8	3	1	9	2	4	6
4	9	3	2	6	8	7	1	5

Grid 9

1	2	7	6	5	9	8	4	3
6	5	4	1	3	8	2	9	7
3	9	8	4	7	2	6	1	5
8	4	2	3	1	5	7	6	9
9	7	1	8	4	6	3	5	2
5	6	3	2	9	7	4	8	1
2	1	9	7	6	4	5	3	8
4	8	5	9	2	3	1	7	6
7	3	6	5	8	1	9	2	4

Grid 10

4	2	1	5	3	8	7	6	9
3	8	9	2	6	7	4	5	1
7	5	6	9	1	4	3	8	2
6	4	8	3	9	2	1	7	5
2	1	5	4	7	6	8	9	3
9	3	7	8	5	1	6	2	4
5	6	4	1	8	9	2	3	7
1	7	3	6	2	5	9	4	8
8	9	2	7	4	3	5	1	6

Grid 11

1	7	4	9	6	5	3	8	2
2	3	8	7	4	1	6	5	9
5	6	9	8	3	2	7	4	1
6	5	1	2	9	7	4	3	8
3	9	2	4	8	6	1	7	5
4	8	7	1	5	3	9	2	6
8	2	3	6	7	9	5	1	4
9	1	5	3	2	4	8	6	7
7	4	6	5	1	8	2	9	3

Grid 12

5	2	9	7	4	3	6	8	1
1	4	7	2	8	6	3	5	9
6	8	3	9	5	1	7	2	4
4	1	2	8	6	9	5	7	3
9	6	8	5	3	7	4	1	2
7	3	5	4	1	2	9	6	8
8	5	1	6	9	4	2	3	7
3	7	4	1	2	5	8	9	6
2	9	6	3	7	8	1	4	5

Grid 13

4	2	3	5	9	7	6	1	8
7	1	6	2	8	3	9	4	5
5	9	8	4	1	6	2	3	7
2	7	4	6	5	9	3	8	1
8	6	9	3	4	1	7	5	2
3	5	1	7	2	8	4	6	9
9	3	2	1	6	5	8	7	4
6	4	5	8	7	2	1	9	3
1	8	7	9	3	4	5	2	6

Grid 14

1	3	2	6	7	4	9	8	5
8	6	7	1	5	9	3	4	2
9	5	4	2	3	8	6	1	7
4	2	5	8	1	6	7	3	9
7	8	3	9	2	5	4	6	1
6	1	9	3	4	7	5	2	8
2	7	8	5	6	3	1	9	4
3	4	1	7	9	2	8	5	6
5	9	6	4	8	1	2	7	3

Grid 15

7	1	6	2	4	9	5	3	8
2	4	5	1	3	8	6	9	7
8	9	3	5	6	7	2	4	1
3	5	8	6	7	2	9	1	4
6	2	9	4	8	1	7	5	3
4	7	1	3	9	5	8	2	6
9	3	7	8	2	4	1	6	5
5	6	2	7	1	3	4	8	9
1	8	4	9	5	6	3	7	2

Grid 16

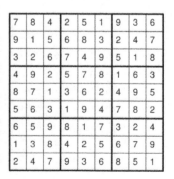

7	8	4	2	5	1	9	3	6
9	1	5	6	8	3	2	4	7
3	2	6	7	4	9	5	1	8
4	9	2	5	7	8	1	6	3
8	7	1	3	6	2	4	9	5
5	6	3	1	9	4	7	8	2
6	5	9	8	1	7	3	2	4
1	3	8	4	2	5	6	7	9
2	4	7	9	3	6	8	5	1

Page 45

Grid 1:
```
1 6 4 | 8 5 7 | 9 2 3
5 9 7 | 3 1 2 | 8 4 6
8 3 2 | 6 4 9 | 1 7 5
------+-------+------
6 1 3 | 9 7 4 | 5 8 2
4 7 9 | 5 2 8 | 3 6 1
2 5 8 | 1 6 3 | 4 9 7
------+-------+------
7 8 6 | 4 3 1 | 2 5 9
3 4 5 | 2 9 6 | 7 1 8
9 2 1 | 7 8 5 | 6 3 4
```

Grid 2:
```
7 1 4 | 8 2 9 | 6 5 3
9 8 6 | 5 3 4 | 1 2 7
3 5 2 | 6 7 1 | 9 4 8
------+-------+------
4 9 3 | 7 5 2 | 8 6 1
8 6 5 | 4 1 3 | 7 9 2
1 2 7 | 9 6 8 | 4 3 5
------+-------+------
2 4 1 | 3 9 7 | 5 8 6
5 3 8 | 1 4 6 | 2 7 9
6 7 9 | 2 8 5 | 3 1 4
```

Page 46

Grid 3:
```
3 7 5 | 2 6 8 | 4 1 9
4 2 8 | 9 1 3 | 5 6 7
6 1 9 | 4 5 7 | 3 8 2
------+-------+------
7 3 2 | 6 9 5 | 8 4 1
8 4 6 | 1 3 2 | 7 9 5
5 9 1 | 7 8 4 | 6 2 3
------+-------+------
9 5 4 | 3 2 6 | 1 7 8
2 6 3 | 8 7 1 | 9 5 4
1 8 7 | 5 4 9 | 2 3 6
```

Grid 4:
```
1 9 7 | 2 8 6 | 3 5 4
2 3 6 | 9 5 4 | 7 1 8
8 4 5 | 7 3 1 | 9 6 2
------+-------+------
9 1 3 | 6 7 2 | 8 4 5
7 6 8 | 5 4 9 | 2 3 1
4 5 2 | 3 1 8 | 6 7 9
------+-------+------
6 7 4 | 8 9 5 | 1 2 3
5 2 9 | 1 6 3 | 4 8 7
3 8 1 | 4 2 7 | 5 9 6
```

Grid 5:
```
8 1 2 | 9 6 5 | 3 7 4
4 3 6 | 1 8 7 | 2 9 5
5 7 9 | 3 4 2 | 6 8 1
------+-------+------
7 4 8 | 2 3 1 | 9 5 6
1 9 3 | 7 5 6 | 8 4 2
6 2 5 | 8 9 4 | 1 3 7
------+-------+------
9 6 7 | 5 1 8 | 4 2 3
2 8 1 | 4 7 3 | 5 6 9
3 5 4 | 6 2 9 | 7 1 8
```

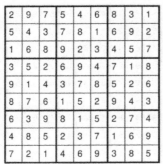

Grid 6:
```
2 4 1 | 9 7 3 | 8 5 6
8 5 7 | 2 4 6 | 3 1 9
9 6 3 | 5 1 8 | 2 7 4
------+-------+------
1 8 2 | 6 9 5 | 7 4 3
5 7 9 | 3 8 4 | 1 6 2
4 3 6 | 7 2 1 | 5 9 8
------+-------+------
7 2 8 | 4 5 9 | 6 3 1
6 9 5 | 1 3 2 | 4 8 7
3 1 4 | 8 6 7 | 9 2 5
```

Grid 7:
```
1 9 2 | 4 8 3 | 6 5 7
5 4 8 | 6 2 7 | 9 1 3
7 6 3 | 5 9 1 | 8 4 2
------+-------+------
2 3 5 | 1 4 6 | 7 9 8
4 7 9 | 8 5 2 | 3 6 1
6 8 1 | 7 3 9 | 5 2 4
------+-------+------
8 2 4 | 3 6 5 | 1 7 9
3 1 6 | 9 7 4 | 2 8 5
9 5 7 | 2 1 8 | 4 3 6
```

Grid 8:
```
3 7 8 | 6 4 9 | 1 5 2
9 1 2 | 3 8 5 | 6 7 4
5 6 4 | 7 1 2 | 8 3 9
------+-------+------
2 4 7 | 8 9 1 | 3 6 5
6 5 3 | 2 7 4 | 9 1 8
1 8 9 | 5 6 3 | 2 4 7
------+-------+------
7 9 6 | 4 3 8 | 5 2 1
8 3 5 | 1 2 7 | 4 9 6
4 2 1 | 9 5 6 | 7 8 3
```

Grid 9:
```
2 9 4 | 7 1 3 | 8 6 5
5 6 3 | 9 2 8 | 4 7 1
7 1 8 | 4 6 5 | 9 3 2
------+-------+------
4 8 7 | 5 9 1 | 6 2 3
6 3 5 | 8 7 2 | 1 9 4
9 2 1 | 3 4 6 | 7 5 8
------+-------+------
3 5 6 | 1 8 7 | 2 4 9
1 4 2 | 6 3 9 | 5 8 7
8 7 9 | 2 5 4 | 3 1 6
```

Grid 10:
```
2 9 7 | 5 4 6 | 8 3 1
5 4 3 | 7 8 1 | 6 9 2
1 6 8 | 9 2 3 | 4 5 7
------+-------+------
3 5 2 | 6 9 4 | 7 1 8
9 1 4 | 3 7 8 | 5 2 6
8 7 6 | 1 5 2 | 9 4 3
------+-------+------
6 3 9 | 8 1 5 | 2 7 4
4 8 5 | 2 3 7 | 1 6 9
7 2 1 | 4 6 9 | 3 8 5
```

Page 47

Grid 11:
```
7 1 8 | 2 9 3 | 6 5 4
5 9 6 | 7 1 4 | 2 8 3
3 2 4 | 5 8 6 | 9 1 7
------+-------+------
9 6 3 | 4 2 1 | 8 7 5
4 8 5 | 6 7 9 | 1 3 2
2 7 1 | 3 5 8 | 4 6 9
------+-------+------
6 3 9 | 8 4 5 | 7 2 1
1 5 7 | 9 6 2 | 3 4 8
8 4 2 | 1 3 7 | 5 9 6
```

Grid 12:
```
8 5 4 | 9 7 2 | 1 3 6
1 6 9 | 4 8 3 | 7 2 5
2 3 7 | 6 1 5 | 9 4 8
------+-------+------
5 4 1 | 8 2 7 | 6 9 3
9 7 8 | 5 3 6 | 4 1 2
6 2 3 | 1 9 4 | 5 8 7
------+-------+------
7 9 2 | 3 6 1 | 8 5 4
3 8 5 | 7 4 9 | 2 6 1
4 1 6 | 2 5 8 | 3 7 9
```

Page 48

Grid 13:
```
8 3 7 | 1 9 4 | 5 6 2
6 1 9 | 8 2 5 | 7 4 3
5 4 2 | 3 7 6 | 9 8 1
------+-------+------
4 8 1 | 7 5 2 | 3 9 6
2 5 3 | 6 1 9 | 8 7 4
7 9 6 | 4 8 3 | 1 2 5
------+-------+------
1 7 4 | 2 3 8 | 6 5 9
3 2 5 | 9 6 7 | 4 1 8
9 6 8 | 5 4 1 | 2 3 7
```

Grid 14:
```
5 1 7 | 2 3 4 | 8 9 6
3 4 6 | 7 9 8 | 1 2 5
2 8 9 | 6 1 5 | 7 3 4
------+-------+------
1 9 3 | 8 6 7 | 5 4 2
8 5 2 | 9 4 1 | 6 7 3
6 7 4 | 5 2 3 | 9 8 1
------+-------+------
7 6 1 | 4 8 2 | 3 5 9
4 3 5 | 1 7 9 | 2 6 8
9 2 8 | 3 5 6 | 4 1 7
```

Grid 15:
```
1 7 9 | 8 5 3 | 2 6 4
5 6 3 | 2 9 4 | 8 7 1
2 4 8 | 1 7 6 | 3 9 5
------+-------+------
9 8 5 | 4 2 7 | 6 1 3
4 3 1 | 6 8 9 | 7 5 2
7 2 6 | 3 1 5 | 9 4 8
------+-------+------
8 1 7 | 9 4 2 | 5 3 6
6 5 4 | 7 3 8 | 1 2 9
3 9 2 | 5 6 1 | 4 8 7
```

Grid 16:
```
9 7 8 | 4 6 1 | 5 2 3
2 1 4 | 5 7 3 | 9 8 6
3 5 6 | 9 8 2 | 7 1 4
------+-------+------
4 9 1 | 6 3 8 | 2 5 7
7 3 2 | 1 5 9 | 4 6 8
8 6 5 | 2 4 7 | 1 3 9
------+-------+------
5 2 3 | 7 9 6 | 8 4 1
1 8 7 | 3 2 4 | 6 9 5
6 4 9 | 8 1 5 | 3 7 2
```

Page 49

Grid 1:
```
4 5 6 8 9 1 2 3 7
2 7 8 3 6 4 5 9 1
1 3 9 5 7 2 4 8 6
5 9 4 2 1 3 6 7 8
8 1 7 4 5 6 3 2 9
6 2 3 7 8 9 1 5 4
9 6 5 1 3 8 7 4 2
7 4 1 9 2 5 8 6 3
3 8 2 6 4 7 9 1 5
```

Grid 2:
```
7 9 1 8 6 2 5 4 3
8 2 4 7 5 3 1 9 6
6 5 3 1 4 9 8 7 2
2 8 5 6 3 7 4 1 9
9 3 6 4 1 5 2 8 7
4 1 7 2 9 8 6 3 5
5 6 8 3 7 1 9 2 4
3 4 2 9 8 6 7 5 1
1 7 9 5 2 4 3 6 8
```

Page 50

Grid 3:
```
3 8 7 5 9 1 6 2 4
5 6 1 4 8 2 9 7 3
9 4 2 6 3 7 1 8 5
8 3 5 9 4 6 2 1 7
2 7 9 3 1 5 4 6 8
6 1 4 7 2 8 5 3 9
7 9 8 2 6 4 3 5 1
1 2 3 8 5 9 7 4 6
4 5 6 1 7 3 8 9 2
```

Grid 4:
```
2 6 7 3 4 8 9 1 5
3 8 9 1 2 5 7 4 6
4 5 1 6 9 7 8 2 3
5 4 8 9 6 1 3 7 2
9 2 6 7 8 3 1 5 4
1 7 3 2 5 4 6 9 8
6 1 2 5 3 9 4 8 7
8 9 5 4 7 6 2 3 1
7 3 4 8 1 2 5 6 9
```

Grid 5:
```
6 8 7 9 2 1 4 5 3
3 9 5 6 4 7 8 1 2
2 1 4 3 8 5 6 9 7
4 7 1 5 9 2 3 8 6
9 3 2 8 6 4 1 7 5
5 6 8 7 1 3 9 2 4
8 4 6 2 7 9 5 3 1
1 2 3 4 5 8 7 6 9
7 5 9 1 3 6 2 4 8
```

Grid 6:
```
2 6 9 5 4 8 7 1 3
1 5 7 3 2 9 8 6 4
8 4 3 6 7 1 5 9 2
3 2 4 8 1 6 9 7 5
9 8 6 7 5 4 3 2 1
5 7 1 9 3 2 4 8 6
7 1 2 4 9 3 6 5 8
4 9 8 1 6 5 2 3 7
6 3 5 2 8 7 1 4 9
```

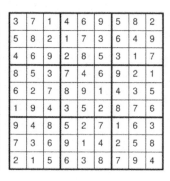

Grid 7:
```
9 8 4 7 1 6 5 3 2
6 5 7 4 2 3 1 8 9
2 3 1 8 5 9 7 6 4
4 7 6 2 8 5 9 1 3
8 1 5 3 9 4 2 7 6
3 2 9 6 7 1 4 5 8
7 9 2 1 6 8 3 4 5
1 6 3 5 4 2 8 9 7
5 4 8 9 3 7 6 2 1
```

Grid 8:
```
9 2 3 8 6 1 7 5 4
8 5 7 4 2 9 1 6 3
1 6 4 7 3 5 2 8 9
4 1 9 2 8 7 5 3 6
5 8 6 1 4 3 9 2 7
3 7 2 5 9 6 4 1 8
7 3 5 9 1 8 6 4 2
2 9 8 6 5 4 3 7 1
6 4 1 3 7 2 8 9 5
```

Page 51

Grid 9:
```
9 6 1 5 7 8 2 4 3
2 8 5 6 4 3 9 7 1
3 7 4 2 9 1 6 5 8
1 2 8 9 6 4 5 3 7
5 9 3 1 2 7 8 6 4
7 4 6 3 8 5 1 2 9
4 1 2 8 3 6 7 9 5
6 5 7 4 1 9 3 8 2
8 3 9 7 5 2 4 1 6
```

Grid 10:
```
7 8 5 2 9 3 6 1 4
9 3 1 4 5 6 7 2 8
2 6 4 8 7 1 5 3 9
1 5 2 9 6 8 4 7 3
3 7 6 5 1 4 8 9 2
8 4 9 3 2 7 1 6 5
6 2 3 1 4 5 9 8 7
5 9 7 6 8 2 3 4 1
4 1 8 7 3 9 2 5 6
```

Page 52

Grid 11:
```
3 7 1 4 6 9 5 8 2
5 8 2 1 7 3 6 4 9
4 6 9 2 8 5 3 1 7
8 5 3 7 4 6 9 2 1
6 2 7 8 9 1 4 3 5
1 9 4 3 5 2 8 7 6
9 4 8 5 2 7 1 6 3
7 3 6 9 1 4 2 5 8
2 1 5 6 3 8 7 9 4
```

Grid 12:
```
2 5 3 1 9 7 4 8 6
4 6 9 3 5 8 7 2 1
8 7 1 6 4 2 9 3 5
9 2 6 5 1 3 8 7 4
3 4 7 2 8 6 1 5 9
5 1 8 9 7 4 3 6 2
6 3 4 8 2 1 5 9 7
7 8 5 4 6 9 2 1 3
1 9 2 7 3 5 6 4 8
```

Grid 13:
```
6 8 1 2 9 7 3 5 4
2 7 5 1 4 3 8 9 6
4 9 3 6 5 8 2 7 1
9 5 6 4 7 2 1 3 8
1 4 7 8 3 5 6 2 9
8 3 2 9 6 1 7 4 5
3 1 4 5 2 6 9 8 7
7 6 9 3 8 4 5 1 2
5 2 8 7 1 9 4 6 3
```

Grid 14:
```
7 9 5 1 8 2 6 4 3
2 6 1 9 3 4 5 7 8
4 3 8 6 5 7 2 1 9
3 7 9 5 6 1 8 2 4
8 5 6 4 2 9 7 3 1
1 2 4 3 7 8 9 5 6
5 4 3 2 9 6 1 8 7
9 1 7 8 4 5 3 6 2
6 8 2 7 1 3 4 9 5
```

Grid 15:
```
8 9 3 5 6 7 1 2 4
2 7 4 1 3 9 5 6 8
6 5 1 4 2 8 7 9 3
5 1 7 2 8 4 9 3 6
4 3 2 6 9 1 8 7 5
9 6 8 7 5 3 2 4 1
7 8 5 9 4 6 3 1 2
3 4 9 8 1 2 6 5 7
1 2 6 3 7 5 4 8 9
```

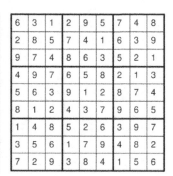

Grid 16:
```
6 3 1 2 9 5 7 4 8
2 8 5 7 4 1 6 3 9
9 7 4 8 6 3 5 2 1
4 9 7 6 5 8 2 1 3
5 6 3 9 1 2 8 7 4
8 1 2 4 3 7 9 6 5
1 4 8 5 2 6 3 9 7
3 5 6 1 7 9 4 8 2
7 2 9 3 8 4 1 5 6
```

Grid (Page 53, left):

```
2 5 1 9 7 3 4 6 8
4 7 3 6 5 8 2 1 9
6 8 9 4 2 1 7 5 3
5 4 6 8 1 9 3 7 2
7 9 8 2 3 5 1 4 6
3 1 2 7 6 4 8 9 5
9 3 7 1 8 6 5 2 4
8 2 4 5 9 7 6 3 1
1 6 5 3 4 2 9 8 7
```

```
2 4 9 1 3 7 6 5 8
7 3 5 2 6 8 1 9 4
6 1 8 5 9 4 7 2 3
1 5 3 6 4 2 8 7 9
4 2 7 8 5 9 3 6 1
8 9 6 7 1 3 5 4 2
3 7 1 9 2 5 4 8 6
5 6 2 4 8 1 9 3 7
9 8 4 3 7 6 2 1 5
```

Grid (Page 54, left):

```
1 2 3 6 5 4 9 8 7
9 8 4 3 2 7 5 6 1
6 5 7 1 8 9 3 2 4
8 9 2 4 7 3 6 1 5
7 1 6 2 9 5 4 3 8
4 3 5 8 6 1 2 7 9
2 6 9 5 1 8 7 4 3
5 4 1 7 3 6 8 9 2
3 7 8 9 4 2 1 5 6
```

```
6 7 4 3 1 5 8 2 9
1 9 2 8 4 6 5 3 7
8 5 3 7 9 2 4 6 1
4 2 7 6 8 9 1 5 3
9 3 6 5 7 1 2 4 8
5 8 1 4 2 3 7 9 6
2 1 5 9 6 7 3 8 4
7 4 9 2 3 8 6 1 5
3 6 8 1 5 4 9 7 2
```

```
8 5 2 4 1 6 3 9 7
4 3 7 9 5 8 1 6 2
6 9 1 3 7 2 4 5 8
2 7 5 6 3 9 8 1 4
3 1 8 5 2 4 9 7 6
9 4 6 1 8 7 2 3 5
5 6 4 8 9 3 7 2 1
1 2 3 7 4 5 6 8 9
7 8 9 2 6 1 5 4 3
```

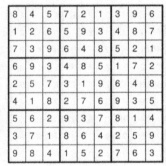

```
4 8 3 1 2 9 6 5 7
5 1 9 6 3 7 8 2 4
7 6 2 5 4 8 3 9 1
2 3 1 8 7 4 5 6 9
9 4 8 2 5 6 7 1 3
6 7 5 9 1 3 2 4 8
3 2 7 4 6 1 9 8 5
1 9 6 7 8 5 4 3 2
8 5 4 3 9 2 1 7 6
```

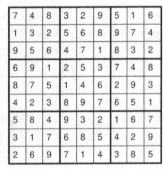

```
8 4 3 7 1 6 5 9 2
2 1 9 3 5 8 7 4 6
5 7 6 2 4 9 8 1 3
9 6 7 1 3 2 4 5 8
4 2 8 5 6 7 1 3 9
3 5 1 8 9 4 6 2 7
6 9 2 4 7 5 3 8 1
7 3 5 9 8 1 2 6 4
1 8 4 6 2 3 9 7 5
```

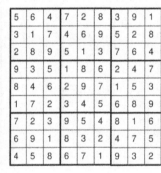

```
9 8 4 6 1 3 2 7 5
7 3 5 8 9 2 6 1 4
6 2 1 4 7 5 3 8 9
4 6 9 3 8 1 7 5 2
1 5 2 7 6 9 8 4 3
3 7 8 2 5 4 9 6 1
2 4 6 5 3 8 1 9 7
8 1 3 9 4 7 5 2 6
5 9 7 1 2 6 4 3 8
```

```
5 3 6 9 7 1 2 8 4
7 1 9 2 8 4 5 6 3
2 8 4 3 5 6 7 1 9
6 2 8 1 9 3 4 5 7
3 4 5 6 2 7 1 9 8
9 7 1 5 4 8 3 2 6
4 6 3 8 1 2 9 7 5
1 5 7 4 6 9 8 3 2
8 9 2 7 3 5 6 4 1
```

```
8 4 5 7 2 1 3 9 6
1 2 6 5 9 3 4 8 7
7 3 9 6 4 8 5 2 1
6 9 3 4 8 5 1 7 2
2 5 7 3 1 9 6 4 8
4 1 8 2 7 6 9 3 5
5 6 2 9 3 7 8 1 4
3 7 1 8 6 4 2 5 9
9 8 4 1 5 2 7 6 3
```

```
7 4 8 3 2 9 5 1 6
1 3 2 5 6 8 9 7 4
9 5 6 4 7 1 8 3 2
6 9 1 2 5 3 7 4 8
8 7 5 1 4 6 2 9 3
4 2 3 8 9 7 6 5 1
5 8 4 9 3 2 1 6 7
3 1 7 6 8 5 4 2 9
2 6 9 7 1 4 3 8 5
```

```
5 6 4 7 2 8 3 9 1
3 1 7 4 6 9 5 2 8
2 8 9 5 1 3 7 6 4
9 3 5 1 8 6 2 4 7
8 4 6 2 9 7 1 5 3
1 7 2 3 4 5 6 8 9
7 2 3 9 5 4 8 1 6
6 9 1 8 3 2 4 7 5
4 5 8 6 7 1 9 3 2
```

```
8 1 7 5 2 3 9 6 4
2 9 6 8 7 4 1 3 5
5 4 3 6 1 9 8 7 2
9 8 1 2 4 6 3 5 7
6 3 5 1 8 7 4 2 9
4 7 2 3 9 5 6 1 8
7 6 4 9 5 1 2 8 3
3 5 8 4 6 2 7 9 1
1 2 9 7 3 8 5 4 6
```

```
9 7 1 8 4 6 5 2 3
5 2 6 9 3 1 4 7 8
4 3 8 7 5 2 1 9 6
7 9 4 2 8 5 3 6 1
2 1 3 4 6 7 8 5 9
8 6 5 1 9 3 2 4 7
3 8 2 5 7 9 6 1 4
6 5 7 3 1 4 9 8 2
1 4 9 6 2 8 7 3 5
```

```
3 8 5 4 2 6 7 9 1
9 1 7 3 5 8 2 4 6
6 4 2 1 7 9 5 3 8
2 3 8 7 6 4 9 1 5
1 7 9 2 3 5 8 6 4
5 6 4 8 9 1 3 2 7
7 5 3 6 1 2 4 8 9
4 9 1 5 8 3 6 7 2
8 2 6 9 4 7 1 5 3
```

```
2 7 5 4 9 6 3 8 1
8 6 1 2 5 3 4 7 9
9 3 4 1 7 8 2 5 6
7 1 8 9 6 4 5 2 3
4 9 3 5 1 2 8 6 7
6 5 2 3 8 7 9 1 4
5 2 6 7 4 9 1 3 8
3 8 9 6 2 1 7 4 5
1 4 7 8 3 5 6 9 2
```

Page 57

1	9	3	2	7	6	4	5	8
5	2	4	1	9	8	6	3	7
8	7	6	5	4	3	9	1	2
2	6	9	7	3	1	8	4	5
3	4	8	6	2	5	7	9	1
7	5	1	4	8	9	3	2	6
9	8	5	3	6	2	1	7	4
4	3	2	8	1	7	5	6	9
6	1	7	9	5	4	2	8	3

3	7	9	8	2	4	1	6	5
6	5	8	9	7	1	4	3	2
1	4	2	5	6	3	9	8	7
8	9	5	3	1	7	2	4	6
4	2	3	6	9	8	5	7	1
7	6	1	4	5	2	8	9	3
2	3	7	1	4	9	6	5	8
9	8	6	2	3	5	7	1	4
5	1	4	7	8	6	3	2	9

Page 58

8	3	1	9	2	4	7	6	5
6	7	5	3	1	8	4	9	2
2	9	4	7	5	6	1	8	3
1	5	7	2	3	9	8	4	6
3	2	8	6	4	1	5	7	9
4	6	9	8	7	5	2	3	1
5	8	6	1	9	7	3	2	4
7	4	3	5	6	2	9	1	8
9	1	2	4	8	3	6	5	7

9	1	4	3	8	5	2	7	6
7	8	3	1	2	6	5	4	9
6	2	5	9	4	7	8	3	1
8	7	2	4	5	9	6	1	3
5	9	1	2	6	3	4	8	7
4	3	6	8	7	1	9	5	2
1	4	9	5	3	2	7	6	8
3	6	8	7	9	4	1	2	5
2	5	7	6	1	8	3	9	4

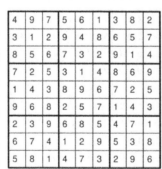

4	3	8	2	5	1	6	7	9
6	2	7	3	4	9	5	1	8
9	5	1	6	8	7	4	3	2
3	8	4	7	2	6	9	5	1
5	1	6	4	9	3	2	8	7
7	9	2	8	1	5	3	4	6
1	4	3	9	6	8	7	2	5
2	6	5	1	7	4	8	9	3
8	7	9	5	3	2	1	6	4

9	6	4	7	2	1	3	5	8
2	8	3	5	4	6	7	9	1
5	1	7	8	9	3	2	4	6
6	9	1	2	5	4	8	7	3
8	7	2	1	3	9	5	6	4
3	4	5	6	7	8	1	2	9
4	5	8	3	6	7	9	1	2
7	3	6	9	1	2	4	8	5
1	2	9	4	8	5	6	3	7

1	7	4	2	5	6	9	3	8
3	5	9	1	7	8	6	2	4
6	2	8	9	4	3	5	1	7
8	4	3	5	6	7	1	9	2
7	6	2	3	1	9	8	4	5
5	9	1	4	8	2	7	6	3
2	3	7	6	9	5	4	8	1
4	8	6	7	3	1	2	5	9
9	1	5	8	2	4	3	7	6

2	8	1	4	6	5	3	7	9
7	9	5	1	3	8	6	4	2
4	6	3	9	7	2	8	5	1
5	4	7	3	9	1	2	6	8
1	3	8	6	2	7	5	9	4
9	2	6	8	5	4	7	1	3
8	5	9	2	1	6	4	3	7
6	1	2	7	4	3	9	8	5
3	7	4	5	8	9	1	2	6

Page 59

2	1	5	4	6	3	8	9	7
3	6	7	8	9	5	4	1	2
9	8	4	1	2	7	3	5	6
7	2	9	6	1	4	5	3	8
8	4	3	7	5	2	9	6	1
6	5	1	9	3	8	2	7	4
1	9	8	5	4	6	7	2	3
5	7	2	3	8	1	6	4	9
4	3	6	2	7	9	1	8	5

4	9	7	5	6	1	3	8	2
3	1	2	9	4	8	6	5	7
8	5	6	7	3	2	9	1	4
7	2	5	3	1	4	8	6	9
1	4	3	8	9	6	7	2	5
9	6	8	2	5	7	1	4	3
2	3	9	6	8	5	4	7	1
6	7	4	1	2	9	5	3	8
5	8	1	4	7	3	2	9	6

Page 60

2	8	4	5	9	6	7	3	1
9	7	3	4	8	1	6	5	2
6	1	5	2	7	3	9	4	8
7	2	8	6	4	9	5	1	3
4	3	1	7	5	2	8	6	9
5	9	6	3	1	8	2	7	4
1	4	2	8	6	7	3	9	5
3	5	7	9	2	4	1	8	6
8	6	9	1	3	5	4	2	7

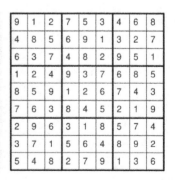

8	2	4	1	7	3	9	6	5
9	1	5	6	2	4	8	3	7
3	6	7	8	9	5	4	2	1
5	7	3	9	8	1	6	4	2
1	4	6	3	5	2	7	9	8
2	8	9	4	6	7	5	1	3
6	5	8	2	1	9	3	7	4
7	3	2	5	4	6	1	8	9
4	9	1	7	3	8	2	5	6

1	9	3	5	6	4	8	7	2
8	6	5	1	2	7	3	9	4
4	2	7	3	9	8	6	1	5
5	8	6	7	4	3	1	2	9
7	4	2	6	1	9	5	3	8
9	3	1	2	8	5	7	4	6
2	1	4	8	3	6	9	5	7
6	7	9	4	5	1	2	8	3
3	5	8	9	7	2	4	6	1

3	5	2	7	6	4	8	9	1
9	8	4	5	3	1	6	7	2
7	1	6	2	8	9	4	3	5
5	6	8	3	4	7	1	2	9
2	3	9	1	5	6	7	4	8
1	4	7	9	2	8	5	6	3
4	2	1	6	9	5	3	8	7
8	7	3	4	1	2	9	5	6
6	9	5	8	7	3	2	1	4

9	5	7	8	3	2	4	1	6
6	3	2	9	4	1	5	7	8
8	4	1	6	7	5	9	3	2
3	7	4	2	6	8	1	9	5
1	9	6	3	5	7	2	8	4
2	8	5	1	9	4	7	6	3
7	2	8	4	1	6	3	5	9
5	6	3	7	2	9	8	4	1
4	1	9	5	8	3	6	2	7

9	1	2	7	5	3	4	6	8
4	8	5	6	9	1	3	2	7
6	3	7	4	8	2	9	5	1
1	2	4	9	3	7	6	8	5
8	5	9	1	2	6	7	4	3
7	6	3	8	4	5	2	1	9
2	9	6	3	1	8	5	7	4
3	7	1	5	6	4	8	9	2
5	4	8	2	7	9	1	3	6

Page 61

5	7	2	9	4	3	6	8	1
6	8	3	7	5	1	4	9	2
9	1	4	6	8	2	5	3	7
2	9	6	1	7	8	3	4	5
4	3	8	5	2	9	1	7	6
1	5	7	3	6	4	9	2	8
7	4	1	2	3	6	8	5	9
3	6	5	8	9	7	2	1	4
8	2	9	4	1	5	7	6	3

8	6	1	5	4	9	2	7	3
7	2	5	3	1	6	9	8	4
3	9	4	8	7	2	5	1	6
4	3	9	1	5	8	6	2	7
1	8	2	4	6	7	3	9	5
6	5	7	2	9	3	8	4	1
9	4	6	7	8	5	1	3	2
2	1	8	6	3	4	7	5	9
5	7	3	9	2	1	4	6	8

Page 62

5	8	3	7	1	9	6	4	2
6	1	9	3	4	2	8	5	7
4	2	7	5	8	6	9	3	1
1	4	8	9	7	3	5	2	6
3	7	5	6	2	4	1	8	9
2	9	6	8	5	1	4	7	3
8	3	1	2	6	5	7	9	4
9	5	4	1	3	7	2	6	8
7	6	2	4	9	8	3	1	5

8	5	6	7	3	1	9	2	4
9	1	3	8	2	4	5	7	6
2	7	4	6	5	9	1	3	8
1	3	8	5	9	2	6	4	7
4	9	5	3	6	7	2	8	1
6	2	7	1	4	8	3	9	5
3	8	9	4	1	6	7	5	2
7	6	2	9	8	5	4	1	3
5	4	1	2	7	3	8	6	9

9	1	2	3	7	4	6	5	8
3	7	6	2	5	8	9	1	4
4	5	8	9	6	1	3	2	7
1	3	5	7	4	2	8	6	9
2	4	9	6	8	5	7	3	1
8	6	7	1	9	3	2	4	5
5	8	3	4	2	9	1	7	6
7	9	1	5	3	6	4	8	2
6	2	4	8	1	7	5	9	3

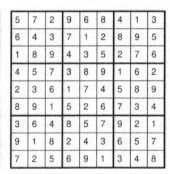

3	2	9	7	8	4	6	5	1
6	5	1	2	3	9	8	4	7
8	4	7	6	1	5	9	3	2
9	1	5	8	2	6	4	7	3
2	6	3	5	4	7	1	8	9
7	8	4	3	9	1	2	6	5
1	7	8	9	6	3	5	2	4
5	9	6	4	7	2	3	1	8
4	3	2	1	5	8	7	9	6

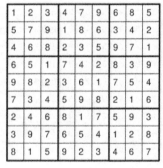

1	5	7	2	8	9	4	6	3
3	9	4	7	5	6	2	8	1
6	8	2	3	4	1	5	9	7
8	4	3	9	7	5	1	2	6
2	7	6	4	1	8	9	3	5
5	1	9	6	2	3	8	7	4
7	2	1	8	3	4	6	5	9
4	6	8	5	9	7	3	1	2
9	3	5	1	6	2	7	4	8

8	9	1	3	7	6	2	5	4
2	7	6	1	5	4	8	3	9
5	4	3	2	9	8	1	6	7
3	6	4	9	8	7	5	2	1
9	2	8	6	1	5	4	7	3
1	5	7	4	3	2	6	9	8
6	3	2	8	4	9	7	1	5
7	8	9	5	2	1	3	4	6
4	1	5	7	6	3	9	8	2

Page 63

7	1	5	2	8	9	4	6	3
8	2	4	3	1	6	7	5	9
3	6	9	5	7	4	2	1	8
6	5	2	7	3	8	9	4	1
9	8	3	1	4	2	5	7	6
1	4	7	9	6	5	3	8	2
5	9	8	4	2	1	6	3	7
4	7	1	6	9	3	8	2	5
2	3	6	8	5	7	1	9	4

5	7	2	9	6	8	4	1	3
6	4	3	7	1	2	8	9	5
1	8	9	4	3	5	2	7	6
4	5	7	3	8	9	1	6	2
2	3	6	1	7	4	5	8	9
8	9	1	5	2	6	7	3	4
3	6	4	8	5	7	9	2	1
9	1	8	2	4	3	6	5	7
7	2	5	6	9	1	3	4	8

Page 64

1	2	3	4	7	9	6	8	5
5	7	9	1	8	6	3	4	2
4	6	8	2	3	5	9	7	1
6	5	1	7	4	2	8	3	9
9	8	2	3	6	1	7	5	4
7	3	4	5	9	8	2	1	6
2	4	6	8	1	7	5	9	3
3	9	7	6	5	4	1	2	8
8	1	5	9	2	3	4	6	7

5	7	3	9	1	6	2	8	4
6	4	9	3	2	8	1	7	5
8	1	2	5	4	7	3	9	6
1	6	5	4	8	2	7	3	9
2	8	4	7	9	3	5	6	1
3	9	7	6	5	1	4	2	8
4	3	6	8	7	5	9	1	2
9	2	8	1	3	4	6	5	7
7	5	1	2	6	9	8	4	3

8	2	7	6	4	9	3	1	5
1	3	6	7	5	2	8	4	9
9	4	5	3	8	1	2	7	6
6	1	9	8	3	5	4	2	7
7	8	4	2	1	6	9	5	3
3	5	2	4	9	7	6	8	1
5	9	3	1	2	4	7	6	8
4	7	8	5	6	3	1	9	2
2	6	1	9	7	8	5	3	4

6	5	2	9	7	3	4	8	1
7	9	4	2	1	8	6	5	3
3	1	8	6	4	5	2	9	7
5	7	6	4	3	2	9	1	8
9	8	1	5	6	7	3	2	4
2	4	3	8	9	1	5	7	6
1	6	9	7	5	4	8	3	2
4	2	7	3	8	9	1	6	5
8	3	5	1	2	6	7	4	9

9	8	7	1	4	2	5	3	6
2	6	4	7	5	3	8	1	9
5	3	1	9	8	6	4	7	2
1	5	3	4	9	8	2	6	7
7	9	2	3	6	5	1	4	8
8	4	6	2	1	7	9	5	3
4	7	9	6	2	1	3	8	5
6	1	5	8	3	9	7	2	4
3	2	8	5	7	4	6	9	1

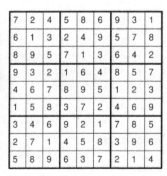

7	2	4	5	8	6	9	3	1
6	1	3	2	4	9	5	7	8
8	9	5	7	1	3	6	4	2
9	3	2	1	6	4	8	5	7
4	6	7	8	9	5	1	2	3
1	5	8	3	7	2	4	6	9
3	4	6	9	2	1	7	8	5
2	7	1	4	5	8	3	9	6
5	8	9	6	3	7	2	1	4

Page 65:

```
7 1 3 4 9 8 6 2 5
2 6 5 3 1 7 8 4 9
9 4 8 6 5 2 1 7 3
6 2 7 1 3 9 5 8 4
4 5 1 7 8 6 9 3 2
8 3 9 5 2 4 7 6 1
1 8 2 9 7 3 4 5 6
3 9 6 8 4 5 2 1 7
5 7 4 2 6 1 3 9 8
```

```
5 9 7 3 8 2 4 6 1
3 6 4 9 5 1 2 7 8
8 1 2 4 7 6 3 5 9
9 7 8 6 4 5 1 3 2
1 3 5 2 9 8 7 4 6
4 2 6 1 3 7 8 9 5
7 4 1 5 2 9 6 8 3
6 5 3 8 1 4 9 2 7
2 8 9 7 6 3 5 1 4
```

Page 66:

```
2 4 9 6 3 5 7 1 8
5 6 1 7 8 2 3 9 4
7 3 8 9 4 1 5 6 2
6 5 4 2 1 7 8 3 9
3 1 7 4 9 8 6 2 5
8 9 2 3 5 6 4 7 1
9 2 5 8 6 3 1 4 7
1 7 3 5 2 4 9 8 6
4 8 6 1 7 9 2 5 3
```

```
1 6 5 4 7 9 2 3 8
3 8 9 5 2 1 4 7 6
7 2 4 3 8 6 5 1 9
4 3 6 9 1 5 7 8 2
8 7 1 6 4 2 3 9 5
5 9 2 8 3 7 6 4 1
6 4 3 1 5 8 9 2 7
2 5 8 7 9 3 1 6 4
9 1 7 2 6 4 8 5 3
```

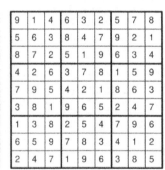
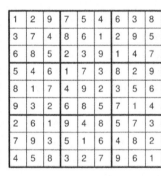

```
4 8 3 7 9 1 5 2 6
2 1 7 8 5 6 9 3 4
5 6 9 4 2 3 1 7 8
8 5 1 6 4 2 7 9 3
9 4 6 1 3 7 8 5 2
7 3 2 5 8 9 6 4 1
6 9 8 3 7 4 2 1 5
3 7 5 2 1 8 4 6 9
1 2 4 9 6 5 3 8 7
```

```
7 2 5 3 4 6 8 9 1
9 4 1 5 8 2 6 7 3
8 6 3 7 9 1 2 5 4
2 7 9 8 6 4 3 1 5
1 5 8 2 7 3 4 6 9
4 3 6 9 1 5 7 2 8
6 8 4 1 2 9 5 3 7
3 1 2 4 5 7 9 8 6
5 9 7 6 3 8 1 4 2
```

```
2 9 4 5 1 3 7 8 6
5 6 3 7 4 8 1 9 2
1 7 8 9 6 2 4 5 3
9 3 7 2 8 1 5 6 4
6 8 1 3 5 4 2 7 9
4 2 5 6 7 9 8 3 1
8 5 2 1 9 6 3 4 7
3 4 6 8 2 7 9 1 5
7 1 9 4 3 5 6 2 8
```

```
8 2 5 3 1 9 4 6 7
4 7 1 5 6 2 9 8 3
9 6 3 7 8 4 1 5 2
5 8 7 9 2 6 3 1 4
6 9 4 1 5 3 2 7 8
1 3 2 8 4 7 5 9 6
7 4 6 2 9 1 8 3 5
2 1 8 6 3 5 7 4 9
3 5 9 4 7 8 6 2 1
```

Page 67:

```
4 9 7 6 5 2 1 3 8
6 1 5 3 7 8 9 2 4
3 8 2 4 9 1 5 7 6
2 4 9 7 6 5 8 1 3
8 3 1 2 4 9 6 5 7
7 5 6 1 8 3 2 4 9
9 2 4 8 1 7 3 6 5
1 7 8 5 3 6 4 9 2
5 6 3 9 2 4 7 8 1
```

```
9 1 4 6 3 2 5 7 8
5 6 3 8 4 7 9 2 1
8 7 2 5 1 9 6 3 4
4 2 6 3 7 8 1 5 9
7 9 5 4 2 1 8 6 3
3 8 1 9 6 5 2 4 7
1 3 8 2 5 4 7 9 6
6 5 9 7 8 3 4 1 2
2 4 7 1 9 6 3 8 5
```

Page 68:

```
1 2 9 7 5 4 6 3 8
3 7 4 8 6 1 2 9 5
6 8 5 2 3 9 1 4 7
5 4 6 1 7 3 8 2 9
8 1 7 4 9 2 3 5 6
9 3 2 6 8 5 7 1 4
2 6 1 9 4 8 5 7 3
7 9 3 5 1 6 4 8 2
4 5 8 3 2 7 9 6 1
```

```
7 9 6 2 5 4 3 1 8
2 5 1 8 3 9 7 6 4
8 3 4 1 6 7 5 2 9
9 4 3 7 8 1 2 5 6
6 2 7 5 9 3 4 8 1
5 1 8 4 2 6 9 3 7
4 7 2 3 1 8 6 9 5
1 6 5 9 4 2 8 7 3
3 8 9 6 7 5 1 4 2
```

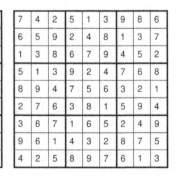

```
7 9 8 2 3 1 6 5 4
5 4 2 9 8 6 7 3 1
1 6 3 4 7 5 2 8 9
8 7 6 3 2 4 1 9 5
4 2 1 8 5 9 3 7 6
3 5 9 6 1 7 8 4 2
9 1 5 7 6 3 4 2 8
6 8 7 5 4 2 9 1 3
2 3 4 1 9 8 5 6 7
```

```
4 5 6 8 9 2 1 7 3
7 8 3 1 5 6 4 9 2
9 2 1 3 7 4 5 6 8
2 6 8 9 4 1 3 5 7
3 9 5 7 2 8 6 1 4
1 7 4 6 3 5 2 8 9
5 4 9 2 1 7 8 3 6
8 3 2 5 6 9 7 4 1
6 1 7 4 8 3 9 2 5
```

```
3 9 4 1 8 6 7 5 2
7 2 5 3 4 9 8 1 6
8 6 1 5 2 7 4 3 9
2 5 8 4 3 1 6 9 7
6 4 7 9 5 2 3 8 1
9 1 3 6 7 8 2 4 5
4 8 9 7 6 5 1 2 3
5 7 2 8 1 3 9 6 4
1 3 6 2 9 4 5 7 8
```

```
7 4 2 5 1 3 9 8 6
6 5 9 2 4 8 1 3 7
1 3 8 6 7 9 4 5 2
5 1 3 9 2 4 7 6 8
8 9 4 7 5 6 3 2 1
2 7 6 3 8 1 5 9 4
3 8 7 1 6 5 2 4 9
9 6 1 4 3 2 8 7 5
4 2 5 8 9 7 6 1 3
```

Page 69

4	7	6	9	3	2	5	8	1
3	1	5	4	7	8	9	6	2
9	2	8	6	5	1	4	3	7
5	8	2	3	9	6	7	1	4
7	4	3	1	8	5	6	2	9
1	6	9	7	2	4	8	5	3
8	3	4	2	6	7	1	9	5
2	5	1	8	4	9	3	7	6
6	9	7	5	1	3	2	4	8

3	4	5	7	8	9	2	6	1
8	7	1	5	2	6	9	4	3
6	2	9	3	4	1	7	8	5
9	3	2	8	1	5	4	7	6
4	6	7	9	3	2	5	1	8
1	5	8	6	7	4	3	9	2
2	9	4	1	5	8	6	3	7
7	1	6	2	9	3	8	5	4
5	8	3	4	6	7	1	2	9

Page 70

1	5	7	4	2	6	3	8	9
2	6	3	7	9	8	1	5	4
9	8	4	1	3	5	7	6	2
5	3	6	9	8	7	2	4	1
7	1	8	2	6	4	9	3	5
4	9	2	5	1	3	6	7	8
8	4	1	6	7	2	5	9	3
6	2	5	3	4	9	8	1	7
3	7	9	8	5	1	4	2	6

7	3	1	2	5	4	6	9	8
5	2	4	6	8	9	1	7	3
8	6	9	3	7	1	2	4	5
6	9	7	1	3	5	8	2	4
3	5	8	9	4	2	7	1	6
4	1	2	7	6	8	3	5	9
1	7	3	4	9	6	5	8	2
9	8	6	5	2	7	4	3	1
2	4	5	8	1	3	9	6	7

1	9	6	4	8	5	3	7	2
7	8	2	3	1	6	4	9	5
4	3	5	9	2	7	1	8	6
3	4	1	2	7	8	6	5	9
6	7	8	5	3	9	2	1	4
5	2	9	6	4	1	7	3	8
9	5	7	1	6	2	8	4	3
8	6	4	7	5	3	9	2	1
2	1	3	8	9	4	5	6	7

5	4	1	3	8	2	6	7	9
8	2	7	9	6	5	4	3	1
9	3	6	4	1	7	8	2	5
2	5	4	6	3	1	9	8	7
3	6	9	7	5	8	2	1	4
1	7	8	2	4	9	5	6	3
6	8	3	1	9	4	7	5	2
7	9	5	8	2	3	1	4	6
4	1	2	5	7	6	3	9	8

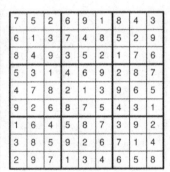

6	7	8	3	9	5	1	4	2
5	3	9	2	4	1	6	7	8
2	1	4	8	7	6	5	3	9
1	5	7	4	2	9	3	8	6
8	2	3	1	6	7	4	9	5
4	9	6	5	8	3	2	1	7
3	6	5	9	1	8	7	2	4
9	4	1	7	5	2	8	6	3
7	8	2	6	3	4	9	5	1

5	8	1	7	9	3	6	2	4
4	6	7	5	1	2	3	8	9
3	2	9	8	4	6	1	7	5
8	7	3	1	5	4	9	6	2
6	9	2	3	7	8	4	5	1
1	4	5	6	2	9	8	3	7
7	5	8	4	6	1	2	9	3
9	1	6	2	3	7	5	4	8
2	3	4	9	8	5	7	1	6

Page 71

9	2	8	1	6	3	5	7	4
6	4	1	8	7	5	9	2	3
3	7	5	9	4	2	6	8	1
1	3	6	4	8	9	7	5	2
5	8	4	7	2	1	3	9	6
2	9	7	5	3	6	1	4	8
4	6	2	3	5	7	8	1	9
8	5	9	6	1	4	2	3	7
7	1	3	2	9	8	4	6	5

7	5	2	6	9	1	8	4	3
6	1	3	7	4	8	5	2	9
8	4	9	3	5	2	1	7	6
5	3	1	4	6	9	2	8	7
4	7	8	2	1	3	9	6	5
9	2	6	8	7	5	4	3	1
1	6	4	5	8	7	3	9	2
3	8	5	9	2	6	7	1	4
2	9	7	1	3	4	6	5	8

Page 72

4	7	5	3	2	9	1	8	6
9	1	2	6	7	8	3	4	5
6	8	3	4	5	1	2	9	7
2	5	8	9	6	4	7	3	1
1	9	7	8	3	5	4	6	2
3	4	6	2	1	7	9	5	8
8	6	1	7	4	3	5	2	9
5	2	4	1	9	6	8	7	3
7	3	9	5	8	2	6	1	4

1	4	6	5	2	9	8	7	3
5	3	8	4	1	7	2	6	9
2	9	7	3	8	6	1	5	4
9	1	2	7	3	5	4	8	6
4	8	5	2	6	1	3	9	7
7	6	3	8	9	4	5	1	2
8	5	4	6	7	2	9	3	1
6	2	9	1	5	3	7	4	8
3	7	1	9	4	8	6	2	5

9	6	2	7	3	8	4	1	5
4	3	5	6	1	9	2	8	7
7	8	1	2	4	5	3	6	9
6	9	8	4	5	3	7	2	1
2	5	3	8	7	1	6	9	4
1	4	7	9	2	6	8	5	3
3	7	9	5	6	2	1	4	8
5	1	6	3	8	4	9	7	2
8	2	4	1	9	7	5	3	6

6	7	5	8	4	2	9	1	3
4	2	1	9	3	5	7	6	8
9	8	3	1	6	7	2	5	4
3	9	7	6	5	4	8	2	1
5	4	6	2	8	1	3	7	9
8	1	2	3	7	9	5	4	6
2	3	9	5	1	6	4	8	7
7	6	8	4	2	3	1	9	5
1	5	4	7	9	8	6	3	2

8	1	7	2	4	5	9	6	3
6	5	4	7	3	9	2	8	1
3	9	2	8	1	6	7	5	4
1	7	6	3	8	2	5	4	9
5	8	3	6	9	4	1	7	2
2	4	9	5	7	1	8	3	6
7	6	5	9	2	3	4	1	8
4	2	8	1	6	7	3	9	5
9	3	1	4	5	8	6	2	7

7	6	2	5	3	1	8	4	9
4	3	5	9	8	2	7	1	6
1	8	9	7	6	4	3	2	5
5	4	6	3	9	8	1	7	2
9	7	1	4	2	5	6	3	8
8	2	3	1	7	6	5	9	4
3	5	7	6	4	9	2	8	1
2	1	4	8	5	7	9	6	3
6	9	8	2	1	3	4	5	7

3	7	1	9	4	8	5	6	2
8	6	2	7	5	1	3	9	4
9	5	4	2	3	6	7	8	1
7	4	6	3	9	5	2	1	8
1	3	5	8	2	4	9	7	6
2	8	9	6	1	7	4	3	5
6	2	7	4	8	3	1	5	9
5	9	3	1	6	2	8	4	7
4	1	8	5	7	9	6	2	3

3	2	7	4	6	1	9	5	8
4	6	8	7	5	9	1	3	2
9	5	1	2	8	3	4	7	6
5	1	4	8	2	7	6	9	3
7	9	3	1	4	6	8	2	5
6	8	2	3	9	5	7	4	1
2	4	5	9	1	8	3	6	7
8	7	9	6	3	2	5	1	4
1	3	6	5	7	4	2	8	9

2	7	9	8	6	5	1	4	3
1	4	3	9	2	7	8	5	6
8	6	5	1	4	3	7	2	9
4	2	6	5	1	8	3	9	7
7	3	1	2	9	6	4	8	5
9	5	8	7	3	4	2	6	1
3	1	2	4	5	9	6	7	8
6	9	7	3	8	2	5	1	4
5	8	4	6	7	1	9	3	2

7	9	6	8	5	4	3	2	1
1	8	3	7	9	2	6	5	4
5	4	2	6	1	3	9	7	8
3	5	4	9	6	7	1	8	2
6	1	9	5	2	8	4	3	7
8	2	7	3	4	1	5	6	9
4	6	1	2	7	5	8	9	3
9	7	8	4	3	6	2	1	5
2	3	5	1	8	9	7	4	6

Page 73   Page 74

8	1	9	7	3	5	2	4	6
7	6	2	8	1	4	9	5	3
5	3	4	9	6	2	7	1	8
1	5	6	2	7	9	3	8	4
9	8	3	1	4	6	5	7	2
4	2	7	5	8	3	6	9	1
3	9	5	4	2	8	1	6	7
2	4	1	6	9	7	8	3	5
6	7	8	3	5	1	4	2	9

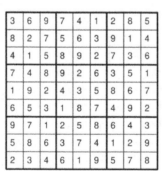

8	9	1	4	5	3	2	6	7
4	5	7	6	9	2	1	8	3
6	3	2	8	1	7	5	9	4
9	1	4	5	2	8	7	3	6
2	8	6	7	3	9	4	1	5
3	7	5	1	6	4	9	2	8
1	6	3	9	7	5	8	4	2
7	2	8	3	4	1	6	5	9
5	4	9	2	8	6	3	7	1

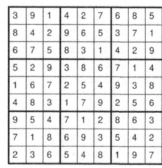

6	9	7	8	5	3	2	1	4
1	5	3	7	2	4	6	8	9
2	4	8	6	1	9	5	7	3
7	1	2	4	3	5	8	9	6
9	3	6	1	8	2	7	4	5
4	8	5	9	6	7	1	3	2
8	2	4	5	9	1	3	6	7
5	7	1	3	4	6	9	2	8
3	6	9	2	7	8	4	5	1

3	6	7	2	5	1	4	9	8
9	8	2	7	4	3	1	5	6
1	4	5	6	8	9	7	2	3
4	2	3	9	7	8	6	1	5
7	1	9	4	6	5	3	8	2
6	5	8	1	3	2	9	7	4
8	9	4	3	2	7	5	6	1
5	7	6	8	1	4	2	3	9
2	3	1	5	9	6	8	4	7

5	8	1	7	2	3	4	9	6
9	6	2	5	8	4	7	1	3
3	7	4	9	6	1	5	2	8
6	4	9	2	3	8	1	7	5
1	5	7	4	9	6	3	8	2
8	2	3	1	5	7	9	6	4
4	3	8	6	1	9	2	5	7
7	1	5	8	4	2	6	3	9
2	9	6	3	7	5	8	4	1

3	6	9	7	4	1	2	8	5
8	2	7	5	6	3	9	1	4
4	1	5	8	9	2	7	3	6
7	4	8	9	2	6	3	5	1
1	9	2	4	3	5	8	6	7
6	5	3	1	8	7	4	9	2
9	7	1	2	5	8	6	4	3
5	8	6	3	7	4	1	2	9
2	3	4	6	1	9	5	7	8

3	9	1	4	2	7	6	8	5
8	4	2	9	6	5	3	7	1
6	7	5	8	3	1	4	2	9
5	2	9	3	8	6	7	1	4
1	6	7	2	5	4	9	3	8
4	8	3	1	7	9	2	5	6
9	5	4	7	1	2	8	6	3
7	1	8	6	9	3	5	4	2
2	3	6	5	4	8	1	9	7

8	2	5	4	6	1	9	3	7
6	7	3	5	2	9	4	8	1
9	4	1	7	8	3	6	5	2
2	9	7	1	5	6	3	4	8
1	3	6	8	7	4	5	2	9
5	8	4	9	3	2	7	1	6
3	6	9	2	1	5	8	7	4
7	5	2	6	4	8	1	9	3
4	1	8	3	9	7	2	6	5

Page 75   Page 76

8	3	4	1	2	5	7	6	9
6	2	5	8	7	9	4	3	1
1	9	7	6	3	4	2	5	8
4	7	3	9	5	1	8	2	6
2	6	1	7	4	8	5	9	3
5	8	9	3	6	2	1	4	7
7	5	6	4	8	3	9	1	2
9	4	8	2	1	6	3	7	5
3	1	2	5	9	7	6	8	4

4	1	7	8	9	3	6	5	2
3	6	5	2	1	7	4	8	9
9	2	8	5	6	4	3	1	7
6	7	9	3	5	8	2	4	1
5	8	4	6	2	1	9	7	3
2	3	1	7	4	9	5	6	8
8	9	6	4	7	2	1	3	5
1	4	3	9	8	5	7	2	6
7	5	2	1	3	6	8	9	4

9	4	3	1	6	7	2	8	5
5	2	1	3	4	8	9	7	6
7	8	6	9	5	2	3	4	1
2	7	5	8	3	9	1	6	4
3	1	4	2	7	6	5	9	8
8	6	9	4	1	5	7	3	2
6	3	7	5	2	4	8	1	9
1	5	8	6	9	3	4	2	7
4	9	2	7	8	1	6	5	3

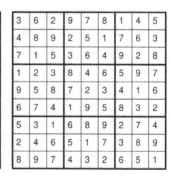

3	6	2	9	7	8	1	4	5
4	8	9	2	5	1	7	6	3
7	1	5	3	6	4	9	2	8
1	2	3	8	4	6	5	9	7
9	5	8	7	2	3	4	1	6
6	7	4	1	9	5	8	3	2
5	3	1	6	8	9	2	7	4
2	4	6	5	1	7	3	8	9
8	9	7	4	3	2	6	5	1

Page 77

Grid 1:
```
6 3 2 | 8 5 4 | 1 7 9
7 4 1 | 2 6 9 | 3 8 5
5 8 9 | 7 3 1 | 6 4 2
------+-------+------
8 6 4 | 1 9 3 | 2 5 7
9 7 3 | 4 2 5 | 8 1 6
1 2 5 | 6 7 8 | 9 3 4
------+-------+------
3 5 7 | 9 8 2 | 4 6 1
2 1 8 | 5 4 6 | 7 9 3
4 9 6 | 3 1 7 | 5 2 8
```

Grid 2:
```
7 5 3 | 9 8 1 | 6 4 2
1 4 8 | 7 6 2 | 9 3 5
9 2 6 | 4 5 3 | 1 7 8
------+-------+------
6 8 7 | 1 3 4 | 5 2 9
3 9 2 | 5 7 6 | 4 8 1
5 1 4 | 8 2 9 | 3 6 7
------+-------+------
2 3 5 | 6 1 8 | 7 9 4
4 6 1 | 2 9 7 | 8 5 3
8 7 9 | 3 4 5 | 2 1 6
```

Page 78

Grid 3:
```
5 7 2 | 8 9 4 | 3 6 1
3 8 6 | 7 1 2 | 9 4 5
4 1 9 | 3 5 6 | 8 7 2
------+-------+------
2 6 1 | 4 3 5 | 7 9 8
8 9 5 | 2 6 7 | 4 1 3
7 3 4 | 9 8 1 | 5 2 6
------+-------+------
6 2 8 | 5 4 9 | 1 3 7
1 4 3 | 6 7 8 | 2 5 9
9 5 7 | 1 2 3 | 6 8 4
```

Grid 4:
```
8 9 2 | 6 5 4 | 3 1 7
6 4 1 | 8 7 3 | 2 9 5
3 5 7 | 1 9 2 | 8 6 4
------+-------+------
5 1 9 | 7 8 6 | 4 3 2
4 3 6 | 9 2 5 | 7 8 1
7 2 8 | 4 3 1 | 9 5 6
------+-------+------
1 8 3 | 5 4 7 | 6 2 9
9 6 4 | 2 1 8 | 5 7 3
2 7 5 | 3 6 9 | 1 4 8
```

Grid 5:
```
7 3 4 | 5 9 8 | 1 2 6
5 1 2 | 6 4 7 | 9 8 3
8 9 6 | 1 3 2 | 4 7 5
------+-------+------
3 8 7 | 9 1 6 | 5 4 2
6 5 1 | 2 7 4 | 3 9 8
4 2 9 | 8 5 3 | 7 6 1
------+-------+------
1 4 8 | 7 6 5 | 2 3 9
2 7 5 | 3 8 9 | 6 1 4
9 6 3 | 4 2 1 | 8 5 7
```

Grid 6:
```
4 3 6 | 7 2 8 | 1 9 5
8 9 7 | 6 5 1 | 3 2 4
5 2 1 | 9 3 4 | 6 8 7
------+-------+------
6 1 8 | 5 9 2 | 7 4 3
2 5 9 | 4 7 3 | 8 6 1
7 4 3 | 8 1 6 | 2 5 9
------+-------+------
9 6 4 | 3 8 7 | 5 1 2
1 7 5 | 2 6 9 | 4 3 8
3 8 2 | 1 4 5 | 9 7 6
```

Grid 7:
```
7 2 8 | 1 4 5 | 3 9 6
4 9 3 | 6 7 2 | 5 1 8
5 6 1 | 3 9 8 | 7 4 2
------+-------+------
2 8 4 | 9 3 1 | 6 7 5
6 7 5 | 2 8 4 | 9 3 1
1 3 9 | 7 5 6 | 2 8 4
------+-------+------
8 1 7 | 5 2 9 | 4 6 3
9 5 6 | 4 1 3 | 8 2 7
3 4 2 | 8 6 7 | 1 5 9
```

Grid 8:
```
4 1 6 | 5 8 9 | 2 7 3
9 7 2 | 3 6 1 | 4 8 5
5 3 8 | 2 7 4 | 9 1 6
------+-------+------
2 8 9 | 4 3 5 | 7 6 1
6 4 3 | 1 9 7 | 8 5 2
7 5 1 | 6 2 8 | 3 4 9
------+-------+------
8 6 5 | 9 4 3 | 1 2 7
1 9 7 | 8 5 2 | 6 3 4
3 2 4 | 7 1 6 | 5 9 8
```

Page 79

Grid 9:
```
5 7 6 | 8 2 3 | 4 9 1
1 3 9 | 6 4 7 | 5 8 2
2 4 8 | 9 5 1 | 6 7 3
------+-------+------
9 8 4 | 7 1 5 | 3 2 6
6 1 2 | 4 3 8 | 9 5 7
7 5 3 | 2 6 9 | 1 4 8
------+-------+------
4 2 5 | 3 7 6 | 8 1 9
8 6 1 | 5 9 2 | 7 3 4
3 9 7 | 1 8 4 | 2 6 5
```

Grid 10:
```
4 8 5 | 7 6 1 | 3 9 2
6 1 7 | 3 2 9 | 4 8 5
9 3 2 | 8 4 5 | 6 1 7
------+-------+------
1 6 8 | 4 3 7 | 2 5 9
5 7 4 | 2 9 8 | 1 6 3
3 2 9 | 5 1 6 | 8 7 4
------+-------+------
7 5 3 | 6 8 4 | 9 2 1
2 9 6 | 1 5 3 | 7 4 8
8 4 1 | 9 7 2 | 5 3 6
```

Page 80

Grid 11:
```
7 9 4 | 3 1 5 | 6 8 2
3 1 8 | 9 2 6 | 7 5 4
6 5 2 | 4 8 7 | 3 9 1
------+-------+------
1 3 5 | 8 9 4 | 2 6 7
8 2 9 | 7 6 1 | 5 4 3
4 6 7 | 2 5 3 | 9 1 8
------+-------+------
9 4 1 | 5 7 2 | 8 3 6
5 7 3 | 6 4 8 | 1 2 9
2 8 6 | 1 3 9 | 4 7 5
```

Grid 12:
```
8 1 9 | 6 7 5 | 2 3 4
7 3 5 | 8 4 2 | 9 1 6
2 4 6 | 9 3 1 | 5 7 8
------+-------+------
4 5 3 | 2 6 7 | 1 8 9
9 8 7 | 1 5 4 | 6 2 3
6 2 1 | 3 9 8 | 4 5 7
------+-------+------
1 9 4 | 7 2 3 | 8 6 5
5 7 8 | 4 1 6 | 3 9 2
3 6 2 | 5 8 9 | 7 4 1
```

Grid 13:
```
1 4 7 | 6 2 3 | 8 9 5
9 3 5 | 7 4 8 | 2 6 1
2 6 8 | 1 5 9 | 3 7 4
------+-------+------
7 2 1 | 4 6 5 | 9 3 8
5 8 6 | 9 3 1 | 7 4 2
3 9 4 | 2 8 7 | 1 5 6
------+-------+------
6 5 3 | 8 9 2 | 4 1 7
8 1 9 | 5 7 4 | 6 2 3
4 7 2 | 3 1 6 | 5 8 9
```

Grid 14:
```
8 4 6 | 9 7 5 | 2 1 3
1 3 7 | 4 2 6 | 9 8 5
2 5 9 | 8 1 3 | 7 6 4
------+-------+------
7 8 3 | 6 5 4 | 1 2 9
6 9 4 | 1 3 2 | 5 7 8
5 1 2 | 7 9 8 | 3 4 6
------+-------+------
9 6 5 | 2 4 7 | 8 3 1
4 2 1 | 3 8 9 | 6 5 7
3 7 8 | 5 6 1 | 4 9 2
```

Grid 15:
```
3 4 8 | 9 5 1 | 7 6 2
9 6 5 | 2 7 8 | 3 1 4
2 7 1 | 4 6 3 | 5 9 8
------+-------+------
4 9 6 | 1 8 5 | 2 7 3
5 2 7 | 3 4 9 | 6 8 1
8 1 3 | 7 2 6 | 4 5 9
------+-------+------
7 8 4 | 6 1 2 | 9 3 5
6 5 9 | 8 3 4 | 1 2 7
1 3 2 | 5 9 7 | 8 4 6
```

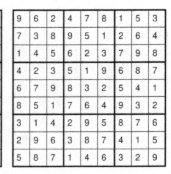

Grid 16:
```
9 6 2 | 4 7 8 | 1 5 3
7 3 8 | 9 5 1 | 2 6 4
1 4 5 | 6 2 3 | 7 9 8
------+-------+------
4 2 3 | 5 1 9 | 6 8 7
6 7 9 | 8 3 2 | 5 4 1
8 5 1 | 7 6 4 | 9 3 2
------+-------+------
3 1 4 | 2 9 5 | 8 7 6
2 9 6 | 3 8 7 | 4 1 5
5 8 7 | 1 4 6 | 3 2 9
```

Page 81

5	7	2	3	4	9	8	1	6
6	1	3	8	7	5	2	9	4
9	4	8	1	2	6	7	3	5
2	5	7	4	6	1	9	8	3
1	9	4	5	3	8	6	2	7
3	8	6	2	9	7	5	4	1
7	3	9	6	1	2	4	5	8
4	6	5	9	8	3	1	7	2
8	2	1	7	5	4	3	6	9

2	3	4	1	8	6	5	7	9
7	8	6	3	5	9	2	4	1
1	5	9	2	7	4	8	6	3
3	1	7	9	4	5	6	8	2
9	2	8	7	6	3	1	5	4
4	6	5	8	1	2	9	3	7
6	9	3	4	2	8	7	1	5
5	4	1	6	9	7	3	2	8
8	7	2	5	3	1	4	9	6

Page 82

3	9	2	7	6	5	4	8	1
8	5	4	9	1	2	3	6	7
1	7	6	3	8	4	5	2	9
2	1	7	4	5	6	9	3	8
9	8	5	1	2	3	6	7	4
6	4	3	8	9	7	1	5	2
4	3	8	5	7	9	2	1	6
5	2	1	6	4	8	7	9	3
7	6	9	2	3	1	8	4	5

7	1	4	6	2	5	3	9	8
2	8	6	4	9	3	1	5	7
3	5	9	8	7	1	4	6	2
5	9	8	7	4	6	2	1	3
6	3	7	2	1	8	9	4	5
4	2	1	5	3	9	8	7	6
1	7	5	9	8	2	6	3	4
8	4	3	1	6	7	5	2	9
9	6	2	3	5	4	7	8	1

7	9	3	4	1	8	5	6	2
4	6	8	5	2	7	1	3	9
1	2	5	9	3	6	8	4	7
5	3	6	8	9	1	7	2	4
9	7	4	2	5	3	6	1	8
8	1	2	7	6	4	9	5	3
3	4	7	1	8	5	2	9	6
6	5	9	3	7	2	4	8	1
2	8	1	6	4	9	3	7	5

7	9	5	4	3	2	1	6	8
3	1	6	5	8	9	4	7	2
8	4	2	7	6	1	5	3	9
4	6	9	2	7	8	3	1	5
2	7	8	3	1	5	6	9	4
5	3	1	9	4	6	8	2	7
1	2	7	8	5	3	9	4	6
6	5	4	1	9	7	2	8	3
9	8	3	6	2	4	7	5	1

6	5	8	2	4	3	7	9	1
2	9	1	6	8	7	4	3	5
3	4	7	5	1	9	2	8	6
8	3	6	1	9	4	5	2	7
4	2	9	3	7	5	1	6	8
7	1	5	8	2	6	3	4	9
1	6	4	7	3	8	9	5	2
5	7	3	9	6	2	8	1	4
9	8	2	4	5	1	6	7	3

9	8	1	4	7	2	5	3	6
7	4	2	5	6	3	8	1	9
5	6	3	1	9	8	7	2	4
4	2	9	6	3	5	1	8	7
8	5	6	7	1	4	3	9	2
3	1	7	2	8	9	4	6	5
6	9	8	3	4	7	2	5	1
1	7	5	8	2	6	9	4	3
2	3	4	9	5	1	6	7	8

Page 83

1	6	8	9	4	5	7	2	3
4	9	3	7	2	6	5	1	8
5	7	2	1	8	3	6	4	9
2	8	1	4	6	9	3	7	5
3	5	6	2	1	7	9	8	4
7	4	9	5	3	8	2	6	1
6	3	4	8	9	2	1	5	7
8	2	5	3	7	1	4	9	6
9	1	7	6	5	4	8	3	2

8	1	4	5	6	2	7	9	3
5	9	6	1	3	7	2	8	4
2	3	7	9	4	8	1	5	6
1	7	2	3	9	6	8	4	5
4	6	3	8	1	5	9	2	7
9	8	5	2	7	4	3	6	1
6	2	8	7	5	3	4	1	9
7	4	9	6	2	1	5	3	8
3	5	1	4	8	9	6	7	2

Page 84

9	8	4	2	3	6	1	5	7
6	1	5	9	8	7	2	3	4
3	2	7	1	5	4	9	6	8
5	3	9	4	6	8	7	2	1
2	4	1	7	9	5	6	8	3
8	7	6	3	1	2	4	9	5
1	9	8	6	4	3	5	7	2
7	6	3	5	2	1	8	4	9
4	5	2	8	7	9	3	1	6

9	2	7	8	5	3	6	1	4
3	5	1	2	4	6	9	8	7
8	6	4	9	7	1	3	5	2
4	7	3	1	6	9	5	2	8
1	8	5	7	3	2	4	9	6
6	9	2	4	8	5	7	3	1
7	4	9	5	1	8	2	6	3
2	1	6	3	9	4	8	7	5
5	3	8	6	2	7	1	4	9

3	4	8	1	5	7	6	2	9
2	9	7	6	3	8	5	1	4
5	6	1	9	2	4	7	8	3
8	7	4	3	6	1	9	5	2
9	1	5	4	7	2	3	6	8
6	2	3	8	9	5	4	7	1
1	8	6	7	4	3	2	9	5
7	3	2	5	8	9	1	4	6
4	5	9	2	1	6	8	3	7

3	2	5	1	9	8	4	6	7
8	9	6	3	7	4	1	2	5
7	1	4	5	2	6	3	8	9
9	3	7	8	1	5	2	4	6
4	6	2	9	3	7	8	5	1
5	8	1	6	4	2	7	9	3
6	4	8	7	5	1	9	3	2
2	7	3	4	6	9	5	1	8
1	5	9	2	8	3	6	7	4

8	9	7	2	1	5	4	3	6
5	1	3	8	4	6	9	7	2
6	4	2	7	3	9	1	8	5
7	6	9	5	8	4	2	1	3
4	5	1	3	6	2	7	9	8
3	2	8	9	7	1	6	5	4
1	8	4	6	9	3	5	2	7
9	3	5	4	2	7	8	6	1
2	7	6	1	5	8	3	4	9

9	6	8	3	1	2	5	7	4
1	7	5	9	6	4	3	2	8
2	4	3	8	5	7	1	9	6
5	8	6	2	7	9	4	1	3
3	1	7	4	8	5	2	6	9
4	9	2	6	3	1	7	8	5
8	2	1	5	9	3	6	4	7
7	3	9	1	4	6	8	5	2
6	5	4	7	2	8	9	3	1

Page 85 — Puzzle 1

8	9	7	6	3	1	2	5	4
2	3	6	4	8	5	7	9	1
1	5	4	7	2	9	8	3	6
6	7	1	3	5	8	4	2	9
3	4	9	2	6	7	1	8	5
5	8	2	1	9	4	6	7	3
4	6	8	5	7	3	9	1	2
7	2	5	9	1	6	3	4	8
9	1	3	8	4	2	5	6	7

Page 85 — Puzzle 2

1	6	7	4	9	2	5	3	8
5	3	4	6	8	1	2	7	9
9	8	2	3	5	7	1	4	6
7	4	9	2	6	3	8	1	5
6	2	1	8	4	5	7	9	3
3	5	8	7	1	9	6	2	4
2	7	5	9	3	6	4	8	1
8	1	3	5	7	4	9	6	2
4	9	6	1	2	8	3	5	7

Page 86 — Puzzle 1

8	1	6	5	3	9	4	2	7
5	2	4	6	7	8	9	1	3
9	7	3	2	1	4	8	6	5
7	4	1	3	8	2	5	9	6
2	5	8	7	9	6	3	4	1
6	3	9	4	5	1	2	7	8
4	9	7	8	6	3	1	5	2
3	6	2	1	4	5	7	8	9
1	8	5	9	2	7	6	3	4

Page 86 — Puzzle 2

7	1	4	3	6	9	2	5	8
3	6	8	2	1	5	7	9	4
9	2	5	7	8	4	1	6	3
8	7	2	5	9	1	3	4	6
4	3	6	8	7	2	9	1	5
5	9	1	6	4	3	8	7	2
6	8	3	9	5	7	4	2	1
2	4	7	1	3	6	5	8	9
1	5	9	4	2	8	6	3	7

Puzzle 3 (upper-left, second row)

3	7	8	2	1	9	4	5	6
1	6	5	3	8	4	2	9	7
9	2	4	7	6	5	3	8	1
4	5	2	8	7	3	6	1	9
6	9	7	1	4	2	8	3	5
8	1	3	9	5	6	7	2	4
2	4	6	5	9	8	1	7	3
7	8	9	4	3	1	5	6	2
5	3	1	6	2	7	9	4	8

Puzzle 4 (second row)

8	5	4	2	7	1	9	3	6
3	6	1	4	9	5	2	8	7
9	2	7	6	8	3	4	5	1
2	4	8	7	3	9	6	1	5
1	7	9	5	6	2	8	4	3
6	3	5	1	4	8	7	9	2
5	8	3	9	2	7	1	6	4
7	9	6	3	1	4	5	2	8
4	1	2	8	5	6	3	7	9

Puzzle 5 (second row)

5	9	1	6	4	3	2	7	8
7	4	3	2	8	9	5	1	6
6	2	8	1	5	7	4	9	3
4	6	5	7	3	2	9	8	1
9	3	7	4	1	8	6	5	2
1	8	2	9	6	5	3	4	7
3	7	9	5	2	1	8	6	4
2	1	6	8	9	4	7	3	5
8	5	4	3	7	6	1	2	9

Puzzle 6 (second row)

4	8	2	9	3	5	7	1	6
7	3	5	1	8	6	2	4	9
1	9	6	4	7	2	8	3	5
3	4	7	5	6	8	1	9	2
6	1	8	2	9	4	3	5	7
5	2	9	3	1	7	6	8	4
8	5	1	6	2	9	4	7	3
2	7	4	8	5	3	9	6	1
9	6	3	7	4	1	5	2	8

Page 87 — Puzzle 1

5	1	6	7	3	2	4	9	8
7	9	2	8	6	4	5	3	1
4	3	8	5	1	9	7	2	6
6	4	9	2	5	8	1	7	3
2	5	3	6	7	1	8	4	9
1	8	7	4	9	3	6	5	2
3	2	4	1	8	7	9	6	5
9	6	1	3	4	5	2	8	7
8	7	5	9	2	6	3	1	4

Page 87 — Puzzle 2

6	1	5	9	8	3	7	4	2
3	2	9	1	7	4	5	8	6
8	4	7	6	2	5	3	9	1
5	8	2	3	4	6	1	7	9
1	3	6	7	9	2	8	5	4
7	9	4	8	5	1	6	2	3
9	6	8	4	1	7	2	3	5
2	7	1	5	3	9	4	6	8
4	5	3	2	6	8	9	1	7

Page 88 — Puzzle 1

7	1	2	9	8	3	6	5	4
8	6	9	5	7	4	3	1	2
4	5	3	1	2	6	9	7	8
1	4	5	8	6	9	7	2	3
2	9	7	3	5	1	8	4	6
3	8	6	2	4	7	5	9	1
9	7	1	4	3	8	2	6	5
5	3	4	6	9	2	1	8	7
6	2	8	7	1	5	4	3	9

Page 88 — Puzzle 2

3	2	1	4	8	6	7	5	9
4	7	5	2	3	9	8	1	6
6	9	8	5	1	7	3	2	4
9	6	7	8	2	5	4	3	1
8	1	2	3	9	4	5	6	7
5	4	3	6	7	1	9	8	2
7	3	9	1	6	8	2	4	5
1	8	4	9	5	2	6	7	3
2	5	6	7	4	3	1	9	8

Puzzle (bottom row, 1st)

3	5	1	2	4	7	8	6	9
2	4	9	8	1	6	7	3	5
8	7	6	3	5	9	2	1	4
9	1	5	7	3	8	6	4	2
4	2	3	6	9	5	1	8	7
6	8	7	4	2	1	5	9	3
7	9	2	1	8	3	4	5	6
1	3	4	5	6	2	9	7	8
5	6	8	9	7	4	3	2	1

Puzzle (bottom row, 2nd)

7	3	9	4	1	5	6	2	8
5	2	1	3	8	6	4	7	9
6	8	4	7	2	9	1	5	3
1	9	6	2	7	3	8	4	5
2	4	3	9	5	8	7	1	6
8	7	5	6	4	1	3	9	2
9	5	7	8	3	4	2	6	1
4	1	8	5	6	2	9	3	7
3	6	2	1	9	7	5	8	4

Puzzle (bottom row, 3rd)

8	6	1	5	2	7	9	3	4
4	2	7	1	9	3	8	6	5
9	5	3	6	4	8	1	7	2
5	3	9	8	1	6	4	2	7
7	8	4	9	3	2	6	5	1
6	1	2	4	7	5	3	8	9
2	9	5	3	8	4	7	1	6
3	4	6	7	5	1	2	9	8
1	7	8	2	6	9	5	4	3

Puzzle (bottom row, 4th)

2	6	4	8	9	5	3	7	1
5	8	3	1	7	4	2	6	9
7	1	9	2	6	3	4	8	5
3	2	7	6	5	1	8	9	4
9	5	1	7	4	8	6	2	3
8	4	6	3	2	9	1	5	7
1	9	8	5	3	2	7	4	6
4	7	2	9	1	6	5	3	8
6	3	5	4	8	7	9	1	2

Page 89

4	1	3	9	7	5	8	2	6
7	6	8	1	4	2	9	5	3
2	5	9	8	3	6	4	7	1
5	9	6	7	2	8	3	1	4
1	2	4	5	9	3	7	6	8
8	3	7	6	1	4	5	9	2
3	4	5	2	6	9	1	8	7
6	8	1	3	5	7	2	4	9
9	7	2	4	8	1	6	3	5

6	8	3	1	7	9	4	2	5
7	1	4	8	2	5	3	9	6
2	5	9	4	6	3	8	1	7
1	9	8	6	3	7	2	5	4
5	6	2	9	1	4	7	3	8
4	3	7	2	5	8	9	6	1
9	2	6	7	8	1	5	4	3
8	4	5	3	9	6	1	7	2
3	7	1	5	4	2	6	8	9

Page 90

9	4	3	5	6	1	2	8	7
7	6	2	9	3	8	4	1	5
1	8	5	7	4	2	9	6	3
5	9	4	3	8	7	1	2	6
8	1	6	4	2	5	7	3	9
3	2	7	1	9	6	8	5	4
4	5	1	2	7	3	6	9	8
6	3	9	8	1	4	5	7	2
2	7	8	6	5	9	3	4	1

8	6	5	7	2	1	4	9	3
1	3	9	8	6	4	2	5	7
2	4	7	5	9	3	6	8	1
3	1	2	4	7	5	9	6	8
5	7	8	6	3	9	1	4	2
4	9	6	2	1	8	3	7	5
7	5	3	1	4	6	8	2	9
9	2	4	3	8	7	5	1	6
6	8	1	9	5	2	7	3	4

4	2	6	1	3	7	5	8	9
5	9	3	8	4	6	2	1	7
7	8	1	5	9	2	6	3	4
3	1	8	7	6	9	4	2	5
2	4	7	3	1	5	9	6	8
9	6	5	4	2	8	3	7	1
1	7	4	2	5	3	8	9	6
6	5	2	9	8	1	7	4	3
8	3	9	6	7	4	1	5	2

3	1	6	5	2	8	7	9	4
7	4	9	3	1	6	8	2	5
2	8	5	4	9	7	6	1	3
6	2	7	8	4	1	5	3	9
8	5	1	7	3	9	4	6	2
9	3	4	6	5	2	1	8	7
4	9	3	1	6	5	2	7	8
5	6	8	2	7	3	9	4	1
1	7	2	9	8	4	3	5	6

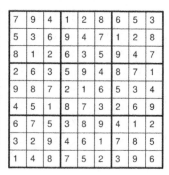

5	2	9	7	4	6	3	8	1
3	7	4	9	8	1	2	6	5
6	1	8	5	2	3	9	4	7
9	4	7	8	1	5	6	2	3
2	3	5	4	6	9	1	7	8
1	8	6	2	3	7	4	5	9
8	5	3	6	9	2	7	1	4
4	6	1	3	7	8	5	9	2
7	9	2	1	5	4	8	3	6

8	7	6	9	2	5	1	4	3
5	3	4	7	1	8	9	6	2
9	1	2	6	4	3	8	5	7
4	5	7	8	6	1	2	3	9
1	6	8	3	9	2	4	7	5
3	2	9	5	7	4	6	1	8
7	9	5	4	8	6	3	2	1
2	4	3	1	5	9	7	8	6
6	8	1	2	3	7	5	9	4

Page 91

8	6	2	4	9	5	1	3	7
4	7	1	2	8	3	9	6	5
5	9	3	7	6	1	8	4	2
9	1	5	3	7	8	4	2	6
3	8	4	6	5	2	7	9	1
7	2	6	9	1	4	5	8	3
6	3	8	1	4	7	2	5	9
2	4	7	5	3	9	6	1	8
1	5	9	8	2	6	3	7	4

8	3	7	9	4	5	1	6	2
5	4	9	2	1	6	8	3	7
2	1	6	7	3	8	5	4	9
4	6	1	8	9	3	7	2	5
9	8	2	6	5	7	4	1	3
3	7	5	1	2	4	9	8	6
7	5	4	3	8	2	6	9	1
6	9	3	4	7	1	2	5	8
1	2	8	5	6	9	3	7	4

Page 92

7	9	4	1	2	8	6	5	3
5	3	6	9	4	7	1	2	8
8	1	2	6	3	5	9	4	7
2	6	3	5	9	4	8	7	1
9	8	7	2	1	6	5	3	4
4	5	1	8	7	3	2	6	9
6	7	5	3	8	9	4	1	2
3	2	9	4	6	1	7	8	5
1	4	8	7	5	2	3	9	6

7	4	3	8	1	9	2	6	5
2	6	9	5	3	7	4	8	1
8	1	5	6	2	4	7	3	9
9	8	1	2	6	5	3	7	4
5	2	7	3	4	8	9	1	6
6	3	4	7	9	1	8	5	2
4	7	8	1	5	2	6	9	3
1	9	6	4	8	3	5	2	7
3	5	2	9	7	6	1	4	8

3	6	9	1	8	4	2	7	5
4	7	8	5	9	2	1	6	3
2	1	5	7	3	6	8	4	9
9	4	2	6	7	1	5	3	8
5	8	6	3	2	9	7	1	4
7	3	1	4	5	8	9	2	6
8	5	3	2	6	7	4	9	1
6	2	4	9	1	5	3	8	7
1	9	7	8	4	3	6	5	2

3	2	6	7	9	8	5	4	1
8	7	5	1	4	6	2	9	3
4	9	1	5	2	3	6	7	8
1	3	8	4	5	9	7	2	6
6	4	7	8	1	2	9	3	5
9	5	2	3	6	7	1	8	4
7	8	9	6	3	5	4	1	2
5	1	3	2	7	4	8	6	9
2	6	4	9	8	1	3	5	7

1	3	7	6	4	5	2	8	9
4	5	8	7	2	9	6	1	3
6	2	9	1	8	3	5	7	4
7	8	4	2	3	1	9	5	6
3	6	2	5	9	7	1	4	8
9	1	5	8	6	4	7	3	2
8	4	1	9	5	2	3	6	7
2	7	6	3	1	8	4	9	5
5	9	3	4	7	6	8	2	1

7	3	4	9	2	6	5	1	8
2	8	6	4	5	1	7	9	3
1	5	9	8	7	3	6	2	4
9	1	3	5	8	7	4	6	2
8	4	7	2	6	9	1	3	5
6	2	5	3	1	4	8	7	9
4	6	8	1	3	2	9	5	7
3	9	1	7	4	5	2	8	6
5	7	2	6	9	8	3	4	1

Page 93

2	3	5	9	1	6	8	7	4
9	8	1	2	7	4	3	5	6
6	4	7	3	5	8	9	2	1
8	2	9	5	3	1	4	6	7
3	1	4	8	6	7	5	9	2
5	7	6	4	9	2	1	3	8
4	6	3	7	8	5	2	1	9
1	9	8	6	2	3	7	4	5
7	5	2	1	4	9	6	8	3

9	8	7	3	6	2	4	5	1
5	6	1	4	8	7	9	2	3
4	3	2	5	1	9	7	8	6
7	5	3	9	2	1	6	4	8
6	4	8	7	3	5	1	9	2
1	2	9	8	4	6	3	7	5
8	1	4	2	7	3	5	6	9
3	7	5	6	9	8	2	1	4
2	9	6	1	5	4	8	3	7

Page 94

8	4	9	7	1	2	3	5	6
3	7	6	9	8	5	2	1	4
2	5	1	4	3	6	7	8	9
7	9	4	3	5	8	6	2	1
1	8	2	6	4	9	5	3	7
6	3	5	2	7	1	9	4	8
5	1	3	8	9	7	4	6	2
9	2	8	5	6	4	1	7	3
4	6	7	1	2	3	8	9	5

5	9	8	1	6	2	3	4	7
7	3	1	8	9	4	2	6	5
4	6	2	5	3	7	9	8	1
9	7	4	6	5	3	1	2	8
8	2	6	9	7	1	5	3	4
1	5	3	4	2	8	6	7	9
2	1	9	7	8	6	4	5	3
6	8	5	3	4	9	7	1	2
3	4	7	2	1	5	8	9	6

3	5	8	2	9	1	7	6	4
4	6	9	3	8	7	2	5	1
7	1	2	4	6	5	3	8	9
5	8	3	1	4	2	6	9	7
9	7	6	5	3	8	4	1	2
2	4	1	9	7	6	8	3	5
8	3	4	7	5	9	1	2	6
1	9	7	6	2	3	5	4	8
6	2	5	8	1	4	9	7	3

4	8	3	5	6	9	2	1	7
9	1	5	3	2	7	6	8	4
7	2	6	8	4	1	5	9	3
8	3	2	7	5	4	9	6	1
5	4	1	9	8	6	7	3	2
6	9	7	1	3	2	4	5	8
2	7	9	6	1	8	3	4	5
3	6	8	4	7	5	1	2	9
1	5	4	2	9	3	8	7	6

6	3	2	1	9	5	7	8	4
4	9	5	8	6	7	2	1	3
7	8	1	2	4	3	6	5	9
1	6	7	3	2	8	4	9	5
2	4	9	5	1	6	8	3	7
3	5	8	9	7	4	1	6	2
5	2	6	7	8	9	3	4	1
8	7	3	4	5	1	9	2	6
9	1	4	6	3	2	5	7	8

1	3	6	9	5	7	2	8	4
9	4	8	3	2	1	6	5	7
5	2	7	8	6	4	3	1	9
4	9	2	1	3	8	7	6	5
7	1	5	2	9	6	4	3	8
8	6	3	7	4	5	9	2	1
6	8	1	4	7	3	5	9	2
2	5	4	6	1	9	8	7	3
3	7	9	5	8	2	1	4	6

Page 95

3	8	2	7	1	5	6	9	4
6	5	7	2	9	4	3	8	1
9	1	4	8	3	6	2	5	7
8	6	1	5	4	9	7	3	2
7	3	5	1	2	8	9	4	6
2	4	9	6	7	3	8	1	5
5	7	3	9	6	1	4	2	8
4	2	8	3	5	7	1	6	9
1	9	6	4	8	2	5	7	3

5	2	8	6	1	7	3	9	4
9	3	1	2	5	4	7	6	8
6	7	4	3	9	8	5	2	1
8	5	2	1	6	3	9	4	7
1	4	9	8	7	2	6	5	3
3	6	7	9	4	5	1	8	2
7	9	5	4	8	1	2	3	6
4	1	3	5	2	6	8	7	9
2	8	6	7	3	9	4	1	5

Page 96

7	4	8	5	2	3	9	6	1
2	6	3	1	9	7	5	8	4
5	9	1	4	6	8	7	2	3
4	3	6	7	8	2	1	9	5
9	5	2	3	4	1	6	7	8
1	8	7	9	5	6	4	3	2
3	2	4	6	7	5	8	1	9
6	1	9	8	3	4	2	5	7
8	7	5	2	1	9	3	4	6

1	9	8	7	2	5	3	4	6
3	7	5	9	6	4	2	8	1
4	2	6	8	1	3	9	5	7
6	1	9	3	7	8	5	2	4
5	4	7	2	9	6	1	3	8
8	3	2	4	5	1	7	6	9
9	8	1	6	3	2	4	7	5
2	5	4	1	8	7	6	9	3
7	6	3	5	4	9	8	1	2

7	3	8	1	9	6	2	4	5
4	5	2	7	3	8	1	9	6
6	1	9	2	5	4	3	8	7
3	6	5	8	2	9	7	1	4
9	8	4	6	7	1	5	3	2
2	7	1	3	4	5	9	6	8
5	9	7	4	6	3	8	2	1
1	4	3	5	8	2	6	7	9
8	2	6	9	1	7	4	5	3

9	5	8	7	1	3	2	6	4
3	7	6	4	9	2	5	8	1
1	4	2	5	8	6	3	7	9
4	1	9	6	3	5	8	2	7
5	6	7	2	4	8	1	9	3
8	2	3	9	7	1	4	5	6
2	8	1	3	6	7	9	4	5
7	3	4	8	5	9	6	1	2
6	9	5	1	2	4	7	3	8

1	8	6	4	9	2	7	3	5
4	7	5	8	6	3	1	2	9
3	2	9	5	7	1	8	4	6
8	9	3	7	4	5	6	1	2
6	5	4	1	2	9	3	8	7
7	1	2	6	3	8	5	9	4
9	4	7	3	1	6	2	5	8
2	3	8	9	5	7	4	6	1
5	6	1	2	8	4	9	7	3

7	2	3	9	1	5	4	8	6
6	8	1	3	2	4	5	9	7
5	4	9	6	7	8	1	2	3
1	7	5	2	6	3	8	4	9
2	9	4	1	8	7	3	6	5
3	6	8	4	5	9	2	7	1
9	1	7	5	4	2	6	3	8
4	3	6	8	9	1	7	5	2
8	5	2	7	3	6	9	1	4

Page 97

Grid 1:

4	8	3	9	6	7	2	1	5
1	2	7	4	5	3	9	6	8
5	6	9	8	1	2	7	3	4
7	5	6	1	9	8	3	4	2
3	9	4	2	7	6	5	8	1
2	1	8	3	4	5	6	7	9
6	3	2	5	8	1	4	9	7
9	7	1	6	2	4	8	5	3
8	4	5	7	3	9	1	2	6

Grid 2:

1	4	5	3	7	9	6	2	8
7	6	8	1	5	2	9	3	4
3	9	2	8	4	6	1	5	7
4	3	9	6	1	8	2	7	5
8	2	6	7	9	5	3	4	1
5	7	1	4	2	3	8	6	9
6	5	7	2	8	1	4	9	3
9	8	3	5	6	4	7	1	2
2	1	4	9	3	7	5	8	6

Page 98

Grid 3:

8	2	4	5	1	6	7	9	3
1	9	6	7	4	3	2	5	8
5	3	7	9	2	8	1	4	6
3	7	8	1	9	5	6	2	4
6	4	9	2	3	7	8	1	5
2	1	5	8	6	4	9	3	7
9	5	3	6	8	2	4	7	1
7	8	1	4	5	9	3	6	2
4	6	2	3	7	1	5	8	9

Grid 4:

9	4	8	5	6	3	7	1	2
7	6	2	8	1	9	5	3	4
3	5	1	7	4	2	9	6	8
1	2	3	4	9	7	8	5	6
5	9	6	2	8	1	4	7	3
4	8	7	3	5	6	2	9	1
2	7	4	6	3	5	1	8	9
6	1	5	9	2	8	3	4	7
8	3	9	1	7	4	6	2	5

Grid 5:

5	6	3	2	1	7	9	4	8
9	8	4	5	6	3	7	2	1
7	1	2	4	8	9	5	6	3
8	3	6	9	2	1	4	5	7
1	4	9	3	7	5	6	8	2
2	5	7	8	4	6	1	3	9
4	9	5	7	3	8	2	1	6
3	2	1	6	9	4	8	7	5
6	7	8	1	5	2	3	9	4

Grid 6:

1	3	8	7	2	4	9	5	6
9	5	2	6	8	3	1	4	7
4	7	6	5	9	1	2	8	3
2	1	7	8	6	5	3	9	4
8	9	3	4	1	2	7	6	5
6	4	5	3	7	9	8	2	1
5	2	1	9	3	6	4	7	8
3	8	4	2	5	7	6	1	9
7	6	9	1	4	8	5	3	2

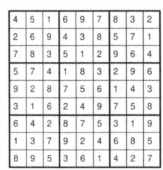

Grid 7:

9	6	7	8	2	4	5	3	1
8	1	3	6	5	7	4	2	9
5	2	4	9	1	3	8	6	7
3	8	9	2	7	5	6	1	4
1	4	2	3	8	6	7	9	5
7	5	6	4	9	1	2	8	3
6	7	5	1	3	2	9	4	8
2	3	8	7	4	9	1	5	6
4	9	1	5	6	8	3	7	2

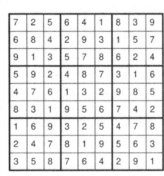

Grid 8:

1	3	8	6	9	4	7	2	5
4	6	7	5	2	1	9	8	3
5	2	9	7	3	8	6	1	4
7	8	3	1	4	5	2	6	9
9	4	2	3	7	6	8	5	1
6	1	5	9	8	2	4	3	7
2	7	1	4	6	3	5	9	8
8	5	4	2	1	9	3	7	6
3	9	6	8	5	7	1	4	2

Page 99

Grid 9:

8	5	3	7	2	4	6	9	1
9	1	4	3	5	6	7	8	2
6	7	2	9	1	8	4	5	3
4	9	6	2	7	1	8	3	5
2	3	7	4	8	5	1	6	9
1	8	5	6	3	9	2	7	4
7	4	1	5	6	3	9	2	8
5	6	9	8	4	2	3	1	7
3	2	8	1	9	7	5	4	6

Grid 10:

4	5	1	6	9	7	8	3	2
2	6	9	4	3	8	5	7	1
7	8	3	5	1	2	9	6	4
5	7	4	1	8	3	2	9	6
9	2	8	7	5	6	1	4	3
3	1	6	2	4	9	7	5	8
6	4	2	8	7	5	3	1	9
1	3	7	9	2	4	6	8	5
8	9	5	3	6	1	4	2	7

Page 100

Grid 11:

7	2	5	6	4	1	8	3	9
6	8	4	2	9	3	1	5	7
9	1	3	5	7	8	6	2	4
5	9	2	4	8	7	3	1	6
4	7	6	1	3	2	9	8	5
8	3	1	9	5	6	7	4	2
1	6	9	3	2	5	4	7	8
2	4	7	8	1	9	5	6	3
3	5	8	7	6	4	2	9	1

Grid 12:

8	6	3	1	2	7	5	9	4
7	9	2	8	5	4	6	3	1
5	4	1	9	3	6	7	2	8
9	8	5	7	1	3	4	6	2
1	7	4	6	8	2	3	5	9
3	2	6	5	4	9	1	8	7
6	5	9	4	7	8	2	1	3
2	1	7	3	9	5	8	4	6
4	3	8	2	6	1	9	7	5

Grid 13:

8	5	6	4	9	7	1	3	2
1	9	3	2	5	8	4	6	7
7	4	2	3	1	6	5	9	8
5	1	7	8	3	2	6	4	9
6	3	8	9	7	4	2	5	1
9	2	4	1	6	5	7	8	3
4	7	9	6	8	1	3	2	5
2	8	5	7	4	3	9	1	6
3	6	1	5	2	9	8	7	4

Grid 14:

9	3	6	4	7	2	8	5	1
5	8	4	9	3	1	6	2	7
2	1	7	6	5	8	4	9	3
8	4	1	3	2	9	7	6	5
7	5	3	8	4	6	9	1	2
6	2	9	5	1	7	3	8	4
3	9	5	2	6	4	1	7	8
1	6	2	7	8	3	5	4	9
4	7	8	1	9	5	2	3	6

Grid 15:

9	5	4	2	6	7	1	3	8
6	3	8	4	9	1	2	7	5
2	7	1	8	5	3	4	9	6
8	6	9	3	1	2	5	4	7
4	1	5	7	8	9	6	2	3
3	2	7	5	4	6	8	1	9
5	9	2	6	7	4	3	8	1
1	4	6	9	3	8	7	5	2
7	8	3	1	2	5	9	6	4

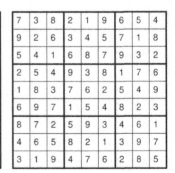

Grid 16:

7	3	8	2	1	9	6	5	4
9	2	6	3	4	5	7	1	8
5	4	1	6	8	7	9	3	2
2	5	4	9	3	8	1	7	6
1	8	3	7	6	2	5	4	9
6	9	7	1	5	4	8	2	3
8	7	2	5	9	3	4	6	1
4	6	5	8	2	1	3	9	7
3	1	9	4	7	6	2	8	5

Page 101

Grid 1:
```
6 5 8 | 1 3 2 | 7 4 9
4 9 3 | 7 8 5 | 2 6 1
1 7 2 | 6 9 4 | 8 3 5
------+-------+------
8 1 6 | 5 7 9 | 4 2 3
5 2 7 | 4 6 3 | 9 1 8
9 3 4 | 8 2 1 | 6 5 7
------+-------+------
7 6 1 | 3 4 8 | 5 9 2
3 8 9 | 2 5 6 | 1 7 4
2 4 5 | 9 1 7 | 3 8 6
```

Grid 2:
```
7 2 5 | 1 9 4 | 3 8 6
6 8 1 | 7 3 2 | 5 9 4
4 9 3 | 5 8 6 | 7 2 1
------+-------+------
5 1 4 | 2 7 3 | 8 6 9
3 7 8 | 6 1 9 | 4 5 2
2 6 9 | 4 5 8 | 1 3 7
------+-------+------
8 3 2 | 9 4 7 | 6 1 5
9 5 7 | 3 6 1 | 2 4 8
1 4 6 | 8 2 5 | 9 7 3
```

Page 102

Grid 3:
```
3 9 5 | 6 2 1 | 4 8 7
8 6 4 | 7 5 3 | 2 1 9
2 7 1 | 4 9 8 | 3 5 6
------+-------+------
7 5 3 | 8 6 9 | 1 4 2
4 8 9 | 1 3 2 | 6 7 5
1 2 6 | 5 7 4 | 8 9 3
------+-------+------
9 3 8 | 2 4 7 | 5 6 1
6 1 7 | 3 8 5 | 9 2 4
5 4 2 | 9 1 6 | 7 3 8
```

Grid 4:
```
5 8 2 | 4 7 9 | 3 1 6
4 3 6 | 5 2 1 | 9 7 8
1 9 7 | 3 8 6 | 2 4 5
------+-------+------
3 5 9 | 8 4 2 | 1 6 7
2 6 1 | 7 9 5 | 8 3 4
7 4 8 | 1 6 3 | 5 2 9
------+-------+------
8 7 3 | 2 5 4 | 6 9 1
9 1 4 | 6 3 8 | 7 5 2
6 2 5 | 9 1 7 | 4 8 3
```

Grid 5:
```
5 9 6 | 7 3 2 | 4 1 8
7 4 2 | 1 8 6 | 5 3 9
3 8 1 | 9 5 4 | 7 6 2
------+-------+------
6 1 4 | 8 7 5 | 2 9 3
9 5 3 | 2 4 1 | 8 7 6
2 7 8 | 3 6 9 | 1 4 5
------+-------+------
4 3 9 | 5 2 7 | 6 8 1
1 2 7 | 6 9 8 | 3 5 4
8 6 5 | 4 1 3 | 9 2 7
```

Grid 6:
```
3 9 1 | 2 6 4 | 5 8 7
2 8 7 | 3 9 5 | 1 4 6
4 5 6 | 8 7 1 | 9 3 2
------+-------+------
9 4 3 | 5 8 6 | 2 7 1
7 2 8 | 4 1 9 | 6 5 3
1 6 5 | 7 3 2 | 4 9 8
------+-------+------
5 3 2 | 6 4 8 | 7 1 9
8 1 4 | 9 2 7 | 3 6 5
6 7 9 | 1 5 3 | 8 2 4
```

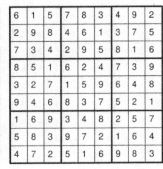

Grid 7:
```
3 6 4 | 8 9 5 | 2 1 7
9 1 5 | 2 3 7 | 4 8 6
2 8 7 | 1 6 4 | 9 5 3
------+-------+------
4 5 3 | 6 8 1 | 7 9 2
6 9 1 | 7 2 3 | 8 4 5
1 2 8 | 9 7 6 | 5 3 4
------+-------+------
8 7 2 | 4 5 9 | 3 6 1
5 4 9 | 3 1 2 | 6 7 8
7 3 6 | 5 4 8 | 1 2 9
```

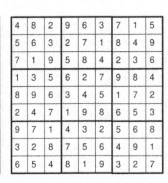

Grid 8:
```
8 9 4 | 6 2 3 | 5 1 7
1 6 5 | 7 9 8 | 2 3 4
2 3 7 | 4 5 1 | 6 8 9
------+-------+------
7 2 3 | 1 4 5 | 9 6 8
6 8 1 | 9 7 2 | 3 4 5
4 5 9 | 8 3 6 | 1 7 2
------+-------+------
5 1 8 | 2 6 7 | 4 9 3
3 4 6 | 5 8 9 | 7 2 1
9 7 2 | 3 1 4 | 8 5 6
```

Page 103

Grid 9:
```
7 5 9 | 6 4 2 | 8 1 3
8 2 1 | 5 9 3 | 6 7 4
3 6 4 | 8 7 1 | 2 5 9
------+-------+------
2 1 3 | 7 5 6 | 4 9 8
5 8 6 | 9 2 4 | 7 3 1
9 4 7 | 1 3 8 | 5 2 6
------+-------+------
4 3 8 | 2 1 7 | 9 6 5
1 7 5 | 4 6 9 | 3 8 2
6 9 2 | 3 8 5 | 1 4 7
```

Grid 10:
```
2 7 1 | 3 4 8 | 6 9 5
8 3 6 | 2 9 5 | 1 7 4
5 4 9 | 1 6 7 | 2 8 3
------+-------+------
3 6 2 | 4 8 1 | 9 5 7
4 1 5 | 6 7 9 | 3 2 8
7 9 8 | 5 2 3 | 4 1 6
------+-------+------
1 8 7 | 9 3 4 | 5 6 2
6 5 3 | 7 1 2 | 8 4 9
9 2 4 | 8 5 6 | 7 3 1
```

Page 104

Grid 11:
```
6 1 5 | 7 8 3 | 4 9 2
2 9 8 | 4 6 1 | 3 7 5
7 3 4 | 2 9 5 | 8 1 6
------+-------+------
8 5 1 | 6 2 4 | 7 3 9
3 2 7 | 1 5 9 | 6 4 8
9 4 6 | 8 3 7 | 5 2 1
------+-------+------
1 6 9 | 3 4 8 | 2 5 7
5 8 3 | 9 7 2 | 1 6 4
4 7 2 | 5 1 6 | 9 8 3
```

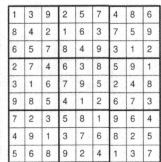

Grid 12:
```
4 8 2 | 9 6 3 | 7 1 5
5 6 3 | 2 7 1 | 8 4 9
7 1 9 | 5 8 4 | 2 3 6
------+-------+------
1 3 5 | 6 2 7 | 9 8 4
8 9 6 | 3 4 5 | 1 7 2
2 4 7 | 1 9 8 | 6 5 3
------+-------+------
9 7 1 | 4 3 2 | 5 6 8
3 2 8 | 7 5 6 | 4 9 1
6 5 4 | 8 1 9 | 3 2 7
```

Grid 13:
```
4 7 2 | 3 1 6 | 8 5 9
8 5 6 | 2 7 9 | 1 4 3
1 9 3 | 8 5 4 | 7 2 6
------+-------+------
7 1 8 | 4 3 5 | 9 6 2
5 2 4 | 6 9 7 | 3 1 8
3 6 9 | 1 8 2 | 5 7 4
------+-------+------
2 8 7 | 5 6 3 | 4 9 1
9 4 1 | 7 2 8 | 6 3 5
6 3 5 | 9 4 1 | 2 8 7
```

Grid 14:
```
2 5 8 | 7 1 4 | 3 6 9
6 7 3 | 2 9 8 | 5 4 1
9 1 4 | 5 6 3 | 7 8 2
------+-------+------
3 6 7 | 9 5 2 | 4 1 8
5 9 2 | 4 8 1 | 6 7 3
8 4 1 | 6 3 7 | 9 2 5
------+-------+------
4 3 6 | 1 2 9 | 8 5 7
1 8 5 | 3 7 6 | 2 9 4
7 2 9 | 8 4 5 | 1 3 6
```

Grid 15:
```
6 1 5 | 9 2 3 | 7 8 4
8 4 3 | 1 7 5 | 9 6 2
7 9 2 | 4 8 6 | 5 3 1
------+-------+------
5 8 7 | 2 1 9 | 6 4 3
3 6 1 | 7 5 4 | 8 2 9
9 2 4 | 3 6 8 | 1 7 5
------+-------+------
4 5 8 | 6 9 2 | 3 1 7
2 7 6 | 5 3 1 | 4 9 8
1 3 9 | 8 4 7 | 2 5 6
```

Grid 16:
```
1 3 9 | 2 5 7 | 4 8 6
8 4 2 | 1 6 3 | 7 5 9
6 5 7 | 8 4 9 | 3 1 2
------+-------+------
2 7 4 | 6 3 8 | 5 9 1
3 1 6 | 7 9 5 | 2 4 8
9 8 5 | 4 1 2 | 6 7 3
------+-------+------
7 2 3 | 5 8 1 | 9 6 4
4 9 1 | 3 7 6 | 8 2 5
5 6 8 | 9 2 4 | 1 3 7
```

Page 105

7	4	2	1	6	8	9	3	5
1	5	3	2	4	9	7	8	6
6	9	8	3	7	5	1	4	2
8	3	4	9	5	1	6	2	7
2	7	1	4	8	6	5	9	3
9	6	5	7	3	2	8	1	4
3	8	6	5	1	4	2	7	9
5	2	7	8	9	3	4	6	1
4	1	9	6	2	7	3	5	8

2	4	8	9	6	1	5	3	7
9	3	1	4	5	7	2	6	8
6	5	7	8	3	2	1	9	4
4	6	5	1	9	3	8	7	2
1	7	3	6	2	8	4	5	9
8	9	2	5	7	4	3	1	6
3	1	6	2	4	9	7	8	5
7	2	9	3	8	5	6	4	1
5	8	4	7	1	6	9	2	3

Page 106

7	1	3	4	8	2	6	5	9
4	5	9	3	7	6	2	8	1
8	2	6	1	5	9	4	7	3
1	9	8	2	3	7	5	4	6
2	6	7	5	9	4	3	1	8
5	3	4	6	1	8	7	9	2
6	8	1	7	4	3	9	2	5
3	4	5	9	2	1	8	6	7
9	7	2	8	6	5	1	3	4

6	8	9	7	4	1	3	2	5
4	3	2	5	8	9	6	7	1
5	7	1	2	6	3	4	8	9
1	6	7	8	9	4	2	5	3
8	9	3	6	2	5	7	1	4
2	4	5	3	1	7	8	9	6
3	2	4	9	5	8	1	6	7
9	1	8	4	7	6	5	3	2
7	5	6	1	3	2	9	4	8

2	4	8	9	1	7	5	6	3
1	3	9	4	6	5	8	2	7
5	7	6	2	3	8	1	9	4
6	8	7	5	4	9	2	3	1
9	2	5	3	8	1	7	4	6
3	1	4	6	7	2	9	5	8
8	6	2	7	9	4	3	1	5
4	5	1	8	2	3	6	7	9
7	9	3	1	5	6	4	8	2

6	3	5	4	1	9	8	2	7
2	7	4	8	5	6	3	1	9
1	9	8	2	3	7	5	4	6
3	2	6	9	4	8	1	7	5
7	5	9	6	2	1	4	3	8
4	8	1	3	7	5	9	6	2
5	6	2	1	9	3	7	8	4
9	4	3	7	8	2	6	5	1
8	1	7	5	6	4	2	9	3

3	8	7	6	4	5	9	1	2
5	2	6	1	3	9	4	8	7
1	4	9	2	8	7	3	5	6
6	5	3	9	7	4	1	2	8
9	7	8	3	2	1	6	4	5
4	1	2	8	5	6	7	3	9
8	9	5	7	1	3	2	6	4
2	6	1	4	9	8	5	7	3
7	3	4	5	6	2	8	9	1

6	8	9	4	5	2	3	7	1
5	7	2	8	1	3	9	4	6
3	1	4	9	6	7	2	5	8
7	4	6	2	3	1	5	8	9
1	5	3	6	8	9	4	2	7
9	2	8	7	4	5	6	1	3
4	9	5	1	7	6	8	3	2
2	3	7	5	9	8	1	6	4
8	6	1	3	2	4	7	9	5

Page 107

7	6	9	4	5	1	3	2	8
4	3	1	6	2	8	7	9	5
2	8	5	7	3	9	1	6	4
3	7	4	8	6	5	9	1	2
9	1	8	3	4	2	5	7	6
5	2	6	9	1	7	4	8	3
6	4	2	1	9	3	8	5	7
1	5	7	2	8	4	6	3	9
8	9	3	5	7	6	2	4	1

1	2	6	9	5	4	8	7	3
7	5	8	2	1	3	6	9	4
4	3	9	6	7	8	5	2	1
3	7	5	4	9	2	1	8	6
8	9	4	3	6	1	7	5	2
2	6	1	7	8	5	4	3	9
5	4	7	1	3	9	2	6	8
9	8	2	5	4	6	3	1	7
6	1	3	8	2	7	9	4	5

Page 108

6	1	7	3	5	2	9	4	8
5	8	3	7	9	4	2	6	1
2	9	4	1	6	8	3	7	5
8	4	9	6	7	5	1	3	2
3	2	1	8	4	9	6	5	7
7	6	5	2	3	1	8	9	4
9	5	8	4	2	6	7	1	3
1	3	6	5	8	7	4	2	9
4	7	2	9	1	3	5	8	6

1	5	4	6	7	2	3	9	8
8	6	3	9	4	5	1	7	2
9	2	7	3	8	1	5	6	4
3	8	2	4	6	9	7	5	1
7	1	9	5	3	8	4	2	6
6	4	5	2	1	7	8	3	9
2	7	6	1	5	4	9	8	3
4	9	8	7	2	3	6	1	5
5	3	1	8	9	6	2	4	7

3	4	5	2	7	9	8	6	1
9	1	8	5	3	6	7	4	2
2	6	7	8	4	1	3	5	9
7	8	9	6	5	4	2	1	3
6	3	2	9	1	8	5	7	4
4	5	1	3	2	7	9	8	6
8	2	3	1	6	5	4	9	7
1	9	4	7	8	3	6	2	5
5	7	6	4	9	2	1	3	8

7	6	2	9	1	3	5	4	8
4	3	1	6	8	5	2	7	9
8	9	5	7	4	2	3	6	1
3	1	7	2	9	6	4	8	5
5	4	9	1	7	8	6	3	2
6	2	8	5	3	4	9	1	7
9	8	6	3	5	1	7	2	4
2	5	4	8	6	7	1	9	3
1	7	3	4	2	9	8	5	6

4	6	8	9	2	3	7	5	1
3	2	5	6	1	7	4	9	8
9	1	7	8	5	4	6	3	2
5	4	1	3	9	6	2	8	7
7	8	6	2	4	5	9	1	3
2	9	3	7	8	1	5	4	6
1	7	4	5	3	2	8	6	9
6	3	9	4	7	8	1	2	5
8	5	2	1	6	9	3	7	4

6	8	7	1	2	4	3	5	9
3	2	5	6	9	7	8	4	1
9	4	1	8	3	5	7	2	6
2	5	3	4	8	9	1	6	7
4	1	6	7	5	3	9	8	2
8	7	9	2	6	1	5	3	4
1	6	2	5	7	8	4	9	3
5	9	4	3	1	2	6	7	8
7	3	8	9	4	6	2	1	5

Page 109

Grid 1:
```
9 2 3 6 7 1 8 4 5
8 7 5 4 2 3 9 6 1
6 4 1 9 8 5 7 2 3
4 1 2 7 6 8 5 3 9
7 6 9 3 5 2 4 1 8
3 5 8 1 4 9 2 7 6
1 9 4 5 3 7 6 8 2
5 8 7 2 1 6 3 9 4
2 3 6 8 9 4 1 5 7
```

Grid 2:
```
7 6 3 9 4 2 8 5 1
9 4 8 1 3 5 6 2 7
5 1 2 6 7 8 4 9 3
4 7 1 8 6 9 5 3 2
6 8 9 2 5 3 7 1 4
3 2 5 4 1 7 9 6 8
8 5 6 3 2 4 1 7 9
2 9 7 5 8 1 3 4 6
1 3 4 7 9 6 2 8 5
```

Page 110

Grid 3:
```
8 5 9 2 4 1 3 6 7
2 7 3 6 5 8 1 9 4
6 4 1 3 7 9 8 5 2
3 6 7 4 9 5 2 1 8
9 1 8 7 6 2 4 3 5
5 2 4 8 1 3 6 7 9
4 8 5 1 3 7 9 2 6
7 3 6 9 2 4 5 8 1
1 9 2 5 8 6 7 4 3
```

Grid 4:
```
5 4 7 6 9 2 3 1 8
9 8 2 3 1 5 6 7 4
6 1 3 8 7 4 5 2 9
8 5 4 9 2 7 1 3 6
7 6 1 5 8 3 9 4 2
2 3 9 4 6 1 7 8 5
1 7 8 2 5 9 4 6 3
3 9 6 1 4 8 2 5 7
4 2 5 7 3 6 8 9 1
```

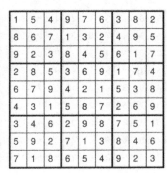

Grid 5:
```
3 1 2 8 5 9 6 7 4
6 9 7 3 2 4 5 1 8
4 8 5 1 7 6 9 2 3
1 2 6 4 9 7 3 8 5
5 3 8 2 6 1 7 4 9
9 7 4 5 3 8 1 6 2
8 6 9 7 4 3 2 5 1
7 5 1 9 8 2 4 3 6
2 4 3 6 1 5 8 9 7
```

Grid 6:
```
2 3 7 1 4 5 8 6 9
9 5 1 7 8 6 4 2 3
4 8 6 2 9 3 5 1 7
6 9 4 8 7 2 1 3 5
8 7 2 3 5 1 6 9 4
3 1 5 9 6 4 2 7 8
1 6 9 4 3 8 7 5 2
7 2 8 5 1 9 3 4 6
5 4 3 6 2 7 9 8 1
```

Grid 7:
```
9 7 6 4 8 3 2 5 1
4 3 2 7 1 5 8 6 9
5 1 8 6 2 9 4 3 7
8 5 7 3 4 2 9 1 6
3 6 4 9 5 1 7 8 2
2 9 1 8 7 6 3 4 5
7 8 5 2 6 4 1 9 3
6 4 3 1 9 7 5 2 8
1 2 9 5 3 8 6 7 4
```

Grid 8:
```
6 1 9 3 4 7 8 5 2
5 2 4 9 8 6 3 1 7
7 3 8 1 5 2 9 4 6
4 6 2 8 1 3 7 9 5
1 9 3 6 7 5 4 2 8
8 7 5 4 2 9 1 6 3
2 4 7 5 9 8 6 3 1
3 5 1 7 6 4 2 8 9
9 8 6 2 3 1 5 7 4
```

Page 111

Grid 9:
```
6 9 3 5 8 7 4 1 2
1 4 8 3 2 6 7 9 5
5 7 2 9 4 1 8 3 6
3 6 4 1 5 8 2 7 9
2 1 5 7 9 4 3 6 8
9 8 7 6 3 2 5 4 1
4 5 9 2 1 3 6 8 7
8 2 6 4 7 9 1 5 3
7 3 1 8 6 5 9 2 4
```

Grid 10:
```
1 5 4 9 7 6 3 8 2
8 6 7 1 3 2 4 9 5
9 2 3 8 4 5 6 1 7
2 8 5 3 6 9 1 7 4
6 7 9 4 2 1 5 3 8
4 3 1 5 8 7 2 6 9
3 4 6 2 9 8 7 5 1
5 9 2 7 1 3 8 4 6
7 1 8 6 5 4 9 2 3
```

Page 112

Grid 11:
```
8 9 5 3 1 7 4 2 6
2 7 4 6 8 5 3 9 1
1 6 3 2 4 9 5 7 8
3 4 2 9 6 8 1 5 7
9 5 8 4 7 1 6 3 2
7 1 6 5 2 3 9 8 4
6 2 9 7 3 4 8 1 5
5 8 7 1 9 6 2 4 3
4 3 1 8 5 2 7 6 9
```

Grid 12:
```
9 3 2 7 6 8 1 5 4
6 5 8 1 4 2 7 9 3
1 4 7 9 3 5 6 8 2
8 6 1 2 9 3 4 7 5
5 9 4 6 1 7 3 2 8
2 7 3 5 8 4 9 6 1
7 2 9 4 5 1 8 3 6
4 8 6 3 2 9 5 1 7
3 1 5 8 7 6 2 4 9
```

Grid 13:
```
4 1 9 2 3 6 8 5 7
8 7 5 4 1 9 3 6 2
2 3 6 5 7 8 4 9 1
9 4 7 3 6 5 2 1 8
1 5 3 8 2 4 9 7 6
6 8 2 7 9 1 5 4 3
5 2 1 6 4 3 7 8 9
3 9 4 1 8 7 6 2 5
7 6 8 9 5 2 1 3 4
```

Grid 14:
```
9 4 3 7 5 2 8 6 1
8 1 7 9 6 3 4 5 2
5 6 2 8 1 4 7 9 3
3 7 6 2 4 8 5 1 9
4 9 5 1 7 6 2 3 8
1 2 8 5 3 9 6 7 4
2 3 9 6 8 7 1 4 5
6 8 1 4 9 5 3 2 7
7 5 4 3 2 1 9 8 6
```

Grid 15:
```
4 1 8 2 6 7 5 9 3
5 3 9 4 1 8 6 2 7
6 7 2 5 9 3 4 8 1
8 9 3 6 2 4 1 7 5
1 6 4 8 7 5 9 3 2
2 5 7 1 3 9 8 4 6
9 8 1 7 5 2 3 6 4
7 4 6 3 8 1 2 5 9
3 2 5 9 4 6 7 1 8
```

Grid 16:
```
2 7 1 8 3 4 9 5 6
5 4 6 7 2 9 8 3 1
9 3 8 5 1 6 7 2 4
6 2 5 4 9 3 1 7 8
8 9 3 1 7 5 6 4 2
4 1 7 6 8 2 5 9 3
1 6 2 3 5 7 4 8 9
7 8 9 2 4 1 3 6 5
3 5 4 9 6 8 2 1 7
```

Grid 1:
```
2 3 1 9 4 7 6 5 8
9 8 6 1 5 3 4 7 2
5 7 4 6 8 2 3 1 9
4 1 2 5 7 9 8 3 6
3 9 5 8 6 1 7 2 4
8 6 7 3 2 4 5 9 1
6 2 3 4 9 5 1 8 7
7 5 8 2 1 6 9 4 3
1 4 9 7 3 8 2 6 5
```

Grid 2:
```
4 3 9 5 6 7 8 2 1
1 7 8 9 4 2 3 5 6
5 6 2 8 3 1 9 4 7
6 4 3 7 1 8 2 9 5
7 8 5 4 2 9 1 6 3
9 2 1 6 5 3 7 8 4
8 9 4 1 7 5 6 3 2
2 1 6 3 9 4 5 7 8
3 5 7 2 8 6 4 1 9
```

Grid 3:
```
1 3 2 6 4 5 8 7 9
8 9 5 3 1 7 2 6 4
4 6 7 2 9 8 5 1 3
2 7 3 4 6 9 1 5 8
6 8 1 5 7 3 4 9 2
9 5 4 8 2 1 7 3 6
3 2 8 7 5 6 9 4 1
7 4 9 1 3 2 6 8 5
5 1 6 9 8 4 3 2 7
```

Grid 4:
```
2 6 4 3 1 5 9 8 7
1 5 7 8 6 9 4 3 2
3 8 9 2 4 7 1 6 5
4 9 8 7 2 3 5 1 6
6 1 3 5 8 4 7 2 9
5 7 2 1 9 6 3 4 8
8 3 6 9 5 1 2 7 4
9 4 1 6 7 2 8 5 3
7 2 5 4 3 8 6 9 1
```

Page 113   Page 114

Grid 5:
```
7 2 8 4 5 3 1 9 6
3 6 5 8 9 1 7 4 2
1 4 9 6 7 2 8 5 3
4 5 6 7 1 9 2 3 8
2 9 1 5 3 8 4 6 7
8 3 7 2 4 6 5 1 9
6 8 4 9 2 5 3 7 1
9 7 3 1 8 4 6 2 5
5 1 2 3 6 7 9 8 4
```

Grid 6:
```
3 1 6 2 7 9 5 8 4
9 2 4 5 6 8 1 7 3
5 7 8 3 4 1 9 2 6
4 9 1 6 8 2 3 5 7
7 3 2 9 5 4 8 6 1
8 6 5 1 3 7 2 4 9
2 4 7 8 9 3 6 1 5
6 8 3 7 1 5 4 9 2
1 5 9 4 2 6 7 3 8
```

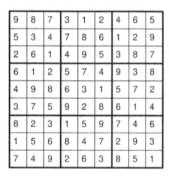

Grid 7:
```
7 2 8 4 9 5 3 6 1
9 4 3 2 1 6 8 7 5
1 6 5 8 7 3 2 9 4
8 5 1 9 2 4 6 3 7
3 7 2 1 6 8 4 5 9
6 9 4 3 5 7 1 2 8
2 8 6 7 4 9 5 1 3
4 1 9 5 3 2 7 8 6
5 3 7 6 8 1 9 4 2
```

Grid 8:
```
9 7 6 4 3 5 2 8 1
1 5 2 6 7 8 9 4 3
3 4 8 9 2 1 7 6 5
4 3 9 2 8 6 1 5 7
6 1 7 3 5 9 8 2 4
8 2 5 7 1 4 3 9 6
7 9 1 5 6 2 4 3 8
5 8 4 1 9 3 6 7 2
2 6 3 8 4 7 5 1 9
```

Grid 9:
```
4 1 7 8 3 6 5 9 2
2 3 8 5 1 9 7 6 4
5 9 6 4 7 2 1 8 3
7 4 2 6 5 1 8 3 9
3 5 9 2 4 8 6 7 1
8 6 1 7 9 3 4 2 5
6 8 4 9 2 5 3 1 7
1 2 5 3 6 7 9 4 8
9 7 3 1 8 4 2 5 6
```

Grid 10:
```
6 4 3 2 8 5 1 7 9
8 9 1 6 7 4 2 3 5
2 5 7 1 3 9 8 6 4
1 2 8 5 4 3 7 9 6
7 3 9 8 2 6 5 4 1
4 6 5 9 1 7 3 2 8
3 7 6 4 5 8 9 1 2
5 1 4 3 9 2 6 8 7
9 8 2 7 6 1 4 5 3
```

Grid 11:
```
9 8 7 3 1 2 4 6 5
5 3 4 7 8 6 1 2 9
2 6 1 4 9 5 3 8 7
6 1 2 5 7 4 9 3 8
4 9 8 6 3 1 5 7 2
3 7 5 9 2 8 6 1 4
8 2 3 1 5 9 7 4 6
1 5 6 8 4 7 2 9 3
7 4 9 2 6 3 8 5 1
```

Grid 12:
```
2 6 3 8 5 4 9 1 7
4 1 8 6 9 7 3 5 2
7 5 9 3 1 2 4 8 6
5 7 6 9 3 1 2 4 8
3 2 1 5 4 8 6 7 9
8 9 4 7 2 6 1 3 5
1 8 5 2 6 3 7 9 4
9 4 2 1 7 5 8 6 3
6 3 7 4 8 9 5 2 1
```

Page 115   Page 116

Grid 13:
```
8 9 7 3 4 5 1 6 2
1 3 2 9 8 6 5 7 4
4 6 5 7 2 1 8 3 9
9 4 8 6 1 7 3 2 5
2 1 6 5 3 8 9 4 7
5 7 3 4 9 2 6 8 1
3 5 4 2 6 9 7 1 8
7 2 1 8 5 3 4 9 6
6 8 9 1 7 4 2 5 3
```

Grid 14:
```
5 1 3 9 8 6 7 4 2
6 7 8 3 4 2 1 9 5
4 2 9 1 7 5 3 6 8
2 8 7 4 9 3 5 1 6
1 4 5 8 6 7 9 2 3
3 9 6 2 5 1 8 7 4
9 5 2 7 3 4 6 8 1
8 3 4 6 1 9 2 5 7
7 6 1 5 2 8 4 3 9
```

Grid 15:
```
6 2 3 4 9 7 1 8 5
9 8 1 3 6 5 4 2 7
4 7 5 2 1 8 6 9 3
1 4 2 5 8 9 7 3 6
8 9 7 6 3 4 2 5 1
5 3 6 1 7 2 9 4 8
3 6 9 8 4 1 5 7 2
7 5 8 9 2 6 3 1 4
2 1 4 7 5 3 8 6 9
```

Grid 16:
```
3 1 4 8 7 5 6 9 2
2 7 8 3 9 6 5 4 1
9 5 6 2 4 1 7 8 3
8 3 5 7 1 2 9 6 4
4 6 2 9 3 8 1 5 7
7 9 1 6 5 4 3 2 8
5 8 3 1 2 9 4 7 6
1 2 9 4 6 7 8 3 5
6 4 7 5 8 3 2 1 9
```

Page 117

3	1	8	4	5	9	6	2	7
4	6	7	1	2	3	5	9	8
2	5	9	7	8	6	1	4	3
1	9	2	6	3	7	4	8	5
8	7	5	9	4	2	3	1	6
6	3	4	5	1	8	9	7	2
5	8	1	3	7	4	2	6	9
7	4	6	2	9	5	8	3	1
9	2	3	8	6	1	7	5	4

7	8	3	1	9	2	4	6	5
2	1	5	7	6	4	3	8	9
6	4	9	3	5	8	2	1	7
4	7	2	6	3	9	8	5	1
1	3	8	5	4	7	9	2	6
9	5	6	2	8	1	7	4	3
8	2	7	9	1	6	5	3	4
3	6	4	8	7	5	1	9	2
5	9	1	4	2	3	6	7	8

Page 118

3	5	7	4	8	6	1	2	9
2	1	4	9	7	5	3	8	6
8	9	6	1	3	2	7	5	4
7	6	3	8	5	1	9	4	2
4	8	1	7	2	9	5	6	3
5	2	9	6	4	3	8	1	7
6	4	5	3	9	8	2	7	1
9	7	8	2	1	4	6	3	5
1	3	2	5	6	7	4	9	8

6	4	7	2	5	1	9	3	8
8	2	5	9	6	3	4	7	1
1	3	9	4	7	8	5	2	6
5	9	6	3	1	2	7	8	4
2	8	1	7	4	6	3	9	5
4	7	3	8	9	5	6	1	2
9	6	2	5	8	7	1	4	3
3	1	4	6	2	9	8	5	7
7	5	8	1	3	4	2	6	9

2	5	4	8	9	3	7	6	1
6	9	8	5	1	7	4	3	2
1	7	3	6	4	2	5	9	8
9	3	7	1	6	5	8	2	4
8	1	6	2	3	4	9	5	7
5	4	2	9	7	8	6	1	3
4	8	9	3	2	6	1	7	5
3	6	5	7	8	1	2	4	9
7	2	1	4	5	9	3	8	6

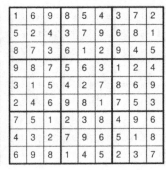

7	1	6	8	5	2	4	3	9
2	3	4	9	1	7	8	5	6
9	5	8	3	6	4	2	1	7
4	7	1	5	8	6	9	2	3
3	9	5	2	4	1	7	6	8
8	6	2	7	3	9	5	4	1
6	2	7	4	9	3	1	8	5
1	8	9	6	2	5	3	7	4
5	4	3	1	7	8	6	9	2

7	4	8	3	6	2	1	5	9
3	1	2	5	9	7	4	6	8
9	6	5	8	1	4	7	2	3
6	2	4	9	7	1	8	3	5
5	8	7	6	4	3	2	9	1
1	9	3	2	8	5	6	4	7
2	3	6	1	5	8	9	7	4
8	7	9	4	3	6	5	1	2
4	5	1	7	2	9	3	8	6

1	7	3	8	9	4	2	5	6
8	9	5	7	6	2	1	3	4
4	6	2	5	3	1	7	9	8
9	3	8	1	4	6	5	7	2
7	5	6	2	8	3	4	1	9
2	4	1	9	5	7	6	8	3
3	2	9	4	1	5	8	6	7
5	8	4	6	7	9	3	2	1
6	1	7	3	2	8	9	4	5

Page 119

4	6	2	5	1	7	8	3	9
8	7	1	3	6	9	5	4	2
5	9	3	2	8	4	1	6	7
1	4	5	6	2	3	7	9	8
3	8	7	9	4	1	2	5	6
6	2	9	7	5	8	4	1	3
7	1	8	4	3	6	9	2	5
2	3	4	8	9	5	6	7	1
9	5	6	1	7	2	3	8	4

1	6	9	8	5	4	3	7	2
5	2	4	3	7	9	6	8	1
8	7	3	6	1	2	9	4	5
9	8	7	5	6	3	1	2	4
3	1	5	4	2	7	8	6	9
2	4	6	9	8	1	7	5	3
7	5	1	2	3	8	4	9	6
4	3	2	7	9	6	5	1	8
6	9	8	1	4	5	2	3	7

Page 120

4	8	7	2	3	9	6	1	5
3	9	5	6	4	1	2	7	8
6	1	2	5	8	7	3	9	4
2	7	9	8	6	5	1	4	3
1	5	3	4	7	2	8	6	9
8	4	6	1	9	3	5	2	7
5	3	4	9	1	6	7	8	2
7	6	8	3	2	4	9	5	1
9	2	1	7	5	8	4	3	6

8	6	5	7	2	1	3	9	4
3	2	9	4	5	8	6	7	1
4	7	1	9	3	6	8	2	5
7	9	6	1	8	5	2	4	3
5	4	2	3	9	7	1	8	6
1	8	3	2	6	4	9	5	7
6	3	8	5	4	9	7	1	2
2	1	4	8	7	3	5	6	9
9	5	7	6	1	2	4	3	8

9	5	6	2	3	8	4	7	1
8	4	7	1	9	6	3	2	5
3	2	1	7	5	4	9	6	8
6	7	2	8	1	9	5	4	3
1	8	5	4	7	3	2	9	6
4	3	9	6	2	5	1	8	7
5	6	4	9	8	1	7	3	2
7	9	3	5	6	2	8	1	4
2	1	8	3	4	7	6	5	9

2	3	5	7	9	8	6	4	1
4	8	6	3	1	5	2	7	9
1	7	9	4	6	2	8	3	5
3	1	4	8	7	6	9	5	2
9	2	8	1	5	3	7	6	4
6	5	7	2	4	9	1	8	3
5	9	3	6	8	1	4	2	7
7	6	2	9	3	4	5	1	8
8	4	1	5	2	7	3	9	6

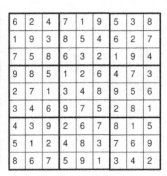

4	8	5	7	1	2	3	6	9
2	1	3	6	9	8	4	7	5
9	7	6	4	5	3	2	8	1
8	6	7	1	3	4	5	9	2
1	5	9	2	8	7	6	3	4
3	4	2	9	6	5	8	1	7
5	9	8	3	4	1	7	2	6
6	2	4	8	7	9	1	5	3
7	3	1	5	2	6	9	4	8

6	2	4	7	1	9	5	3	8
1	9	3	8	5	4	6	2	7
7	5	8	6	3	2	1	9	4
9	8	5	1	2	6	4	7	3
2	7	1	3	4	8	9	5	6
3	4	6	9	7	5	2	8	1
4	3	9	2	6	7	8	1	5
5	1	2	4	8	3	7	6	9
8	6	7	5	9	1	3	4	2

Page 121

2	5	6	7	8	3	1	4	9
1	8	9	4	2	6	5	3	7
7	4	3	9	1	5	6	2	8
9	6	8	3	7	4	2	1	5
5	7	1	8	6	2	3	9	4
3	2	4	1	5	9	8	7	6
8	9	2	6	4	1	7	5	3
6	3	5	2	9	7	4	8	1
4	1	7	5	3	8	9	6	2

5	2	3	1	4	9	6	7	8
1	8	7	2	6	3	5	9	4
6	9	4	8	5	7	3	1	2
3	5	9	6	1	4	2	8	7
7	4	2	9	8	5	1	6	3
8	1	6	3	7	2	9	4	5
4	3	5	7	9	6	8	2	1
2	6	8	4	3	1	7	5	9
9	7	1	5	2	8	4	3	6

Page 122

7	5	8	9	4	2	3	1	6
3	2	9	8	6	1	4	7	5
6	1	4	3	7	5	8	9	2
1	7	3	4	2	6	9	5	8
9	4	2	1	5	8	6	3	7
8	6	5	7	3	9	2	4	1
2	3	1	5	8	4	7	6	9
5	8	7	6	9	3	1	2	4
4	9	6	2	1	7	5	8	3

4	6	9	7	1	8	5	3	2
7	3	8	6	2	5	1	4	9
5	2	1	9	3	4	8	6	7
9	7	6	8	4	2	3	1	5
8	4	5	3	9	1	7	2	6
2	1	3	5	6	7	9	8	4
6	8	7	2	5	3	4	9	1
3	9	4	1	7	6	2	5	8
1	5	2	4	8	9	6	7	3

3	2	5	9	4	7	6	8	1
1	8	9	5	6	3	7	4	2
4	7	6	1	8	2	9	5	3
9	6	2	3	7	5	8	1	4
7	4	1	6	2	8	5	3	9
8	5	3	4	1	9	2	6	7
2	9	4	8	3	6	1	7	5
6	1	7	2	5	4	3	9	8
5	3	8	7	9	1	4	2	6

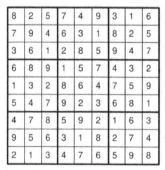

4	8	7	3	6	2	9	1	5
1	6	5	7	8	9	2	3	4
3	2	9	1	5	4	6	7	8
5	1	4	8	2	6	3	9	7
2	3	8	9	1	7	4	5	6
7	9	6	5	4	3	8	2	1
8	5	3	4	9	1	7	6	2
6	7	1	2	3	8	5	4	9
9	4	2	6	7	5	1	8	3

1	3	8	2	4	7	9	5	6
6	2	4	9	5	3	8	1	7
9	5	7	8	1	6	4	3	2
4	9	3	5	8	2	7	6	1
5	7	1	6	9	4	2	8	3
2	8	6	3	7	1	5	9	4
3	6	9	4	2	5	1	7	8
7	4	5	1	6	8	3	2	9
8	1	2	7	3	9	6	4	5

7	5	3	9	1	8	2	6	4
4	6	8	5	7	2	3	1	9
2	9	1	3	6	4	7	8	5
8	4	6	7	5	9	1	2	3
5	3	9	2	8	1	4	7	6
1	2	7	4	3	6	9	5	8
9	1	5	6	4	7	8	3	2
6	7	2	8	9	3	5	4	1
3	8	4	1	2	5	6	9	7

Page 123

5	2	8	3	4	1	6	7	9
3	9	1	6	2	7	5	4	8
7	6	4	9	8	5	1	2	3
2	1	3	8	7	4	9	5	6
4	7	9	5	6	3	2	8	1
6	8	5	1	9	2	7	3	4
9	4	6	7	5	8	3	1	2
1	5	2	4	3	6	8	9	7
8	3	7	2	1	9	4	6	5

8	2	5	7	4	9	3	1	6
7	9	4	6	3	1	8	2	5
3	6	1	2	8	5	9	4	7
6	8	9	1	5	7	4	3	2
1	3	2	8	6	4	7	5	9
5	4	7	9	2	3	6	8	1
4	7	8	5	9	2	1	6	3
9	5	6	3	1	8	2	7	4
2	1	3	4	7	6	5	9	8

Page 124

3	1	7	6	5	8	4	9	2
8	5	2	9	7	4	3	1	6
6	4	9	1	3	2	5	8	7
2	7	4	5	6	1	8	3	9
5	8	6	2	9	3	7	4	1
9	3	1	4	8	7	6	2	5
4	2	5	8	1	6	9	7	3
7	6	8	3	2	9	1	5	4
1	9	3	7	4	5	2	6	8

2	5	3	1	9	6	8	7	4
4	6	1	2	7	8	3	9	5
7	8	9	5	4	3	2	6	1
1	2	8	7	3	5	6	4	9
3	9	7	6	8	4	1	5	2
6	4	5	9	1	2	7	8	3
5	1	6	4	2	7	9	3	8
9	3	4	8	6	1	5	2	7
8	7	2	3	5	9	4	1	6

2	4	8	3	7	9	1	6	5
6	7	9	2	5	1	3	8	4
1	5	3	6	4	8	9	7	2
7	3	2	8	1	5	4	9	6
8	9	1	7	6	4	2	5	3
5	6	4	9	2	3	7	1	8
3	2	7	5	9	6	8	4	1
9	1	6	4	8	2	5	3	7
4	8	5	1	3	7	6	2	9

1	4	6	5	2	3	8	7	9
5	9	8	1	7	4	2	3	6
2	3	7	9	8	6	4	1	5
4	7	3	6	1	2	5	9	8
9	2	1	8	3	5	7	6	4
6	8	5	7	4	9	1	2	3
8	6	4	2	9	1	3	5	7
3	1	9	4	5	7	6	8	2
7	5	2	3	6	8	9	4	1

1	3	4	6	7	2	9	5	8
2	8	9	1	5	3	7	4	6
6	5	7	4	9	8	3	2	1
9	4	5	7	1	6	8	3	2
8	6	1	3	2	5	4	7	9
3	7	2	8	4	9	1	6	5
7	2	3	5	8	1	6	9	4
5	1	6	9	3	4	2	8	7
4	9	8	2	6	7	5	1	3

8	6	4	3	2	7	5	1	9
3	1	5	9	8	6	4	2	7
9	2	7	5	1	4	8	3	6
5	8	3	2	4	9	7	6	1
7	9	2	8	6	1	3	5	4
6	4	1	7	5	3	2	9	8
2	3	6	4	9	8	1	7	5
1	5	8	6	7	2	9	4	3
4	7	9	1	3	5	6	8	2

Page 125

1	8	7	5	3	2	9	4	6
5	3	6	9	7	4	8	2	1
9	4	2	1	6	8	5	3	7
2	7	1	4	9	6	3	8	5
3	9	8	2	1	5	6	7	4
6	5	4	7	8	3	1	9	2
7	6	9	8	2	1	4	5	3
4	2	3	6	5	9	7	1	8
8	1	5	3	4	7	2	6	9

9	8	7	6	3	4	5	2	1
1	3	4	2	9	5	7	8	6
5	2	6	8	7	1	4	3	9
4	1	8	3	2	6	9	5	7
2	5	9	1	8	7	6	4	3
6	7	3	5	4	9	2	1	8
8	4	1	9	6	2	3	7	5
7	6	5	4	1	3	8	9	2
3	9	2	7	5	8	1	6	4

Page 126

9	5	3	2	7	6	1	4	8
2	7	8	1	5	4	9	3	6
1	6	4	3	8	9	2	7	5
3	9	2	4	1	8	5	6	7
6	4	5	9	3	7	8	1	2
8	1	7	5	6	2	4	9	3
7	2	9	8	4	3	6	5	1
5	8	6	7	9	1	3	2	4
4	3	1	6	2	5	7	8	9

2	4	9	1	5	6	8	3	7
8	6	3	9	4	7	5	1	2
1	5	7	2	3	8	9	4	6
9	3	1	6	8	2	7	5	4
6	7	5	4	9	3	2	8	1
4	2	8	5	7	1	3	6	9
3	1	4	7	2	5	6	9	8
5	9	2	8	6	4	1	7	3
7	8	6	3	1	9	4	2	5

8	7	1	5	9	4	3	2	6
9	3	4	2	6	7	8	1	5
2	5	6	1	3	8	7	9	4
1	8	2	9	4	3	5	6	7
3	9	5	7	2	6	1	4	8
6	4	7	8	5	1	2	3	9
4	1	8	6	7	2	9	5	3
7	6	9	3	1	5	4	8	2
5	2	3	4	8	9	6	7	1

7	9	2	3	1	5	4	6	8
3	1	5	4	8	6	2	9	7
6	8	4	7	9	2	1	3	5
1	5	7	8	6	9	3	4	2
8	3	9	2	4	7	5	1	6
2	4	6	5	3	1	8	7	9
4	7	3	6	2	8	9	5	1
9	6	8	1	5	4	7	2	3
5	2	1	9	7	3	6	8	4

7	3	4	8	2	5	6	1	9
2	5	6	1	3	9	8	4	7
8	9	1	4	7	6	3	5	2
6	1	9	7	8	3	4	2	5
3	8	5	2	9	4	7	6	1
4	2	7	6	5	1	9	8	3
1	6	3	9	4	2	5	7	8
9	4	8	5	1	7	2	3	6
5	7	2	3	6	8	1	9	4

7	8	9	2	5	3	6	4	1
1	6	2	8	9	4	7	5	3
3	4	5	1	7	6	2	9	8
6	9	7	4	8	2	3	1	5
4	3	8	5	1	7	9	2	6
5	2	1	6	3	9	4	8	7
8	7	6	9	2	5	1	3	4
9	1	3	7	4	8	5	6	2
2	5	4	3	6	1	8	7	9

Page 127

9	6	5	1	3	7	4	8	2
2	8	4	5	9	6	1	7	3
3	1	7	2	8	4	5	6	9
1	2	9	4	7	5	6	3	8
6	4	8	9	2	3	7	5	1
5	7	3	6	1	8	2	9	4
8	5	1	3	6	2	9	4	7
7	9	6	8	4	1	3	2	5
4	3	2	7	5	9	8	1	6

3	9	4	5	1	7	2	6	8
7	6	2	8	3	9	1	5	4
5	1	8	6	4	2	7	3	9
4	7	1	9	5	8	6	2	3
9	2	3	1	6	4	5	8	7
6	8	5	2	7	3	9	4	1
1	5	7	3	8	6	4	9	2
2	3	6	4	9	1	8	7	5
8	4	9	7	2	5	3	1	6

Page 128

2	6	7	3	4	8	1	5	9
9	8	3	7	1	5	4	6	2
4	5	1	2	6	9	3	8	7
6	9	8	1	3	2	5	7	4
3	7	2	8	5	4	9	1	6
5	1	4	6	9	7	8	2	3
7	4	9	5	2	1	6	3	8
8	3	5	9	7	6	2	4	1
1	2	6	4	8	3	7	9	5

7	6	4	3	5	8	2	1	9
9	3	1	4	6	2	7	8	5
8	5	2	9	1	7	4	3	6
4	2	7	1	3	9	5	6	8
1	8	5	2	7	6	3	9	4
6	9	3	5	8	4	1	2	7
2	1	9	6	4	5	8	7	3
3	4	8	7	9	1	6	5	2
5	7	6	8	2	3	9	4	1

7	3	8	6	4	9	5	1	2
1	2	4	7	8	5	3	6	9
6	9	5	2	1	3	8	7	4
4	8	6	3	9	1	7	2	5
9	7	3	4	5	2	6	8	1
5	1	2	8	6	7	9	4	3
3	4	1	5	7	8	2	9	6
8	5	9	1	2	6	4	3	7
2	6	7	9	3	4	1	5	8

3	1	2	4	9	6	5	8	7
9	5	4	2	7	8	3	1	6
6	8	7	5	1	3	4	2	9
2	6	3	1	4	9	7	5	8
4	9	5	6	8	7	2	3	1
1	7	8	3	5	2	6	9	4
7	4	9	8	2	5	1	6	3
8	2	6	7	3	1	9	4	5
5	3	1	9	6	4	8	7	2

4	6	7	3	5	8	1	2	9
1	9	3	7	6	2	8	5	4
5	2	8	4	9	1	3	6	7
8	5	9	6	1	3	4	7	2
2	1	4	9	7	5	6	3	8
7	3	6	2	8	4	9	1	5
9	7	2	8	3	6	5	4	1
3	8	5	1	4	7	2	9	6
6	4	1	5	2	9	7	8	3

4	7	3	2	6	9	8	5	1
5	1	6	7	8	3	4	2	9
8	2	9	5	4	1	7	3	6
6	9	5	4	1	7	2	8	3
3	8	1	6	2	5	9	4	7
2	4	7	9	3	8	1	6	5
9	5	4	8	7	6	3	1	2
1	6	2	3	9	4	5	7	8
7	3	8	1	5	2	6	9	4

Page 129

9	4	8	7	1	3	5	6	2
5	2	3	4	6	9	8	7	1
1	7	6	5	2	8	3	4	9
6	8	1	9	7	2	4	3	5
2	3	5	6	8	4	1	9	7
4	9	7	3	5	1	2	8	6
8	1	9	2	3	6	7	5	4
7	6	2	8	4	5	9	1	3
3	5	4	1	9	7	6	2	8

6	5	3	9	4	2	7	1	8
2	4	1	5	7	8	9	6	3
7	8	9	3	1	6	4	2	5
8	6	5	4	3	9	2	7	1
9	7	2	6	8	1	3	5	4
3	1	4	7	2	5	6	8	9
4	2	7	8	5	3	1	9	6
1	9	8	2	6	4	5	3	7
5	3	6	1	9	7	8	4	2

Page 130

2	1	4	6	7	5	9	8	3
8	9	5	3	1	2	7	4	6
6	3	7	8	9	4	5	2	1
1	4	8	2	6	7	3	5	9
3	5	6	9	8	1	4	7	2
7	2	9	4	5	3	1	6	8
9	6	3	7	4	8	2	1	5
4	8	1	5	2	9	6	3	7
5	7	2	1	3	6	8	9	4

2	4	6	7	8	3	9	1	5
3	1	7	9	6	5	4	8	2
5	8	9	4	1	2	3	7	6
7	9	1	3	4	6	2	5	8
8	5	2	1	7	9	6	3	4
4	6	3	5	2	8	1	9	7
6	7	5	2	9	1	8	4	3
9	2	4	8	3	7	5	6	1
1	3	8	6	5	4	7	2	9

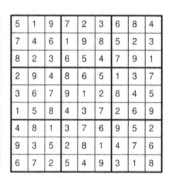

2	4	3	1	5	8	7	9	6
8	1	7	3	9	6	5	2	4
6	9	5	4	7	2	1	8	3
5	3	2	9	4	7	6	1	8
9	8	1	6	3	5	4	7	2
4	7	6	8	2	1	9	3	5
7	2	9	5	6	3	8	4	1
3	6	8	7	1	4	2	5	9
1	5	4	2	8	9	3	6	7

4	7	3	2	5	1	6	9	8
9	1	6	4	7	8	2	5	3
2	5	8	6	9	3	4	7	1
6	2	5	7	8	9	1	3	4
1	9	4	5	3	6	7	8	2
3	8	7	1	2	4	9	6	5
7	4	1	3	6	5	8	2	9
5	6	9	8	4	2	3	1	7
8	3	2	9	1	7	5	4	6

5	7	3	9	8	1	6	2	4
1	2	6	5	4	3	7	9	8
9	4	8	6	2	7	5	1	3
6	5	7	8	9	2	3	4	1
8	3	9	7	1	4	2	5	6
2	1	4	3	5	6	8	7	9
4	9	5	2	3	8	1	6	7
7	8	2	1	6	9	4	3	5
3	6	1	4	7	5	9	8	2

6	5	8	7	1	2	4	9	3
9	7	1	8	3	4	6	2	5
2	4	3	5	6	9	8	1	7
5	3	6	9	4	8	1	7	2
8	1	2	3	7	5	9	6	4
4	9	7	6	2	1	3	5	8
1	6	4	2	5	3	7	8	9
3	2	9	1	8	7	5	4	6
7	8	5	4	9	6	2	3	1

Page 131

6	9	7	8	4	1	5	2	3
5	3	2	9	7	6	8	1	4
4	8	1	5	2	3	7	6	9
2	4	8	3	6	5	1	9	7
3	6	5	7	1	9	4	8	2
1	7	9	4	8	2	3	5	6
8	5	6	2	3	4	9	7	1
9	2	3	1	5	7	6	4	8
7	1	4	6	9	8	2	3	5

5	1	9	7	2	3	6	8	4
7	4	6	1	9	8	5	2	3
8	2	3	6	5	4	7	9	1
2	9	4	8	6	5	1	3	7
3	6	7	9	1	2	8	4	5
1	5	8	4	3	7	2	6	9
4	8	1	3	7	6	9	5	2
9	3	5	2	8	1	4	7	6
6	7	2	5	4	9	3	1	8

Page 132

5	9	2	4	8	7	6	1	3
6	4	8	1	9	3	7	5	2
7	3	1	2	6	5	4	9	8
4	7	5	8	1	2	3	6	9
1	8	3	9	7	6	5	2	4
2	6	9	3	5	4	1	8	7
9	5	6	7	4	8	2	3	1
3	1	7	6	2	9	8	4	5
8	2	4	5	3	1	9	7	6

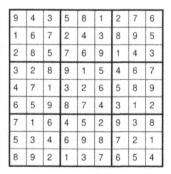

3	8	9	6	7	1	2	5	4
7	6	2	3	4	5	1	9	8
4	5	1	2	8	9	7	3	6
5	2	8	1	6	4	9	7	3
6	1	7	5	9	3	8	4	2
9	3	4	7	2	8	5	6	1
2	4	3	8	5	7	6	1	9
1	7	6	9	3	2	4	8	5
8	9	5	4	1	6	3	2	7

6	9	3	5	7	4	2	8	1
5	4	2	6	8	1	7	9	3
8	1	7	3	9	2	5	6	4
1	8	4	7	3	6	9	2	5
7	5	6	1	2	9	4	3	8
3	2	9	4	5	8	1	7	6
2	3	8	9	1	5	6	4	7
4	7	1	2	6	3	8	5	9
9	6	5	8	4	7	3	1	2

9	7	8	2	4	5	6	3	1
2	6	3	7	1	9	5	4	8
4	5	1	6	8	3	7	2	9
3	2	7	9	6	4	8	1	5
5	4	9	8	2	1	3	6	7
8	1	6	5	3	7	2	9	4
6	3	4	1	5	8	9	7	2
1	9	5	3	7	2	4	8	6
7	8	2	4	9	6	1	5	3

7	1	2	9	8	3	4	6	5
9	5	3	2	6	4	8	1	7
6	8	4	1	5	7	2	3	9
4	9	7	3	2	6	1	5	8
1	6	5	8	4	9	3	7	2
3	2	8	5	7	1	9	4	6
2	4	1	6	9	5	7	8	3
5	3	9	7	1	8	6	2	4
8	7	6	4	3	2	5	9	1

9	4	3	5	8	1	2	7	6
1	6	7	2	4	3	8	9	5
2	8	5	7	6	9	1	4	3
3	2	8	9	1	5	4	6	7
4	7	1	3	2	6	5	8	9
6	5	9	8	7	4	3	1	2
7	1	6	4	5	2	9	3	8
5	3	4	6	9	8	7	2	1
8	9	2	1	3	7	6	5	4

Page 133

1	4	2	9	3	6	8	7	5
5	9	3	7	4	8	1	6	2
8	7	6	2	1	5	9	3	4
9	2	4	8	7	3	6	5	1
7	1	5	6	9	2	4	8	3
6	3	8	1	5	4	2	9	7
2	5	1	3	6	9	7	4	8
4	8	9	5	2	7	3	1	6
3	6	7	4	8	1	5	2	9

7	3	9	5	1	2	6	4	8
8	5	4	6	3	9	1	2	7
2	6	1	4	8	7	3	9	5
1	9	5	2	6	4	8	7	3
6	7	2	3	9	8	5	1	4
4	8	3	7	5	1	9	6	2
3	4	6	9	7	5	2	8	1
9	2	8	1	4	3	7	5	6
5	1	7	8	2	6	4	3	9

Page 134

2	4	1	7	6	5	8	3	9
9	7	3	4	1	8	2	5	6
5	8	6	2	9	3	1	7	4
1	9	8	6	7	4	5	2	3
4	2	5	1	3	9	6	8	7
3	6	7	8	5	2	4	9	1
6	5	4	9	2	7	3	1	8
8	3	9	5	4	1	7	6	2
7	1	2	3	8	6	9	4	5

2	1	8	6	4	9	7	3	5
6	9	5	2	3	7	4	8	1
4	7	3	5	1	8	2	9	6
5	2	4	8	6	1	9	7	3
9	8	1	3	7	2	5	6	4
7	3	6	4	9	5	8	1	2
1	5	7	9	2	6	3	4	8
8	4	9	1	5	3	6	2	7
3	6	2	7	8	4	1	5	9

1	8	4	7	3	9	5	6	2
6	9	7	8	2	5	1	3	4
3	2	5	4	6	1	8	9	7
2	1	8	9	4	6	7	5	3
7	5	3	2	1	8	6	4	9
4	6	9	5	7	3	2	8	1
8	3	1	6	9	7	4	2	5
5	7	2	3	8	4	9	1	6
9	4	6	1	5	2	3	7	8

2	4	8	3	9	7	5	1	6
6	7	3	5	1	8	9	2	4
9	1	5	4	2	6	7	3	8
1	9	6	2	7	5	4	8	3
7	3	4	6	8	9	1	5	2
5	8	2	1	3	4	6	7	9
8	2	9	7	6	1	3	4	5
4	6	7	8	5	3	2	9	1
3	5	1	9	4	2	8	6	7

2	4	1	9	5	6	7	8	3
6	3	9	7	4	8	1	2	5
7	5	8	3	1	2	6	9	4
8	9	5	4	6	7	2	3	1
4	7	6	1	2	3	9	5	8
3	1	2	5	8	9	4	7	6
9	8	4	2	3	1	5	6	7
5	6	7	8	9	4	3	1	2
1	2	3	6	7	5	8	4	9

7	4	1	8	2	9	3	6	5
6	5	2	7	3	1	8	4	9
9	8	3	5	6	4	2	7	1
5	2	7	4	1	6	9	3	8
8	6	9	2	5	3	7	1	4
3	1	4	9	7	8	6	5	2
4	7	5	6	9	2	1	8	3
1	9	6	3	8	5	4	2	7
2	3	8	1	4	7	5	9	6

Page 135

4	7	2	6	5	8	1	3	9
1	8	9	3	2	4	6	5	7
6	5	3	1	9	7	8	4	2
9	6	4	5	8	1	2	7	3
3	1	8	9	7	2	5	6	4
7	2	5	4	6	3	9	1	8
5	4	7	2	1	9	3	8	6
2	3	6	8	4	5	7	9	1
8	9	1	7	3	6	4	2	5

2	4	6	1	3	7	8	5	9
8	1	7	5	2	9	3	6	4
9	5	3	6	8	4	2	7	1
3	9	4	7	6	2	5	1	8
1	7	2	4	5	8	6	9	3
5	6	8	3	9	1	7	4	2
4	3	5	8	1	6	9	2	7
7	8	9	2	4	5	1	3	6
6	2	1	9	7	3	4	8	5

Page 136

9	2	7	1	8	4	5	6	3
6	5	1	9	7	3	2	8	4
3	8	4	6	2	5	9	1	7
1	7	9	5	4	6	3	2	8
2	6	8	7	3	9	1	4	5
4	3	5	8	1	2	6	7	9
7	1	3	2	9	8	4	5	6
5	9	2	4	6	7	8	3	1
8	4	6	3	5	1	7	9	2

3	8	5	2	1	9	7	6	4
4	7	2	5	8	6	3	9	1
9	1	6	7	4	3	8	5	2
2	6	9	4	3	8	1	7	5
8	3	7	1	9	5	4	2	6
5	4	1	6	7	2	9	8	3
6	9	8	3	5	1	2	4	7
1	2	4	8	6	7	5	3	9
7	5	3	9	2	4	6	1	8

6	3	4	1	5	7	8	2	9
2	1	9	8	3	4	6	5	7
7	8	5	9	6	2	1	3	4
4	9	7	2	8	3	5	6	1
1	5	8	6	7	9	3	4	2
3	6	2	5	4	1	9	7	8
9	4	6	7	1	5	2	8	3
5	7	1	3	2	8	4	9	6
8	2	3	4	9	6	7	1	5

4	2	8	9	1	6	5	3	7
7	3	1	4	2	5	6	9	8
6	5	9	8	3	7	4	2	1
1	4	2	3	7	9	8	5	6
9	6	3	1	5	8	2	7	4
5	8	7	2	6	4	9	1	3
3	1	4	5	8	2	7	6	9
8	7	5	6	9	3	1	4	2
2	9	6	7	4	1	3	8	5

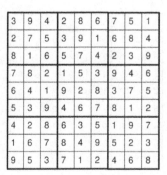

8	1	2	4	3	5	7	9	6
3	7	4	2	6	9	5	8	1
5	6	9	1	8	7	2	4	3
4	2	6	8	7	1	3	5	9
1	3	7	9	5	6	8	2	4
9	8	5	3	4	2	6	1	7
2	5	3	7	1	4	9	6	8
7	9	1	6	2	8	4	3	5
6	4	8	5	9	3	1	7	2

3	9	4	2	8	6	7	5	1
2	7	5	3	9	1	6	8	4
8	1	6	5	7	4	2	3	9
7	8	2	1	5	3	9	4	6
6	4	1	9	2	8	3	7	5
5	3	9	4	6	7	8	1	2
4	2	8	6	3	5	1	9	7
1	6	7	8	4	9	5	2	3
9	5	3	7	1	2	4	6	8

Page 137

Grid 1:

7	6	9	3	2	4	8	5	1
2	5	8	7	6	1	3	9	4
3	1	4	8	5	9	6	2	7
8	2	5	6	1	7	9	4	3
6	4	7	2	9	3	1	8	5
1	9	3	5	4	8	7	6	2
4	8	6	1	7	2	5	3	9
5	7	2	9	3	6	4	1	8
9	3	1	4	8	5	2	7	6

Grid 2:

8	6	9	2	4	7	5	3	1
3	7	1	6	8	5	2	4	9
2	4	5	1	9	3	7	8	6
7	3	6	8	5	1	9	2	4
1	2	4	3	7	9	8	6	5
9	5	8	4	2	6	3	1	7
5	8	3	7	6	4	1	9	2
4	1	7	9	3	2	6	5	8
6	9	2	5	1	8	4	7	3

Page 138

Grid 3:

8	7	5	9	4	3	2	1	6
4	1	6	2	5	7	3	9	8
3	9	2	1	6	8	7	4	5
2	8	4	7	1	6	5	3	9
6	5	7	3	2	9	1	8	4
1	3	9	4	8	5	6	2	7
9	2	8	5	7	1	4	6	3
7	6	1	8	3	4	9	5	2
5	4	3	6	9	2	8	7	1

Grid 4:

3	9	1	6	8	4	5	2	7
6	8	2	7	5	9	4	3	1
4	7	5	2	1	3	9	8	6
7	5	6	1	9	2	3	4	8
8	4	3	5	6	7	2	1	9
2	1	9	4	3	8	6	7	5
5	2	7	9	4	1	8	6	3
1	6	8	3	2	5	7	9	4
9	3	4	8	7	6	1	5	2

Grid 5:

4	2	3	6	7	9	1	5	8
5	6	7	8	3	1	9	2	4
1	9	8	4	2	5	3	6	7
3	4	6	5	9	7	8	1	2
9	7	2	1	4	8	5	3	6
8	1	5	2	6	3	7	4	9
7	8	4	3	5	6	2	9	1
2	3	1	9	8	4	6	7	5
6	5	9	7	1	2	4	8	3

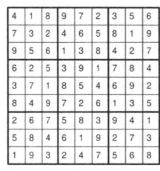

Grid 6:

3	6	1	7	5	9	8	2	4
9	2	4	6	8	3	1	5	7
8	5	7	1	4	2	3	6	9
2	4	9	3	7	6	5	1	8
1	8	6	2	9	5	4	7	3
7	3	5	8	1	4	6	9	2
5	7	2	4	6	8	9	3	1
6	1	8	9	3	7	2	4	5
4	9	3	5	2	1	7	8	6

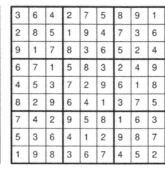

Grid 7:

8	6	5	9	2	1	4	7	3
3	2	1	8	4	7	6	9	5
9	4	7	6	5	3	1	8	2
7	1	3	4	9	8	2	5	6
5	9	4	1	6	2	8	3	7
6	8	2	7	3	5	9	1	4
4	7	8	3	1	6	5	2	9
2	3	9	5	8	4	7	6	1
1	5	6	2	7	9	3	4	8

Grid 8:

1	7	5	8	3	4	9	6	2
8	3	9	7	6	2	1	5	4
6	2	4	1	5	9	8	7	3
3	6	8	4	1	7	5	2	9
7	5	2	9	8	3	6	4	1
4	9	1	5	2	6	3	8	7
2	1	3	6	4	5	7	9	8
5	8	7	2	9	1	4	3	6
9	4	6	3	7	8	2	1	5

Page 139

Grid 9:

9	6	1	2	7	3	8	4	5
2	4	8	1	6	5	9	7	3
3	7	5	4	9	8	2	6	1
4	5	6	7	8	2	3	1	9
7	8	3	9	4	1	5	2	6
1	9	2	3	5	6	4	8	7
5	1	4	8	3	7	6	9	2
6	2	9	5	1	4	7	3	8
8	3	7	6	2	9	1	5	4

Grid 10:

4	1	8	9	7	2	3	5	6
7	3	2	4	6	5	8	1	9
9	5	6	1	3	8	4	2	7
6	2	5	3	9	1	7	8	4
3	7	1	8	5	4	6	9	2
8	4	9	7	2	6	1	3	5
2	6	7	5	8	3	9	4	1
5	8	4	6	1	9	2	7	3
1	9	3	2	4	7	5	6	8

Page 140

Grid 11:

3	6	4	2	7	5	8	9	1
2	8	5	1	9	4	7	3	6
9	1	7	8	3	6	5	2	4
6	7	1	5	8	3	2	4	9
4	5	3	7	2	9	6	1	8
8	2	9	6	4	1	3	7	5
7	4	2	9	5	8	1	6	3
5	3	6	4	1	2	9	8	7
1	9	8	3	6	7	4	5	2

Grid 12:

6	7	9	1	4	3	5	2	8
3	8	2	9	5	7	4	1	6
5	4	1	8	2	6	3	9	7
2	9	5	3	7	4	6	8	1
1	3	7	2	6	8	9	4	5
8	6	4	5	9	1	7	3	2
9	5	3	7	1	2	8	6	4
7	2	6	4	8	9	1	5	3
4	1	8	6	3	5	2	7	9

Grid 13:

1	6	4	5	3	8	9	2	7
7	9	2	4	1	6	3	8	5
3	8	5	7	9	2	6	4	1
5	3	1	2	4	9	7	6	8
2	4	6	1	8	7	5	9	3
8	7	9	3	6	5	2	1	4
4	2	8	9	7	3	1	5	6
9	1	7	6	5	4	8	3	2
6	5	3	8	2	1	4	7	9

Grid 14:

5	9	2	4	6	8	3	7	1
3	6	7	1	9	5	8	2	4
8	1	4	7	3	2	6	5	9
6	2	8	9	1	4	5	3	7
4	5	9	3	8	7	1	6	2
7	3	1	5	2	6	4	9	8
9	8	3	2	5	1	7	4	6
1	7	5	6	4	9	2	8	3
2	4	6	8	7	3	9	1	5

Grid 15:

1	7	5	3	9	6	2	8	4
3	9	4	1	2	8	5	6	7
2	6	8	7	4	5	3	1	9
8	2	9	6	3	7	1	4	5
7	1	3	2	5	4	6	9	8
4	5	6	8	1	9	7	3	2
5	8	7	4	6	3	9	2	1
6	4	1	9	7	2	8	5	3
9	3	2	5	8	1	4	7	6

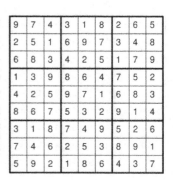

Grid 16:

9	7	4	3	1	8	2	6	5
2	5	1	6	9	7	3	4	8
6	8	3	4	2	5	1	7	9
1	3	9	8	6	4	7	5	2
4	2	5	9	7	1	6	8	3
8	6	7	5	3	2	9	1	4
3	1	8	7	4	9	5	2	6
7	4	6	2	5	3	8	9	1
5	9	2	1	8	6	4	3	7

Page 141 — Grid 1:

5	9	1	3	4	6	8	2	7
6	4	2	7	8	5	1	3	9
3	7	8	1	9	2	6	5	4
2	1	9	5	7	4	3	8	6
8	6	4	2	3	1	7	9	5
7	3	5	9	6	8	2	4	1
1	5	3	4	2	7	9	6	8
9	8	7	6	5	3	4	1	2
4	2	6	8	1	9	5	7	3

Page 141 — Grid 2:

9	6	5	7	4	2	8	1	3
7	2	1	6	8	3	4	9	5
8	3	4	5	1	9	2	6	7
5	4	6	9	7	1	3	8	2
1	9	8	2	3	4	7	5	6
3	7	2	8	6	5	1	4	9
2	5	3	1	9	8	6	7	4
4	8	7	3	5	6	9	2	1
6	1	9	4	2	7	5	3	8

Page 142 — Grid 3:

4	7	2	8	9	6	1	5	3
5	3	9	7	1	4	6	2	8
6	1	8	5	2	3	9	4	7
9	4	6	3	7	1	2	8	5
1	8	7	6	5	2	4	3	9
2	5	3	4	8	9	7	6	1
3	6	1	9	4	5	8	7	2
7	9	4	2	3	8	5	1	6
8	2	5	1	6	7	3	9	4

Page 142 — Grid 4:

4	5	3	2	6	7	8	1	9
9	7	2	8	1	3	4	6	5
6	8	1	9	5	4	3	2	7
5	4	8	6	9	2	1	7	3
1	6	7	5	3	8	2	9	4
3	2	9	4	7	1	6	5	8
2	3	5	7	8	6	9	4	1
8	9	4	1	2	5	7	3	6
7	1	6	3	4	9	5	8	2

Page 141

Page 142

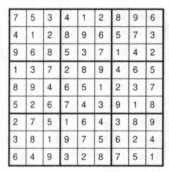

Grid 5:

5	3	9	2	8	7	6	1	4
8	6	4	9	5	1	3	2	7
7	1	2	3	4	6	9	5	8
4	8	3	7	6	2	1	9	5
6	5	1	8	9	4	2	7	3
2	9	7	5	1	3	8	4	6
3	7	5	6	2	9	4	8	1
1	2	8	4	3	5	7	6	9
9	4	6	1	7	8	5	3	2

Grid 6:

3	4	5	6	7	2	1	8	9
6	9	8	1	5	4	3	2	7
1	2	7	3	9	8	4	6	5
9	7	1	4	6	3	8	5	2
5	8	4	9	2	7	6	1	3
2	3	6	5	8	1	9	7	4
4	6	2	7	1	9	5	3	8
7	5	9	8	3	6	2	4	1
8	1	3	2	4	5	7	9	6

Grid 7:

3	5	6	8	7	1	4	9	2
1	7	2	3	9	4	8	6	5
8	4	9	5	6	2	1	3	7
7	3	1	6	4	8	5	2	9
5	9	4	7	2	3	6	8	1
2	6	8	1	5	9	7	4	3
4	2	7	9	8	5	3	1	6
9	1	5	4	3	6	2	7	8
6	8	3	2	1	7	9	5	4

Grid 8:

4	1	7	3	2	9	5	8	6
3	6	2	5	8	7	9	1	4
8	5	9	4	1	6	7	2	3
7	8	5	1	6	4	2	3	9
9	2	4	7	3	8	6	5	1
6	3	1	9	5	2	8	4	7
5	7	3	2	9	1	4	6	8
1	4	6	8	7	5	3	9	2
2	9	8	6	4	3	1	7	5

Grid 9:

4	8	2	3	5	7	6	9	1
1	5	9	4	6	2	8	3	7
6	3	7	1	8	9	2	4	5
2	4	3	7	1	8	9	5	6
7	6	8	9	3	5	1	2	4
9	1	5	6	2	4	7	8	3
5	7	1	2	9	3	4	6	8
3	9	6	8	4	1	5	7	2
8	2	4	5	7	6	3	1	9

Grid 10:

7	5	3	4	1	2	8	9	6
4	1	2	8	9	6	5	7	3
9	6	8	5	3	7	1	4	2
1	3	7	2	8	9	4	6	5
8	9	4	6	5	1	2	3	7
5	2	6	7	4	3	9	1	8
2	7	5	1	6	4	3	8	9
3	8	1	9	7	5	6	2	4
6	4	9	3	2	8	7	5	1

Grid 11:

1	2	6	5	3	8	7	9	4
4	7	8	1	6	9	2	3	5
3	5	9	2	7	4	6	1	8
7	4	2	8	5	1	3	6	9
5	9	1	3	2	6	8	4	7
6	8	3	4	9	7	5	2	1
2	1	4	7	8	3	9	5	6
8	6	5	9	1	2	4	7	3
9	3	7	6	4	5	1	8	2

Grid 12:

2	6	4	5	7	8	3	1	9
8	7	3	6	9	1	5	2	4
1	5	9	3	4	2	7	6	8
5	4	6	1	3	7	9	8	2
7	3	2	4	8	9	1	5	6
9	1	8	2	5	6	4	3	7
4	2	1	9	6	5	8	7	3
6	9	7	8	1	3	2	4	5
3	8	5	7	2	4	6	9	1

Page 143

Page 144

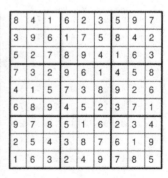

Grid 13:

3	7	2	1	9	6	8	4	5
4	8	6	5	2	7	9	3	1
1	9	5	3	4	8	7	2	6
6	5	7	4	3	1	2	8	9
9	1	4	2	8	5	6	7	3
2	3	8	6	7	9	1	5	4
7	6	3	9	5	2	4	1	8
8	4	1	7	6	3	5	9	2
5	2	9	8	1	4	3	6	7

Grid 14:

8	7	9	2	3	1	4	5	6
4	2	5	9	6	7	8	3	1
6	1	3	8	4	5	2	7	9
7	6	2	3	1	4	5	9	8
1	3	8	5	2	9	6	4	7
5	9	4	7	8	6	1	2	3
3	4	7	1	5	8	9	6	2
2	8	6	4	9	3	7	1	5
9	5	1	6	7	2	3	8	4

Grid 15:

1	6	7	3	4	8	5	9	2
4	8	9	1	2	5	6	3	7
2	5	3	7	6	9	1	4	8
6	7	4	5	9	1	8	2	3
3	2	1	4	8	7	9	5	6
8	9	5	2	3	6	4	7	1
5	3	6	9	1	2	7	8	4
7	4	8	6	5	3	2	1	9
9	1	2	8	7	4	3	6	5

Grid 16:

8	4	1	6	2	3	5	9	7
3	9	6	1	7	5	8	4	2
5	2	7	8	9	4	1	6	3
7	3	2	9	6	1	4	5	8
4	1	5	7	3	8	9	2	6
6	8	9	4	5	2	3	7	1
9	7	8	5	1	6	2	3	4
2	5	4	3	8	7	6	1	9
1	6	3	2	4	9	7	8	5

Page 145

2	5	6	1	7	4	8	9	3
7	4	3	2	9	8	5	1	6
9	1	8	5	6	3	2	7	4
6	2	7	8	3	9	4	5	1
5	3	1	4	2	6	9	8	7
4	8	9	7	5	1	6	3	2
8	7	2	3	4	5	1	6	9
3	9	5	6	1	2	7	4	8
1	6	4	9	8	7	3	2	5

5	3	9	6	7	8	1	2	4
6	1	8	2	4	9	3	5	7
4	7	2	1	5	3	6	8	9
2	4	1	3	9	5	7	6	8
3	6	5	7	8	1	4	9	2
9	8	7	4	6	2	5	1	3
1	5	3	9	2	7	8	4	6
7	2	4	8	1	6	9	3	5
8	9	6	5	3	4	2	7	1

Page 146

2	1	5	8	4	7	9	6	3
3	8	4	1	6	9	7	5	2
7	6	9	3	5	2	4	1	8
6	4	3	2	7	5	1	8	9
1	5	7	6	9	8	3	2	4
9	2	8	4	1	3	6	7	5
8	9	2	7	3	6	5	4	1
4	3	6	5	8	1	2	9	7
5	7	1	9	2	4	8	3	6

9	2	1	4	5	3	7	8	6
3	4	7	9	8	6	2	1	5
8	5	6	2	1	7	9	3	4
2	9	4	7	6	1	8	5	3
7	6	3	8	2	5	4	9	1
5	1	8	3	4	9	6	7	2
6	8	5	1	7	2	3	4	9
4	3	2	5	9	8	1	6	7
1	7	9	6	3	4	5	2	8

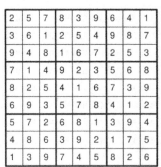

8	1	5	6	4	7	9	3	2
2	6	9	1	3	8	7	5	4
7	4	3	2	5	9	6	1	8
5	2	6	4	8	1	3	9	7
9	3	8	5	7	6	4	2	1
4	7	1	9	2	3	5	8	6
6	5	4	3	1	2	8	7	9
1	9	7	8	6	5	2	4	3
3	8	2	7	9	4	1	6	5

2	9	6	8	5	7	4	1	3
8	1	3	9	4	6	5	2	7
4	7	5	2	3	1	6	9	8
9	2	7	5	6	4	8	3	1
6	5	8	3	1	9	7	4	2
3	4	1	7	2	8	9	5	6
7	6	2	1	9	5	3	8	4
5	3	4	6	8	2	1	7	9
1	8	9	4	7	3	2	6	5

4	2	3	8	9	1	6	5	7
8	1	7	3	6	5	2	9	4
5	6	9	7	2	4	1	3	8
2	7	4	6	1	9	3	8	5
9	8	6	4	5	3	7	2	1
3	5	1	2	8	7	4	6	9
7	3	5	9	4	6	8	1	2
6	9	2	1	7	8	5	4	3
1	4	8	5	3	2	9	7	6

5	6	1	3	9	7	2	8	4
9	4	7	1	2	8	5	6	3
8	2	3	6	5	4	7	9	1
2	7	9	8	3	1	6	4	5
6	5	8	7	4	9	3	1	2
1	3	4	2	6	5	8	7	9
7	9	5	4	8	3	1	2	6
4	1	6	5	7	2	9	3	8
3	8	2	9	1	6	4	5	7

Page 147

2	1	8	6	4	7	3	5	9
6	3	4	5	8	9	7	2	1
5	7	9	3	2	1	8	6	4
1	6	5	7	3	2	9	4	8
9	2	7	4	1	8	6	3	5
8	4	3	9	6	5	1	7	2
4	8	6	1	5	3	2	9	7
7	5	2	8	9	6	4	1	3
3	9	1	2	7	4	5	8	6

2	5	7	8	3	9	6	4	1
3	6	1	2	5	4	9	8	7
9	4	8	1	6	7	2	5	3
7	1	4	9	2	3	5	6	8
8	2	5	4	1	6	7	3	9
6	9	3	5	7	8	4	1	2
5	7	2	6	8	1	3	9	4
4	8	6	3	9	2	1	7	5
1	3	9	7	4	5	8	2	6

Page 148

7	4	6	8	2	5	1	3	9
1	3	8	4	7	9	2	5	6
9	5	2	1	3	6	7	8	4
4	6	3	5	8	1	9	2	7
8	2	9	7	6	4	3	1	5
5	1	7	2	9	3	6	4	8
2	9	5	6	1	8	4	7	3
6	7	4	3	5	2	8	9	1
3	8	1	9	4	7	5	6	2

7	2	1	8	4	5	9	3	6
5	8	3	9	1	6	4	2	7
6	9	4	7	2	3	8	5	1
1	6	5	4	3	2	7	8	9
2	7	9	6	8	1	5	4	3
4	3	8	5	7	9	6	1	2
3	4	6	1	9	8	2	7	5
9	1	7	2	5	4	3	6	8
8	5	2	3	6	7	1	9	4

8	1	9	6	2	3	5	7	4
2	5	7	8	9	4	6	1	3
6	4	3	5	1	7	9	2	8
1	2	6	7	5	8	4	3	9
7	8	4	2	3	9	1	6	5
3	9	5	1	4	6	2	8	7
4	3	8	9	6	1	7	5	2
9	6	2	3	7	5	8	4	1
5	7	1	4	8	2	3	9	6

6	9	8	4	2	7	5	3	1
1	5	4	8	3	6	7	2	9
2	7	3	1	5	9	8	4	6
9	1	6	7	4	8	3	5	2
5	8	2	6	1	3	4	9	7
4	3	7	2	9	5	1	6	8
7	4	1	5	6	2	9	8	3
3	2	5	9	8	1	6	7	4
8	6	9	3	7	4	2	1	5

1	3	2	7	6	8	5	9	4
7	4	6	9	3	5	2	8	1
8	9	5	4	1	2	7	3	6
3	8	4	6	2	7	1	5	9
2	1	7	5	9	3	4	6	8
6	5	9	1	8	4	3	7	2
5	7	8	2	4	9	6	1	3
4	6	3	8	5	1	9	2	7
9	2	1	3	7	6	8	4	5

5	3	7	8	4	9	1	6	2
1	6	2	5	3	7	4	8	9
8	9	4	1	6	2	3	5	7
9	2	6	4	8	1	5	7	3
7	1	3	9	2	5	6	4	8
4	8	5	3	7	6	2	9	1
6	5	9	7	1	3	8	2	4
3	7	8	2	5	4	9	1	6
2	4	1	6	9	8	7	3	5

Page 149

1	6	4	9	5	2	8	3	7
9	2	5	8	3	7	4	6	1
8	3	7	1	4	6	2	9	5
4	9	8	6	1	5	3	7	2
3	5	2	4	7	8	9	1	6
6	7	1	3	2	9	5	4	8
2	8	6	7	9	4	1	5	3
5	4	3	2	6	1	7	8	9
7	1	9	5	8	3	6	2	4

4	3	1	8	2	5	7	6	9
8	9	6	3	4	7	5	1	2
2	7	5	6	9	1	8	4	3
7	5	9	2	6	3	4	8	1
1	8	4	5	7	9	3	2	6
6	2	3	1	8	4	9	5	7
9	4	8	7	1	6	2	3	5
5	6	7	4	3	2	1	9	8
3	1	2	9	5	8	6	7	4

Page 150

4	3	9	5	1	7	8	2	6
8	5	2	3	6	4	1	9	7
1	7	6	2	8	9	4	3	5
9	4	7	8	5	3	6	1	2
5	6	8	7	2	1	9	4	3
3	2	1	4	9	6	5	7	8
7	1	5	6	4	2	3	8	9
2	8	4	9	3	5	7	6	1
6	9	3	1	7	8	2	5	4

8	9	4	5	1	2	3	6	7
5	1	6	4	7	3	2	8	9
3	2	7	9	8	6	5	1	4
9	8	5	6	4	7	1	2	3
6	7	1	3	2	8	4	9	5
2	4	3	1	5	9	6	7	8
4	3	2	8	9	1	7	5	6
7	5	9	2	6	4	8	3	1
1	6	8	7	3	5	9	4	2

5	4	8	6	1	9	2	3	7
9	7	6	8	2	3	5	4	1
3	2	1	5	7	4	6	8	9
6	3	7	9	5	8	1	2	4
2	9	4	1	3	7	8	5	6
1	8	5	4	6	2	9	7	3
8	6	9	3	4	5	7	1	2
7	1	3	2	8	6	4	9	5
4	5	2	7	9	1	3	6	8

8	3	4	1	2	7	9	5	6
1	5	6	4	9	8	2	7	3
9	7	2	3	5	6	1	8	4
4	1	8	2	3	9	5	6	7
5	9	3	6	7	1	8	4	2
2	6	7	5	8	4	3	1	9
6	4	5	9	1	3	7	2	8
7	2	9	8	4	5	6	3	1
3	8	1	7	6	2	4	9	5

6	2	1	7	4	9	8	3	5
7	9	8	6	3	5	4	2	1
5	3	4	2	8	1	6	9	7
3	1	7	8	6	4	9	5	2
2	6	9	1	5	3	7	8	4
4	8	5	9	7	2	1	6	3
1	4	6	5	2	8	3	7	9
8	5	3	4	9	7	2	1	6
9	7	2	3	1	6	5	4	8

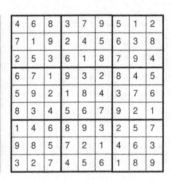

8	5	1	4	2	9	3	6	7
2	3	6	5	1	7	4	9	8
9	4	7	3	6	8	2	5	1
7	2	8	9	3	4	5	1	6
5	9	3	6	8	1	7	2	4
6	1	4	7	5	2	8	3	9
3	6	9	8	4	5	1	7	2
4	7	2	1	9	3	6	8	5
1	8	5	2	7	6	9	4	3

Page 151

8	9	5	2	7	1	3	4	6
7	2	6	3	4	9	1	8	5
3	1	4	5	8	6	7	9	2
2	6	8	1	9	5	4	3	7
5	3	1	7	6	4	9	2	8
9	4	7	8	2	3	5	6	1
4	7	9	6	5	2	8	1	3
6	8	3	9	1	7	2	5	4
1	5	2	4	3	8	6	7	9

6	4	3	9	5	1	8	7	2
1	7	5	2	3	8	9	6	4
2	8	9	6	4	7	5	3	1
9	3	1	8	6	2	4	5	7
7	5	4	3	1	9	2	8	6
8	2	6	5	7	4	1	9	3
5	6	8	4	2	3	7	1	9
4	9	7	1	8	6	3	2	5
3	1	2	7	9	5	6	4	8

Page 152

9	8	2	6	1	3	5	7	4
7	4	1	5	9	2	8	3	6
5	3	6	4	8	7	2	9	1
1	5	7	9	6	8	4	2	3
8	9	3	1	2	4	7	6	5
6	2	4	3	7	5	1	8	9
4	6	8	2	3	1	9	5	7
2	1	9	7	5	6	3	4	8
3	7	5	8	4	9	6	1	2

4	6	8	3	7	9	5	1	2
7	1	9	2	4	5	6	3	8
2	5	3	6	1	8	7	9	4
6	7	1	9	3	2	8	4	5
5	9	2	1	8	4	3	7	6
8	3	4	5	6	7	9	2	1
1	4	6	8	9	3	2	5	7
9	8	5	7	2	1	4	6	3
3	2	7	4	5	6	1	8	9

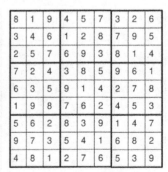

7	4	6	2	8	5	3	1	9
9	3	5	6	1	7	8	4	2
8	2	1	4	9	3	6	7	5
3	1	8	7	5	9	2	6	4
4	6	7	8	3	2	5	9	1
5	9	2	1	6	4	7	8	3
1	7	4	3	2	6	9	5	8
6	5	3	9	4	8	1	2	7
2	8	9	5	7	1	4	3	6

1	3	4	7	2	9	8	5	6
8	6	9	5	3	4	2	7	1
5	2	7	6	8	1	3	9	4
7	4	8	3	1	2	9	6	5
6	5	2	4	9	7	1	8	3
9	1	3	8	5	6	4	2	7
2	9	6	1	7	3	5	4	8
3	7	5	2	4	8	6	1	9
4	8	1	9	6	5	7	3	2

5	2	4	3	1	9	6	8	7
9	1	8	5	7	6	3	2	4
3	7	6	4	2	8	9	5	1
6	8	1	2	4	3	7	9	5
4	3	2	7	9	5	1	6	8
7	9	5	6	8	1	4	3	2
1	6	7	9	5	2	8	4	3
8	5	9	1	3	4	2	7	6
2	4	3	8	6	7	5	1	9

8	1	9	4	5	7	3	2	6
3	4	6	1	2	8	7	9	5
2	5	7	6	9	3	8	1	4
7	2	4	3	8	5	9	6	1
6	3	5	9	1	4	2	7	8
1	9	8	7	6	2	4	5	3
5	6	2	8	3	9	1	4	7
9	7	3	5	4	1	6	8	2
4	8	1	2	7	6	5	3	9

Page 153

```
3 2 4 | 6 5 1 | 9 7 8
9 7 8 | 3 2 4 | 6 1 5
5 1 6 | 8 9 7 | 4 3 2
------+-------+------
1 5 9 | 2 3 6 | 7 8 4
6 8 3 | 7 4 9 | 2 5 1
7 4 2 | 5 1 8 | 3 6 9
------+-------+------
8 6 5 | 4 7 2 | 1 9 3
2 3 1 | 9 6 5 | 8 4 7
4 9 7 | 1 8 3 | 5 2 6
```

```
8 4 3 | 5 1 9 | 2 6 7
7 6 1 | 8 2 3 | 4 9 5
5 2 9 | 7 6 4 | 1 8 3
------+-------+------
6 8 7 | 9 4 2 | 3 5 1
1 5 2 | 3 8 7 | 9 4 6
3 9 4 | 1 5 6 | 7 2 8
------+-------+------
9 3 6 | 2 7 5 | 8 1 4
2 1 5 | 4 3 8 | 6 7 9
4 7 8 | 6 9 1 | 5 3 2
```

Page 154

```
3 4 5 | 9 8 7 | 6 2 1
6 8 2 | 1 4 5 | 9 3 7
1 9 7 | 6 3 2 | 8 5 4
------+-------+------
9 5 8 | 7 1 4 | 3 6 2
2 7 1 | 8 6 3 | 5 4 9
4 6 3 | 5 2 9 | 1 7 8
------+-------+------
8 2 4 | 3 5 1 | 7 9 6
7 3 6 | 4 9 8 | 2 1 5
5 1 9 | 2 7 6 | 4 8 3
```

```
3 8 2 | 6 1 7 | 5 9 4
1 6 9 | 4 8 5 | 2 7 3
5 4 7 | 2 3 9 | 8 6 1
------+-------+------
7 1 3 | 8 5 4 | 6 2 9
6 2 5 | 9 7 3 | 4 1 8
8 9 4 | 1 6 2 | 3 5 7
------+-------+------
9 3 6 | 5 4 1 | 7 8 2
2 7 8 | 3 9 6 | 1 4 5
4 5 1 | 7 2 8 | 9 3 6
```

```
3 5 2 | 1 7 4 | 8 9 6
7 6 9 | 8 2 3 | 4 5 1
1 8 4 | 9 6 5 | 7 3 2
------+-------+------
2 3 7 | 6 8 9 | 1 4 5
9 4 8 | 7 5 1 | 2 6 3
6 1 5 | 4 3 2 | 9 7 8
------+-------+------
5 7 6 | 2 4 8 | 3 1 9
4 2 1 | 3 9 6 | 5 8 7
8 9 3 | 5 1 7 | 6 2 4
```

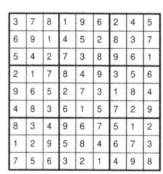

```
1 7 4 | 3 8 9 | 5 2 6
5 6 9 | 2 4 1 | 3 7 8
8 2 3 | 5 6 7 | 4 9 1
------+-------+------
9 5 6 | 8 7 3 | 1 4 2
2 8 1 | 4 9 5 | 6 3 7
3 4 7 | 1 2 6 | 9 8 5
------+-------+------
4 3 8 | 6 1 2 | 7 5 9
7 1 2 | 9 5 4 | 8 6 3
6 9 5 | 7 3 8 | 2 1 4
```

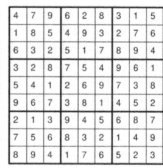

```
2 5 1 | 7 9 6 | 8 4 3
3 4 8 | 2 5 1 | 7 6 9
7 9 6 | 4 8 3 | 5 1 2
------+-------+------
5 8 3 | 6 7 2 | 1 9 4
4 2 7 | 5 1 9 | 3 8 6
1 6 9 | 3 4 8 | 2 5 7
------+-------+------
8 1 2 | 9 6 7 | 4 3 5
9 7 5 | 1 3 4 | 6 2 8
6 3 4 | 8 2 5 | 9 7 1
```

```
7 5 9 | 1 4 8 | 2 3 6
4 6 3 | 9 2 5 | 1 7 8
1 8 2 | 3 7 6 | 4 5 9
------+-------+------
8 1 4 | 2 5 7 | 6 9 3
3 9 6 | 4 8 1 | 5 2 7
5 2 7 | 6 3 9 | 8 1 4
------+-------+------
6 3 1 | 8 9 2 | 7 4 5
9 7 8 | 5 1 4 | 3 6 2
2 4 5 | 7 6 3 | 9 8 1
```

Page 155

```
7 2 3 | 6 1 5 | 8 4 9
1 4 8 | 3 9 2 | 5 7 6
9 5 6 | 4 8 7 | 2 1 3
------+-------+------
3 8 9 | 1 4 6 | 7 5 2
5 1 4 | 2 7 3 | 6 9 8
6 7 2 | 8 5 9 | 4 3 1
------+-------+------
2 3 7 | 5 6 1 | 9 8 4
4 6 5 | 9 3 8 | 1 2 7
8 9 1 | 7 2 4 | 3 6 5
```

```
3 7 8 | 1 9 6 | 2 4 5
6 9 1 | 4 5 2 | 8 3 7
5 4 2 | 7 3 8 | 9 6 1
------+-------+------
2 1 7 | 8 4 9 | 3 5 6
9 6 5 | 2 7 3 | 1 8 4
4 8 3 | 6 1 5 | 7 2 9
------+-------+------
8 3 4 | 9 6 7 | 5 1 2
1 2 9 | 5 8 4 | 6 7 3
7 5 6 | 3 2 1 | 4 9 8
```

Page 156

```
4 7 9 | 6 2 8 | 3 1 5
1 8 5 | 4 9 3 | 2 7 6
6 3 2 | 5 1 7 | 8 9 4
------+-------+------
3 2 8 | 7 5 4 | 9 6 1
5 4 1 | 2 6 9 | 7 3 8
9 6 7 | 3 8 1 | 4 5 2
------+-------+------
2 1 3 | 9 4 5 | 6 8 7
7 5 6 | 8 3 2 | 1 4 9
8 9 4 | 1 7 6 | 5 2 3
```

```
4 5 7 | 9 3 1 | 2 6 8
2 6 8 | 4 5 7 | 3 1 9
3 9 1 | 6 2 8 | 4 7 5
------+-------+------
7 1 2 | 3 4 9 | 5 8 6
9 3 6 | 1 8 5 | 7 4 2
5 8 4 | 7 6 2 | 1 9 3
------+-------+------
8 4 9 | 2 7 3 | 6 5 1
1 7 3 | 5 9 6 | 8 2 4
6 2 5 | 8 1 4 | 9 3 7
```

```
2 7 8 | 9 6 5 | 1 4 3
6 5 3 | 2 4 1 | 8 9 7
1 9 4 | 7 3 8 | 6 2 5
------+-------+------
3 8 5 | 6 2 4 | 7 1 9
7 1 6 | 5 9 3 | 4 8 2
4 2 9 | 1 8 7 | 5 3 6
------+-------+------
9 4 1 | 3 7 6 | 2 5 8
8 6 2 | 4 5 9 | 3 7 1
5 3 7 | 8 1 2 | 9 6 4
```

```
3 6 7 | 8 9 5 | 2 1 4
2 8 5 | 3 1 4 | 7 6 9
4 1 9 | 6 2 7 | 8 5 3
------+-------+------
8 2 6 | 1 4 3 | 9 7 5
7 4 3 | 9 5 6 | 1 8 2
9 5 1 | 7 8 2 | 4 3 6
------+-------+------
1 3 8 | 4 6 9 | 5 2 7
6 9 2 | 5 7 8 | 3 4 1
5 7 4 | 2 3 1 | 6 9 8
```

```
1 7 9 | 3 2 5 | 8 4 6
8 3 5 | 6 7 4 | 1 9 2
2 4 6 | 9 8 1 | 5 7 3
------+-------+------
6 1 3 | 7 9 2 | 4 5 8
7 9 8 | 5 4 3 | 2 6 1
5 2 4 | 8 1 6 | 7 3 9
------+-------+------
3 6 7 | 2 5 8 | 9 1 4
9 8 1 | 4 3 7 | 6 2 5
4 5 2 | 1 6 9 | 3 8 7
```

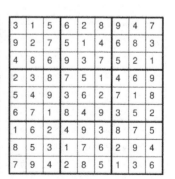

```
3 1 5 | 6 2 8 | 9 4 7
9 2 7 | 5 1 4 | 6 8 3
4 8 6 | 9 3 7 | 5 2 1
------+-------+------
2 3 8 | 7 5 1 | 4 6 9
5 4 9 | 3 6 2 | 7 1 8
6 7 1 | 8 4 9 | 3 5 2
------+-------+------
1 6 2 | 4 9 3 | 8 7 5
8 5 3 | 1 7 6 | 2 9 4
7 9 4 | 2 8 5 | 1 3 6
```

Page 157

Grid 1:
```
9 7 3 | 1 4 5 | 6 2 8
6 1 8 | 9 2 3 | 5 4 7
2 4 5 | 7 8 6 | 9 3 1
7 8 6 | 4 3 9 | 1 5 2
1 5 9 | 8 6 2 | 3 7 4
3 2 4 | 5 7 1 | 8 6 9
5 6 1 | 2 9 7 | 4 8 3
4 3 7 | 6 1 8 | 2 9 5
8 9 2 | 3 5 4 | 7 1 6
```

Grid 2:
```
8 1 7 | 3 4 5 | 6 2 9
4 9 2 | 7 6 8 | 1 3 5
3 6 5 | 9 1 2 | 7 4 8
5 8 1 | 4 7 3 | 9 6 2
7 2 9 | 1 8 6 | 3 5 4
6 3 4 | 5 2 9 | 8 1 7
9 7 3 | 6 5 4 | 2 8 1
1 4 8 | 2 3 7 | 5 9 6
2 5 6 | 8 9 1 | 4 7 3
```

Page 158

Grid 3:
```
8 7 5 | 9 1 3 | 4 2 6
1 4 3 | 6 2 8 | 5 7 9
6 9 2 | 7 5 4 | 8 1 3
7 8 1 | 2 6 9 | 3 5 4
9 2 4 | 5 3 1 | 7 6 8
5 3 6 | 4 8 7 | 2 9 1
4 1 7 | 3 9 2 | 6 8 5
3 5 9 | 8 7 6 | 1 4 2
2 6 8 | 1 4 5 | 9 3 7
```

Grid 4:
```
8 7 4 | 6 3 9 | 2 1 5
6 2 3 | 4 5 1 | 9 7 8
5 1 9 | 7 8 2 | 3 4 6
7 8 6 | 3 9 5 | 4 2 1
9 4 1 | 2 6 8 | 5 3 7
2 3 5 | 1 7 4 | 8 6 9
3 5 2 | 9 1 6 | 7 8 4
1 9 7 | 8 4 3 | 6 5 2
4 6 8 | 5 2 7 | 1 9 3
```

Page 157 / **Page 158**

Grid 5:
```
8 9 5 | 1 6 4 | 3 7 2
4 7 1 | 9 3 2 | 6 8 5
2 6 3 | 8 7 5 | 1 4 9
6 8 2 | 7 9 3 | 4 5 1
9 5 7 | 6 4 1 | 2 3 8
3 1 4 | 5 2 8 | 9 6 7
1 4 8 | 2 5 6 | 7 9 3
5 3 9 | 4 1 7 | 8 2 6
7 2 6 | 3 8 9 | 5 1 4
```

Grid 6:
```
4 5 9 | 7 6 1 | 3 8 2
2 8 6 | 3 9 5 | 7 4 1
3 7 1 | 4 8 2 | 5 9 6
1 3 5 | 6 4 8 | 2 7 9
9 2 7 | 5 1 3 | 4 6 8
6 4 8 | 9 2 7 | 1 5 3
7 6 2 | 8 3 4 | 9 1 5
8 1 4 | 2 5 9 | 6 3 7
5 9 3 | 1 7 6 | 8 2 4
```

Grid 7:
```
5 7 4 | 6 8 3 | 9 2 1
6 2 1 | 4 5 9 | 3 8 7
9 3 8 | 1 7 2 | 6 4 5
8 5 9 | 2 1 6 | 4 7 3
3 6 7 | 5 9 4 | 8 1 2
4 1 2 | 7 3 8 | 5 9 6
2 8 6 | 3 4 7 | 1 5 9
7 9 5 | 8 6 1 | 2 3 4
1 4 3 | 9 2 5 | 7 6 8
```

Grid 8:
```
6 7 1 | 9 5 4 | 2 8 3
5 2 4 | 8 1 3 | 6 9 7
3 8 9 | 6 2 7 | 5 1 4
2 6 3 | 5 4 1 | 9 7 8
4 1 8 | 7 6 9 | 3 5 2
7 9 5 | 3 8 2 | 4 6 1
8 5 7 | 2 3 6 | 1 4 9
1 3 6 | 4 9 8 | 7 2 5
9 4 2 | 1 7 5 | 8 3 6
```

Page 159

Grid 9:
```
5 4 3 | 8 7 1 | 2 9 6
1 6 7 | 2 9 4 | 3 8 5
8 2 9 | 3 5 6 | 4 1 7
7 8 2 | 5 3 9 | 1 6 4
9 3 1 | 6 4 8 | 5 7 2
4 5 6 | 1 2 7 | 8 3 9
2 7 4 | 9 8 3 | 6 5 1
6 9 8 | 4 1 5 | 7 2 3
3 1 5 | 7 6 2 | 9 4 8
```

Grid 10:
```
3 5 4 | 1 9 6 | 2 7 8
7 6 1 | 2 3 8 | 9 4 5
8 2 9 | 7 5 4 | 1 3 6
1 9 5 | 8 6 3 | 7 2 4
4 8 2 | 9 1 7 | 5 6 3
6 7 3 | 5 4 2 | 8 1 9
2 3 7 | 4 8 5 | 6 9 1
5 1 6 | 3 7 9 | 4 8 2
9 4 8 | 6 2 1 | 3 5 7
```

Page 160

Grid 11:
```
3 1 7 | 2 8 6 | 4 5 9
8 9 5 | 7 4 3 | 6 2 1
2 4 6 | 9 1 5 | 8 3 7
4 2 9 | 1 6 7 | 5 8 3
6 7 3 | 5 2 8 | 9 1 4
1 5 8 | 4 3 9 | 7 6 2
9 8 1 | 6 7 2 | 3 4 5
7 6 4 | 3 5 1 | 2 9 8
5 3 2 | 8 9 4 | 1 7 6
```

Grid 12:
```
3 7 9 | 6 4 8 | 2 5 1
2 8 5 | 1 3 7 | 4 9 6
1 6 4 | 9 2 5 | 8 7 3
9 5 7 | 2 1 6 | 3 8 4
6 1 8 | 4 7 3 | 5 2 9
4 3 2 | 5 8 9 | 6 1 7
5 9 1 | 3 6 2 | 7 4 8
7 4 6 | 8 5 1 | 9 3 2
8 2 3 | 7 9 4 | 1 6 5
```

Page 159 / **Page 160**

Grid 13:
```
1 3 6 | 5 8 4 | 2 9 7
8 7 5 | 6 2 9 | 4 3 1
2 4 9 | 3 7 1 | 5 8 6
4 6 8 | 9 1 2 | 3 7 5
5 9 2 | 4 3 7 | 1 6 8
3 1 7 | 8 5 6 | 9 2 4
9 5 1 | 7 6 3 | 8 4 2
6 8 3 | 2 4 5 | 7 1 9
7 2 4 | 1 9 8 | 6 5 3
```

Grid 14:
```
1 9 5 | 6 3 8 | 4 2 7
4 6 2 | 7 5 1 | 8 3 9
8 7 3 | 4 9 2 | 6 5 1
3 4 8 | 9 2 7 | 1 6 5
7 5 9 | 8 1 6 | 2 4 3
6 2 1 | 5 4 3 | 7 9 8
9 1 7 | 2 6 5 | 3 8 4
2 3 4 | 1 8 9 | 5 7 6
5 8 6 | 3 7 4 | 9 1 2
```

Grid 15:
```
2 8 9 | 5 1 7 | 3 6 4
7 4 1 | 9 6 3 | 5 8 2
6 5 3 | 2 8 4 | 7 9 1
5 2 4 | 7 9 1 | 6 3 8
3 7 8 | 4 5 6 | 1 2 9
9 1 6 | 8 3 2 | 4 7 5
8 6 7 | 1 2 5 | 9 4 3
4 9 5 | 3 7 8 | 2 1 6
1 3 2 | 6 4 9 | 8 5 7
```

Grid 16:
```
8 2 5 | 4 7 9 | 6 3 1
3 7 4 | 1 6 8 | 2 5 9
6 1 9 | 3 5 2 | 4 8 7
1 6 7 | 8 3 4 | 5 9 2
5 4 3 | 9 2 6 | 1 7 8
2 9 8 | 7 1 5 | 3 4 6
4 8 6 | 5 9 1 | 7 2 3
9 3 2 | 6 4 7 | 8 1 5
7 5 1 | 2 8 3 | 9 6 4
```

Page 161

3	6	1	7	4	9	5	8	2
4	5	2	6	1	8	9	3	7
7	9	8	2	3	5	1	4	6
1	7	4	8	2	6	3	5	9
9	3	6	4	5	1	2	7	8
8	2	5	9	7	3	4	6	1
5	1	7	3	6	2	8	9	4
2	4	9	5	8	7	6	1	3
6	8	3	1	9	4	7	2	5

2	9	3	4	5	7	8	1	6
4	7	6	2	1	8	5	9	3
8	5	1	3	9	6	2	7	4
6	2	7	5	8	4	1	3	9
9	4	5	1	7	3	6	8	2
3	1	8	9	6	2	4	5	7
1	3	2	7	4	5	9	6	8
5	6	4	8	3	9	7	2	1
7	8	9	6	2	1	3	4	5

Page 162

8	9	7	4	5	6	2	1	3
6	3	2	8	1	9	4	5	7
5	4	1	3	2	7	8	9	6
3	6	8	5	4	1	7	2	9
7	5	4	6	9	2	1	3	8
2	1	9	7	3	8	6	4	5
9	7	3	1	6	4	5	8	2
4	8	5	2	7	3	9	6	1
1	2	6	9	8	5	3	7	4

4	5	7	6	1	9	2	8	3
1	6	8	5	2	3	4	7	9
9	2	3	8	4	7	5	6	1
3	4	9	7	5	8	6	1	2
2	8	5	9	6	1	3	4	7
7	1	6	4	3	2	8	9	5
5	3	4	1	7	6	9	2	8
6	9	1	2	8	5	7	3	4
8	7	2	3	9	4	1	5	6

4	2	8	3	7	1	5	9	6
1	3	5	4	6	9	2	8	7
6	7	9	2	5	8	3	4	1
8	5	3	7	2	6	4	1	9
9	6	2	8	1	4	7	5	3
7	4	1	5	9	3	8	6	2
2	9	4	6	8	7	1	3	5
3	1	7	9	4	5	6	2	8
5	8	6	1	3	2	9	7	4

8	2	3	7	6	4	5	9	1
9	6	4	5	1	8	7	2	3
1	7	5	9	3	2	6	4	8
2	8	7	6	9	1	4	3	5
5	4	1	3	2	7	8	6	9
3	9	6	4	8	5	2	1	7
4	1	2	8	7	9	3	5	6
6	5	8	1	4	3	9	7	2
7	3	9	2	5	6	1	8	4

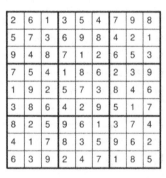

8	6	9	2	1	7	4	5	3
7	1	2	5	4	3	6	8	9
3	4	5	8	6	9	1	7	2
9	3	8	6	5	4	7	2	1
5	2	4	3	7	1	9	6	8
1	7	6	9	2	8	5	3	4
2	5	1	4	8	6	3	9	7
4	8	3	7	9	5	2	1	6
6	9	7	1	3	2	8	4	5

8	3	7	4	1	9	5	6	2
1	4	6	8	2	5	9	7	3
5	2	9	6	7	3	8	4	1
3	5	4	2	8	1	6	9	7
6	8	2	5	9	7	1	3	4
9	7	1	3	6	4	2	5	8
2	1	5	7	4	6	3	8	9
7	6	8	9	3	2	4	1	5
4	9	3	1	5	8	7	2	6

Page 163

1	4	7	8	3	9	2	6	5
5	3	2	1	7	6	4	9	8
8	6	9	5	2	4	1	7	3
3	9	5	4	6	7	8	2	1
6	7	1	3	8	2	9	5	4
4	2	8	9	1	5	7	3	6
7	1	4	6	9	3	5	8	2
2	8	6	7	5	1	3	4	9
9	5	3	2	4	8	6	1	7

8	9	1	2	3	5	7	6	4
4	5	7	9	6	1	2	3	8
2	3	6	8	4	7	1	9	5
6	4	8	5	1	2	3	7	9
1	2	9	7	8	3	4	5	6
3	7	5	6	9	4	8	1	2
5	8	2	3	7	9	6	4	1
9	1	3	4	2	6	5	8	7
7	6	4	1	5	8	9	2	3

Page 164

2	6	1	3	5	4	7	9	8
5	7	3	6	9	8	4	2	1
9	4	8	7	1	2	6	5	3
7	5	4	1	8	6	2	3	9
1	9	2	5	7	3	8	4	6
3	8	6	4	2	9	5	1	7
8	2	5	9	6	1	3	7	4
4	1	7	8	3	5	9	6	2
6	3	9	2	4	7	1	8	5

5	3	8	4	2	1	7	6	9
4	9	6	3	5	7	8	2	1
7	1	2	8	9	6	5	4	3
9	5	7	6	3	4	2	1	8
2	8	4	5	1	9	6	3	7
1	6	3	7	8	2	4	9	5
8	4	5	1	6	3	9	7	2
3	7	9	2	4	5	1	8	6
6	2	1	9	7	8	3	5	4

9	6	8	5	3	2	1	4	7
2	3	7	8	4	1	9	6	5
4	1	5	7	9	6	8	2	3
5	4	2	3	6	8	7	9	1
8	9	3	4	1	7	6	5	2
6	7	1	9	2	5	3	8	4
7	5	9	1	8	4	2	3	6
3	2	4	6	7	9	5	1	8
1	8	6	2	5	3	4	7	9

3	6	5	7	9	4	8	2	1
1	7	4	2	6	8	5	3	9
2	9	8	5	3	1	7	4	6
5	1	9	8	7	2	4	6	3
8	2	3	9	4	6	1	7	5
6	4	7	1	5	3	2	9	8
7	5	2	6	1	9	3	8	4
9	3	1	4	8	7	6	5	2
4	8	6	3	2	5	9	1	7

3	4	1	2	5	8	7	6	9
7	6	9	3	1	4	8	5	2
8	5	2	6	9	7	4	3	1
9	1	7	8	6	5	3	2	4
5	8	4	9	2	3	1	7	6
6	2	3	7	4	1	5	9	8
2	7	8	4	3	6	9	1	5
1	3	6	5	8	9	2	4	7
4	9	5	1	7	2	6	8	3

6	7	1	4	5	8	3	2	9
2	8	5	1	9	3	6	7	4
9	4	3	2	7	6	1	5	8
1	2	8	9	3	4	7	6	5
4	5	9	6	1	7	8	3	2
7	3	6	8	2	5	9	4	1
5	9	2	7	6	1	4	8	3
3	6	4	5	8	9	2	1	7
8	1	7	3	4	2	5	9	6

Page 165 — Grid 1:

2	5	7	4	6	3	9	1	8
3	6	1	2	9	8	7	4	5
9	4	8	5	7	1	3	6	2
7	3	6	9	8	5	1	2	4
1	9	5	3	2	4	6	8	7
4	8	2	7	1	6	5	3	9
8	2	3	6	5	9	4	7	1
6	1	9	8	4	7	2	5	3
5	7	4	1	3	2	8	9	6

Page 165 — Grid 2:

3	6	7	5	9	8	1	4	2
4	1	5	3	6	2	8	7	9
8	9	2	7	4	1	3	6	5
9	4	8	6	5	7	2	3	1
6	5	1	9	2	3	7	8	4
7	2	3	8	1	4	9	5	6
1	8	9	4	7	6	5	2	3
2	7	6	1	3	5	4	9	8
5	3	4	2	8	9	6	1	7

Page 166 — Grid 3:

9	6	2	5	4	8	3	7	1
4	3	5	6	7	1	8	2	9
1	7	8	3	2	9	6	5	4
2	9	7	1	3	4	5	6	8
5	8	6	7	9	2	4	1	3
3	1	4	8	6	5	2	9	7
7	4	9	2	5	3	1	8	6
8	5	3	9	1	6	7	4	2
6	2	1	4	8	7	9	3	5

Page 166 — Grid 4:

6	9	1	8	3	2	4	7	5
3	2	5	4	7	9	6	8	1
4	8	7	5	1	6	3	2	9
9	6	3	2	5	7	1	4	8
8	1	2	9	6	4	7	5	3
7	5	4	3	8	1	2	9	6
2	4	6	1	9	8	5	3	7
5	7	8	6	4	3	9	1	2
1	3	9	7	2	5	8	6	4

Grid 5:

8	6	4	3	7	1	5	9	2
1	3	9	2	8	5	7	6	4
7	2	5	4	6	9	8	1	3
5	1	2	8	9	4	3	7	6
9	7	3	1	2	6	4	8	5
4	8	6	7	5	3	1	2	9
2	5	1	6	4	8	9	3	7
6	9	8	5	3	7	2	4	1
3	4	7	9	1	2	6	5	8

Grid 6:

4	5	6	3	7	9	2	1	8
7	2	1	5	6	8	4	9	3
3	8	9	4	2	1	7	5	6
8	7	3	2	9	5	1	6	4
9	1	2	7	4	6	3	8	5
6	4	5	8	1	3	9	2	7
5	9	7	1	8	4	6	3	2
1	3	4	6	5	2	8	7	9
2	6	8	9	3	7	5	4	1

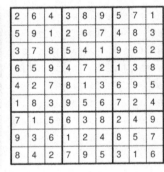

Grid 7:

3	9	1	2	5	6	7	8	4
7	2	6	4	3	8	5	1	9
8	4	5	7	1	9	6	2	3
4	8	9	1	6	2	3	5	7
6	5	7	9	8	3	1	4	2
1	3	2	5	7	4	8	9	6
5	1	4	3	9	7	2	6	8
9	7	8	6	2	5	4	3	1
2	6	3	8	4	1	9	7	5

Grid 8:

7	5	9	1	8	2	4	3	6
6	2	1	5	3	4	8	7	9
4	3	8	6	9	7	2	1	5
8	1	3	2	4	9	6	5	7
2	9	7	3	5	6	1	8	4
5	4	6	8	7	1	3	9	2
3	8	4	9	2	5	7	6	1
1	7	5	4	6	8	9	2	3
9	6	2	7	1	3	5	4	8

Page 167 — Grid 9:

3	9	2	4	6	5	1	8	7
1	5	7	3	8	9	2	4	6
6	4	8	7	1	2	5	3	9
7	8	5	1	2	4	9	6	3
4	6	3	5	9	8	7	2	1
9	2	1	6	3	7	8	5	4
8	7	4	9	5	6	3	1	2
2	1	6	8	7	3	4	9	5
5	3	9	2	4	1	6	7	8

Page 167 — Grid 10:

6	4	7	5	3	8	1	9	2
2	8	9	7	1	6	4	3	5
5	1	3	4	9	2	8	6	7
7	2	1	8	5	3	9	4	6
9	5	8	2	6	4	7	1	3
4	3	6	9	7	1	2	5	8
1	6	2	3	8	9	5	7	4
8	9	5	6	4	7	3	2	1
3	7	4	1	2	5	6	8	9

Page 168 — Grid 11:

2	6	4	3	8	9	5	7	1
5	9	1	2	6	7	4	8	3
3	7	8	5	4	1	9	6	2
6	5	9	4	7	2	1	3	8
4	2	7	8	1	3	6	9	5
1	8	3	9	5	6	7	2	4
7	1	5	6	3	8	2	4	9
9	3	6	1	2	4	8	5	7
8	4	2	7	9	5	3	1	6

Page 168 — Grid 12:

5	3	1	9	6	8	2	7	4
4	8	2	1	5	7	6	9	3
7	6	9	4	3	2	1	5	8
6	5	4	8	1	9	3	2	7
8	9	3	2	7	5	4	1	6
1	2	7	3	4	6	5	8	9
2	4	5	7	8	3	9	6	1
9	1	8	6	2	4	7	3	5
3	7	6	5	9	1	8	4	2

Grid 13:

9	5	7	1	8	3	4	2	6
8	3	2	7	4	6	5	9	1
1	6	4	5	2	9	8	7	3
5	8	6	3	7	2	1	4	9
4	7	9	6	1	8	2	3	5
3	2	1	9	5	4	7	6	8
6	4	8	2	9	1	3	5	7
7	1	3	4	6	5	9	8	2
2	9	5	8	3	7	6	1	4

Grid 14:

2	1	9	6	4	5	8	7	3
6	4	8	7	2	3	5	1	9
3	7	5	8	9	1	4	2	6
5	3	2	1	6	4	9	8	7
4	9	1	5	8	7	6	3	2
7	8	6	2	3	9	1	4	5
1	5	3	9	7	8	2	6	4
9	2	7	4	1	6	3	5	8
8	6	4	3	5	2	7	9	1

Grid 15:

5	6	1	8	2	3	9	4	7
4	2	8	7	1	9	6	5	3
7	3	9	5	4	6	8	1	2
3	9	5	4	6	7	1	2	8
2	1	4	9	8	5	3	7	6
6	8	7	2	3	1	4	9	5
9	5	3	1	7	8	2	6	4
1	4	6	3	5	2	7	8	9
8	7	2	6	9	4	5	3	1

Grid 16:

2	9	5	7	8	3	6	1	4
3	1	7	6	4	2	8	9	5
4	8	6	1	5	9	3	7	2
6	5	8	3	9	4	7	2	1
7	2	3	8	1	5	9	4	6
9	4	1	2	7	6	5	3	8
8	7	9	5	2	1	4	6	3
5	3	2	4	6	7	1	8	9
1	6	4	9	3	8	2	5	7

```
9 7 1 8 3 6 5 2 4      2 6 3 8 9 4 5 7 1      8 5 7 3 9 6 4 2 1      5 6 4 1 3 7 2 9 8
5 2 4 1 7 9 3 8 6      8 1 4 5 7 6 3 2 9      3 1 9 8 4 2 7 5 6      8 1 9 5 4 2 3 6 7
6 8 3 4 2 5 1 7 9      5 7 9 3 2 1 4 6 8      4 2 6 5 1 7 3 9 8      7 3 2 9 8 6 4 5 1
1 9 2 6 5 3 7 4 8      6 2 1 7 8 5 9 3 4      2 7 1 4 5 8 6 3 9      1 9 5 3 2 8 6 7 4
3 4 5 2 8 7 9 6 1      7 3 8 4 6 9 2 1 5      9 6 4 2 7 3 8 1 5      3 2 7 4 6 5 8 1 9
7 6 8 9 4 1 2 5 3      4 9 5 1 3 2 7 8 6      5 3 8 9 6 1 2 4 7      6 4 8 7 1 9 5 2 3
8 3 6 7 1 2 4 9 5      3 5 7 9 1 8 6 4 2      7 8 5 1 3 4 9 6 2      4 7 6 2 9 3 1 8 5
2 5 9 3 6 4 8 1 7      9 8 2 6 4 3 1 5 7      6 9 3 7 2 5 1 8 4      9 8 3 6 5 1 7 4 2
4 1 7 5 9 8 6 3 2      1 4 6 2 5 7 8 9 3      1 4 2 6 8 9 5 7 3      2 5 1 8 7 4 9 3 6
```

Page 169   Page 170

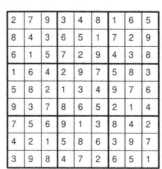

```
2 1 6 9 5 4 7 8 3      9 3 5 6 7 8 1 4 2      9 3 8 6 7 5 1 2 4      7 3 2 4 1 8 9 5 6
9 7 5 3 2 8 1 6 4      1 4 2 9 5 3 8 6 7      7 4 6 1 9 2 3 5 8      9 5 4 7 6 2 1 8 3
3 4 8 6 1 7 9 5 2      8 6 7 1 4 2 9 3 5      1 2 5 3 4 8 6 7 9      8 1 6 3 5 9 2 7 4
5 8 4 7 6 9 3 2 1      3 5 8 7 1 9 4 2 6      6 5 7 8 2 1 4 9 3      3 2 5 8 9 4 7 6 1
7 2 3 4 8 1 5 9 6      2 7 1 3 6 4 5 8 9      2 8 3 9 6 4 5 1 7      4 8 7 1 3 6 5 9 2
6 9 1 5 3 2 8 4 7      4 9 6 8 2 5 7 1 3      4 9 1 5 3 7 2 8 6      1 6 9 5 2 7 4 3 8
1 5 7 2 9 6 4 3 8      5 2 9 4 8 6 3 7 1      3 1 4 2 8 9 7 6 5      2 4 3 6 7 5 8 1 9
4 3 2 8 7 5 6 1 9      6 1 4 5 3 7 2 9 8      5 7 9 4 1 6 8 3 2      5 9 1 2 8 3 6 4 7
8 6 9 1 4 3 2 7 5      7 8 3 2 9 1 6 5 4      8 6 2 7 5 3 9 4 1      6 7 8 9 4 1 3 2 5
```

```
3 6 1 9 2 5 7 8 4      2 7 9 3 4 8 1 6 5      4 9 5 6 3 8 1 7 2      5 4 2 7 6 9 1 8 3
7 5 9 8 4 3 6 2 1      8 4 3 6 5 1 7 2 9      6 1 8 4 2 7 9 5 3      1 8 9 5 3 4 7 6 2
4 2 8 1 7 6 3 5 9      6 1 5 7 2 9 4 3 8      7 3 2 5 9 1 4 8 6      3 7 6 8 1 2 5 9 4
2 4 3 5 9 1 8 7 6      1 6 4 2 9 7 5 8 3      5 2 3 7 4 9 8 6 1      7 1 5 3 4 8 9 2 6
1 8 5 4 6 7 2 9 3      5 8 2 1 3 4 9 7 6      9 4 7 8 1 6 2 3 5      9 2 8 6 7 1 3 4 5
9 7 6 3 8 2 4 1 5      9 3 7 8 6 5 2 1 4      1 8 6 3 5 2 7 9 4      6 3 4 2 9 5 8 1 7
6 9 4 7 5 8 1 3 2      7 5 6 9 1 3 8 4 2      8 7 4 1 6 5 3 2 9      4 9 3 1 5 6 2 7 8
8 1 2 6 3 9 5 4 7      4 2 1 5 8 6 3 9 7      3 6 9 2 7 4 5 1 8      2 5 1 4 8 7 6 3 9
5 3 7 2 1 4 9 6 8      3 9 8 4 7 2 6 5 1      2 5 1 9 8 3 6 4 7      8 6 7 9 2 3 4 5 1
```

Page 171   Page 172

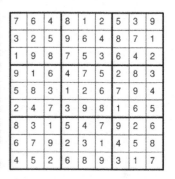

```
7 1 9 8 3 2 5 6 4      3 9 7 8 1 6 2 4 5      3 4 7 5 2 1 8 9 6      7 6 4 8 1 2 5 3 9
5 6 8 4 9 1 7 3 2      2 1 4 9 3 5 8 6 7      6 2 8 7 9 3 5 4 1      3 2 5 9 6 4 8 7 1
2 4 3 6 5 7 1 9 8      5 6 8 7 4 2 9 1 3      5 9 1 6 4 8 7 2 3      1 9 8 7 5 3 6 4 2
6 7 5 1 8 9 2 4 3      4 2 6 1 9 7 5 3 8      1 5 9 3 8 7 2 6 4      9 1 6 4 7 5 2 8 3
9 3 4 7 2 6 8 5 1      1 7 9 3 5 8 4 2 6      4 3 6 9 5 2 1 8 7      5 8 3 1 2 6 7 9 4
1 8 2 3 4 5 6 7 9      8 5 3 6 2 4 1 7 9      7 8 2 4 1 6 3 5 9      2 4 7 3 9 8 1 6 5
3 5 7 2 1 4 9 8 6      9 3 5 2 6 1 7 8 4      8 7 5 1 6 9 4 3 2      8 3 1 5 4 7 9 2 6
4 9 1 5 6 8 3 2 7      7 4 1 5 8 3 6 9 2      9 1 4 2 3 5 6 7 8      6 7 9 2 3 1 4 5 8
8 2 6 9 7 3 4 1 5      6 8 2 4 7 9 3 5 1      2 6 3 8 7 4 9 1 5      4 5 2 6 8 9 3 1 7
```

4	7	6	1	2	5	8	9	3
3	9	8	6	4	7	2	5	1
1	5	2	3	8	9	6	4	7
6	2	9	8	1	3	4	7	5
7	1	4	5	6	2	3	8	9
5	8	3	7	9	4	1	2	6
2	6	5	4	7	1	9	3	8
8	4	7	9	3	6	5	1	2
9	3	1	2	5	8	7	6	4

9	4	6	1	5	8	3	2	7
8	1	7	3	6	2	4	5	9
2	3	5	7	9	4	8	6	1
1	7	8	6	4	9	2	3	5
3	2	9	8	7	5	1	4	6
5	6	4	2	3	1	9	7	8
7	8	1	4	2	6	5	9	3
6	9	2	5	8	3	7	1	4
4	5	3	9	1	7	6	8	2

3	8	1	4	2	6	7	9	5
5	6	7	1	3	9	2	8	4
4	9	2	8	7	5	1	3	6
6	7	5	3	8	1	9	4	2
1	3	8	9	4	2	5	6	7
2	4	9	5	6	7	3	1	8
7	1	4	6	5	3	8	2	9
9	2	6	7	1	8	4	5	3
8	5	3	2	9	4	6	7	1

4	8	1	6	5	9	2	3	7
6	2	9	1	7	3	4	5	8
3	7	5	4	8	2	6	1	9
2	6	3	8	1	7	9	4	5
9	5	7	2	4	6	3	8	1
1	4	8	3	9	5	7	2	6
7	3	6	5	2	8	1	9	4
5	9	4	7	3	1	8	6	2
8	1	2	9	6	4	5	7	3

3	2	9	6	1	4	7	8	5
4	5	8	9	3	7	2	6	1
1	6	7	5	2	8	4	9	3
8	7	1	3	6	9	5	2	4
5	3	6	2	4	1	9	7	8
9	4	2	8	7	5	1	3	6
7	1	3	4	9	6	8	5	2
6	8	4	7	5	2	3	1	9
2	9	5	1	8	3	6	4	7

2	4	5	6	8	3	1	9	7
8	3	9	7	2	1	4	6	5
7	1	6	9	5	4	2	3	8
5	7	3	2	4	6	9	8	1
9	6	2	8	1	7	5	4	3
1	8	4	3	9	5	7	2	6
6	9	8	1	7	2	3	5	4
3	5	1	4	6	9	8	7	2
4	2	7	5	3	8	6	1	9

7	8	6	2	9	5	3	1	4
2	1	5	3	6	4	9	8	7
4	3	9	8	1	7	6	5	2
6	5	8	7	4	2	1	9	3
1	4	2	9	8	3	5	7	6
9	7	3	6	5	1	4	2	8
5	6	4	1	7	8	2	3	9
3	9	7	5	2	6	8	4	1
8	2	1	4	3	9	7	6	5

5	9	2	4	8	1	6	7	3
7	6	8	2	9	3	4	1	5
4	1	3	6	5	7	8	2	9
1	3	5	9	6	8	7	4	2
2	7	6	1	4	5	9	3	8
9	8	4	7	3	2	5	6	1
8	4	7	3	1	9	2	5	6
3	2	9	5	7	6	1	8	4
6	5	1	8	2	4	3	9	7

7	9	6	1	8	5	3	2	4
1	5	2	3	7	4	8	6	9
8	3	4	9	2	6	1	5	7
9	1	3	8	5	2	7	4	6
5	4	8	6	9	7	2	3	1
2	6	7	4	1	3	9	8	5
6	7	5	2	3	9	4	1	8
4	2	1	7	6	8	5	9	3
3	8	9	5	4	1	6	7	2

1	6	4	9	3	2	5	7	8
3	9	2	5	8	7	6	4	1
5	7	8	1	6	4	9	3	2
7	2	6	8	1	3	4	5	9
4	8	5	7	2	9	3	1	6
9	3	1	6	4	5	2	8	7
2	1	9	4	5	8	7	6	3
8	5	3	2	7	6	1	9	4
6	4	7	3	9	1	8	2	5

8	6	2	4	1	9	7	3	5
5	7	1	8	6	3	9	4	2
9	3	4	2	7	5	8	1	6
1	5	6	9	8	7	4	2	3
2	4	9	1	3	6	5	7	8
3	8	7	5	4	2	6	9	1
4	1	3	7	5	8	2	6	9
7	9	8	6	2	1	3	5	4
6	2	5	3	9	4	1	8	7

8	9	2	1	5	6	7	3	4
4	1	6	9	3	7	5	2	8
7	5	3	2	4	8	1	9	6
9	6	8	7	2	1	4	5	3
1	3	7	4	9	5	8	6	2
5	2	4	8	6	3	9	7	1
6	8	9	5	1	2	3	4	7
3	7	5	6	8	4	2	1	9
2	4	1	3	7	9	6	8	5

4	9	3	1	2	7	8	6	5
5	6	2	8	4	9	3	1	7
1	7	8	3	5	6	4	9	2
6	8	5	4	3	2	9	7	1
2	4	1	9	7	8	5	3	6
7	3	9	6	1	5	2	4	8
8	5	6	7	9	3	1	2	4
9	1	7	2	8	4	6	5	3
3	2	4	5	6	1	7	8	9

2	3	9	1	4	7	5	8	6
1	6	8	5	3	9	7	2	4
5	7	4	6	2	8	1	9	3
7	4	1	9	5	6	8	3	2
3	2	6	8	7	4	9	1	5
8	9	5	3	1	2	4	6	7
6	8	3	7	9	5	2	4	1
4	1	7	2	8	3	6	5	9
9	5	2	4	6	1	3	7	8

6	4	9	3	1	8	5	7	2
1	2	7	6	5	9	8	3	4
3	5	8	2	7	4	9	6	1
7	9	4	1	8	2	6	5	3
5	8	1	4	3	6	2	9	7
2	3	6	7	9	5	4	1	8
9	1	2	8	6	3	7	4	5
4	6	3	5	2	7	1	8	9
8	7	5	9	4	1	3	2	6

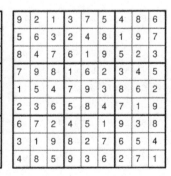

9	2	1	3	7	5	4	8	6
5	6	3	2	4	8	1	9	7
8	4	7	6	1	9	5	2	3
7	9	8	1	6	2	3	4	5
1	5	4	7	9	3	8	6	2
2	3	6	5	8	4	7	1	9
6	7	2	4	5	1	9	3	8
3	1	9	8	2	7	6	5	4
4	8	5	9	3	6	2	7	1

Page 177

Grid 1:
```
6 8 7 | 9 1 4 | 5 3 2
9 3 2 | 8 7 5 | 4 6 1
4 1 5 | 6 3 2 | 8 7 9
------+-------+------
1 5 3 | 2 9 7 | 6 4 8
8 4 6 | 3 5 1 | 2 9 7
7 2 9 | 4 8 6 | 1 5 3
------+-------+------
3 6 8 | 1 4 9 | 7 2 5
2 7 1 | 5 6 3 | 9 8 4
5 9 4 | 7 2 8 | 3 1 6
```

Grid 2:
```
2 5 4 | 6 8 1 | 3 9 7
6 9 7 | 2 3 4 | 8 5 1
3 8 1 | 7 5 9 | 4 2 6
------+-------+------
9 2 3 | 1 6 8 | 5 7 4
8 4 6 | 9 7 5 | 1 3 2
1 7 5 | 4 2 3 | 6 8 9
------+-------+------
4 1 8 | 3 9 7 | 2 6 5
5 6 9 | 8 4 2 | 7 1 3
7 3 2 | 5 1 6 | 9 4 8
```

Page 178

Grid 3:
```
3 1 5 | 9 7 4 | 2 6 8
2 7 6 | 3 8 1 | 5 9 4
8 9 4 | 6 5 2 | 7 3 1
------+-------+------
1 3 2 | 4 9 7 | 8 5 6
5 6 9 | 2 1 8 | 3 4 7
7 4 8 | 5 3 6 | 1 2 9
------+-------+------
4 2 7 | 1 6 3 | 9 8 5
6 5 1 | 8 2 9 | 4 7 3
9 8 3 | 7 4 5 | 6 1 2
```

Grid 4:
```
1 9 5 | 8 6 3 | 2 4 7
3 4 8 | 7 1 2 | 9 6 5
6 2 7 | 5 4 9 | 1 3 8
------+-------+------
9 8 3 | 4 7 5 | 6 1 2
7 5 1 | 2 9 6 | 3 8 4
2 6 4 | 1 3 8 | 7 5 9
------+-------+------
5 1 9 | 3 8 7 | 4 2 6
8 3 6 | 9 2 4 | 5 7 1
4 7 2 | 6 5 1 | 8 9 3
```

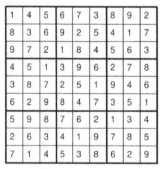

Second row

Grid 1:
```
5 7 6 | 2 3 1 | 8 4 9
8 2 3 | 9 4 6 | 5 7 1
1 4 9 | 7 5 8 | 6 2 3
------+-------+------
4 5 1 | 8 6 2 | 3 9 7
7 6 2 | 5 9 3 | 4 1 8
9 3 8 | 1 7 4 | 2 5 6
------+-------+------
3 1 5 | 6 2 9 | 7 8 4
2 8 4 | 3 1 7 | 9 6 5
6 9 7 | 4 8 5 | 1 3 2
```

Grid 2:
```
2 9 5 | 1 4 8 | 6 3 7
4 7 8 | 6 5 3 | 9 1 2
3 6 1 | 9 2 7 | 8 4 5
------+-------+------
8 3 2 | 4 6 5 | 7 9 1
6 5 7 | 3 9 1 | 4 2 8
9 1 4 | 8 7 2 | 5 6 3
------+-------+------
7 2 6 | 5 1 4 | 3 8 9
5 4 3 | 2 8 9 | 1 7 6
1 8 9 | 7 3 6 | 2 5 4
```

Grid 3:
```
9 3 4 | 2 7 6 | 1 8 5
5 2 6 | 4 1 8 | 7 3 9
1 7 8 | 9 5 3 | 4 6 2
------+-------+------
6 8 9 | 3 4 1 | 2 5 7
2 4 7 | 6 9 5 | 8 1 3
3 5 1 | 8 2 7 | 9 4 6
------+-------+------
7 6 3 | 1 8 2 | 5 9 4
8 9 5 | 7 6 4 | 3 2 1
4 1 2 | 5 3 9 | 6 7 8
```

Grid 4:
```
8 6 9 | 7 3 5 | 2 4 1
1 5 3 | 8 2 4 | 6 9 7
7 2 4 | 1 9 6 | 8 3 5
------+-------+------
4 8 2 | 9 7 1 | 3 5 6
5 7 6 | 3 4 8 | 1 2 9
3 9 1 | 5 6 2 | 7 8 4
------+-------+------
9 4 8 | 6 1 3 | 5 7 2
2 1 5 | 4 8 7 | 9 6 3
6 3 7 | 2 5 9 | 4 1 8
```

Page 179

Grid 1:
```
2 1 4 | 6 9 3 | 5 7 8
6 5 9 | 2 8 7 | 4 3 1
3 8 7 | 5 1 4 | 6 2 9
------+-------+------
8 9 5 | 3 7 1 | 2 6 4
4 3 6 | 9 2 8 | 1 5 7
7 2 1 | 4 5 6 | 8 9 3
------+-------+------
5 6 3 | 1 4 9 | 7 8 2
1 7 2 | 8 3 5 | 9 4 6
9 4 8 | 7 6 2 | 3 1 5
```

Grid 2:
```
1 4 5 | 6 7 3 | 8 9 2
8 3 6 | 9 2 5 | 4 1 7
9 7 2 | 1 8 4 | 5 6 3
------+-------+------
4 5 1 | 3 9 6 | 2 7 8
3 8 7 | 2 5 1 | 9 4 6
6 2 9 | 8 4 7 | 3 5 1
------+-------+------
5 9 8 | 7 6 2 | 1 3 4
2 6 3 | 4 1 9 | 7 8 5
7 1 4 | 5 3 8 | 6 2 9
```

Page 180

Grid 3:
```
1 9 8 | 4 6 3 | 5 2 7
5 6 3 | 9 7 2 | 8 1 4
2 4 7 | 5 8 1 | 6 3 9
------+-------+------
3 7 1 | 8 5 9 | 4 6 2
9 2 5 | 1 4 6 | 3 7 8
4 8 6 | 2 3 7 | 9 5 1
------+-------+------
6 1 4 | 3 2 8 | 7 9 5
7 5 9 | 6 1 4 | 2 8 3
8 3 2 | 7 9 5 | 1 4 6
```

Grid 4:
```
5 4 7 | 9 1 3 | 8 2 6
1 2 6 | 4 7 8 | 5 9 3
8 3 9 | 6 2 5 | 7 4 1
------+-------+------
6 8 4 | 5 9 1 | 2 3 7
7 5 1 | 8 3 2 | 4 6 9
2 9 3 | 7 6 4 | 1 8 5
------+-------+------
4 6 2 | 1 5 9 | 3 7 8
3 7 5 | 2 8 6 | 9 1 4
9 1 8 | 3 4 7 | 6 5 2
```

Bottom row

Grid 1:
```
1 9 6 | 5 8 3 | 2 4 7
8 4 5 | 1 2 7 | 6 9 3
3 2 7 | 4 9 6 | 5 1 8
------+-------+------
7 1 8 | 3 6 9 | 4 5 2
4 6 3 | 7 5 2 | 9 8 1
2 5 9 | 8 4 1 | 7 3 6
------+-------+------
6 8 2 | 9 3 4 | 1 7 5
9 3 1 | 2 7 5 | 8 6 4
5 7 4 | 6 1 8 | 3 2 9
```

Grid 2:
```
9 7 3 | 1 2 4 | 5 6 8
6 2 5 | 9 3 8 | 7 1 4
4 8 1 | 7 6 5 | 3 2 9
------+-------+------
1 4 9 | 6 5 2 | 8 3 7
3 5 2 | 8 1 7 | 4 9 6
8 6 7 | 4 9 3 | 1 5 2
------+-------+------
7 9 6 | 5 8 1 | 2 4 3
5 3 4 | 2 7 6 | 9 8 1
2 1 8 | 3 4 9 | 6 7 5
```

Grid 3:
```
6 9 2 | 4 5 1 | 8 3 7
1 7 8 | 2 3 6 | 5 4 9
4 5 3 | 8 7 9 | 6 1 2
------+-------+------
5 4 9 | 6 8 3 | 7 2 1
8 6 7 | 1 4 2 | 9 5 3
3 2 1 | 7 9 5 | 4 8 6
------+-------+------
2 3 4 | 9 6 8 | 1 7 5
7 1 6 | 5 2 4 | 3 9 8
9 8 5 | 3 1 7 | 2 6 4
```

Grid 4:
```
9 4 8 | 1 7 3 | 5 6 2
2 7 5 | 9 6 8 | 4 1 3
6 3 1 | 2 4 5 | 9 7 8
------+-------+------
4 2 3 | 5 9 1 | 6 8 7
5 8 6 | 7 2 4 | 1 3 9
1 9 7 | 8 3 6 | 2 5 4
------+-------+------
8 1 4 | 3 5 2 | 7 9 6
3 6 9 | 4 1 7 | 8 2 5
7 5 2 | 6 8 9 | 3 4 1
```

Page 181

```
9 2 4 | 5 3 8 | 6 7 1
7 1 8 | 4 6 2 | 9 3 5
3 5 6 | 9 1 7 | 8 2 4
------+-------+------
4 9 5 | 3 8 1 | 7 6 2
8 7 3 | 6 2 4 | 5 1 9
1 6 2 | 7 5 9 | 3 4 8
------+-------+------
5 3 1 | 8 4 6 | 2 9 7
2 8 9 | 1 7 3 | 4 5 6
6 4 7 | 2 9 5 | 1 8 3
```

```
5 2 9 | 1 7 3 | 4 6 8
7 4 8 | 9 2 6 | 3 1 5
1 6 3 | 4 5 8 | 9 7 2
------+-------+------
6 7 2 | 3 9 1 | 8 5 4
9 1 5 | 7 8 4 | 6 2 3
8 3 4 | 5 6 2 | 1 9 7
------+-------+------
3 9 6 | 2 4 5 | 7 8 1
4 5 7 | 8 1 9 | 2 3 6
2 8 1 | 6 3 7 | 5 4 9
```

Page 182

```
3 9 8 | 4 6 5 | 1 7 2
5 6 4 | 7 1 2 | 8 3 9
1 2 7 | 9 8 3 | 4 6 5
------+-------+------
6 7 3 | 1 5 4 | 9 2 8
2 5 9 | 6 3 8 | 7 1 4
8 4 1 | 2 9 7 | 3 5 6
------+-------+------
4 3 2 | 8 7 6 | 5 9 1
9 8 5 | 3 2 1 | 6 4 7
7 1 6 | 5 4 9 | 2 8 3
```

```
1 9 8 | 5 7 3 | 4 2 6
2 6 7 | 1 4 9 | 5 8 3
5 3 4 | 6 8 2 | 9 1 7
------+-------+------
3 8 5 | 2 6 7 | 1 4 9
7 2 1 | 8 9 4 | 3 6 5
9 4 6 | 3 1 5 | 2 7 8
------+-------+------
4 1 9 | 7 3 6 | 8 5 2
6 5 3 | 4 2 8 | 7 9 1
8 7 2 | 9 5 1 | 6 3 4
```

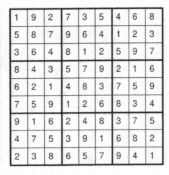

```
9 6 3 | 8 7 2 | 1 5 4
5 1 4 | 3 6 9 | 7 2 8
8 7 2 | 4 5 1 | 3 6 9
------+-------+------
2 8 1 | 6 4 7 | 9 3 5
7 9 6 | 1 3 5 | 8 4 2
3 4 5 | 9 2 8 | 6 1 7
------+-------+------
1 3 7 | 2 8 4 | 5 9 6
4 5 9 | 7 1 6 | 2 8 3
6 2 8 | 5 9 3 | 4 7 1
```

```
3 9 8 | 5 7 6 | 2 1 4
7 5 2 | 8 1 4 | 6 9 3
1 6 4 | 2 9 3 | 5 8 7
------+-------+------
5 3 9 | 1 4 8 | 7 2 6
4 8 1 | 7 6 2 | 3 5 9
2 7 6 | 3 5 9 | 1 4 8
------+-------+------
6 4 7 | 9 2 5 | 8 3 1
9 2 3 | 6 8 1 | 4 7 5
8 1 5 | 4 3 7 | 9 6 2
```

```
8 1 9 | 6 7 5 | 3 2 4
4 5 6 | 3 9 2 | 8 1 7
2 7 3 | 8 1 4 | 9 6 5
------+-------+------
9 8 4 | 5 2 1 | 7 3 6
6 3 1 | 7 8 9 | 4 5 2
5 2 7 | 4 6 3 | 1 9 8
------+-------+------
7 4 5 | 1 3 6 | 2 8 9
3 9 8 | 2 5 7 | 6 4 1
1 6 2 | 9 4 8 | 5 7 3
```

```
6 3 9 | 8 5 1 | 4 7 2
1 2 5 | 9 4 7 | 6 3 8
8 7 4 | 3 2 6 | 5 1 9
------+-------+------
9 4 1 | 7 6 2 | 3 8 5
3 6 2 | 4 8 5 | 7 9 1
7 5 8 | 1 3 9 | 2 4 6
------+-------+------
2 9 7 | 6 1 3 | 8 5 4
5 8 3 | 2 9 4 | 1 6 7
4 1 6 | 5 7 8 | 9 2 3
```

Page 183

```
9 2 3 | 7 6 8 | 4 1 5
4 1 5 | 3 2 9 | 7 6 8
7 6 8 | 5 4 1 | 3 2 9
------+-------+------
1 3 7 | 8 9 2 | 6 5 4
6 8 9 | 4 5 7 | 1 3 2
5 4 2 | 1 3 6 | 9 8 7
------+-------+------
3 7 6 | 2 8 4 | 5 9 1
8 9 4 | 6 1 5 | 2 7 3
2 5 1 | 9 7 3 | 8 4 6
```

```
7 4 9 | 6 2 3 | 1 5 8
3 8 1 | 9 5 4 | 6 2 7
5 6 2 | 7 8 1 | 4 9 3
------+-------+------
4 7 8 | 5 9 6 | 3 1 2
1 5 6 | 4 3 2 | 7 8 9
2 9 3 | 1 7 8 | 5 4 6
------+-------+------
8 1 5 | 2 6 7 | 9 3 4
6 2 4 | 3 1 9 | 8 7 5
9 3 7 | 8 4 5 | 2 6 1
```

Page 184

```
1 9 2 | 7 3 5 | 4 6 8
5 8 7 | 9 6 4 | 1 2 3
3 6 4 | 8 1 2 | 5 9 7
------+-------+------
8 4 3 | 5 7 9 | 2 1 6
6 2 1 | 4 8 3 | 7 5 9
7 5 9 | 1 2 6 | 8 3 4
------+-------+------
9 1 6 | 2 4 8 | 3 7 5
4 7 5 | 3 9 1 | 6 8 2
2 3 8 | 6 5 7 | 9 4 1
```

```
8 5 4 | 7 1 2 | 3 6 9
3 7 2 | 5 9 6 | 4 1 8
6 9 1 | 8 4 3 | 5 7 2
------+-------+------
9 1 7 | 4 6 8 | 2 3 5
2 4 3 | 1 7 5 | 9 8 6
5 6 8 | 2 3 9 | 7 4 1
------+-------+------
1 3 6 | 9 5 7 | 8 2 4
7 2 5 | 6 8 4 | 1 9 3
4 8 9 | 3 2 1 | 6 5 7
```

```
6 4 8 | 3 7 5 | 9 2 1
9 2 3 | 6 4 1 | 8 7 5
5 7 1 | 9 8 2 | 6 3 4
------+-------+------
1 8 6 | 5 9 3 | 7 4 2
7 9 4 | 2 1 8 | 5 6 3
2 3 5 | 4 6 7 | 1 9 8
------+-------+------
8 1 2 | 7 3 9 | 4 5 6
3 6 7 | 8 5 4 | 2 1 9
4 5 9 | 1 2 6 | 3 8 7
```

```
7 3 1 | 8 6 5 | 4 9 2
4 9 6 | 7 2 1 | 8 3 5
2 5 8 | 4 9 3 | 1 6 7
------+-------+------
3 2 5 | 6 1 8 | 9 7 4
6 7 4 | 3 5 9 | 2 8 1
8 1 9 | 2 4 7 | 6 5 3
------+-------+------
9 8 2 | 5 3 4 | 7 1 6
5 6 7 | 1 8 2 | 3 4 9
1 4 3 | 9 7 6 | 5 2 8
```

```
6 4 8 | 9 7 2 | 3 1 5
3 1 9 | 8 4 5 | 7 2 6
7 5 2 | 6 1 3 | 9 8 4
------+-------+------
9 6 5 | 2 8 4 | 1 3 7
2 7 1 | 3 5 9 | 4 6 8
4 8 3 | 7 6 1 | 2 5 9
------+-------+------
5 9 4 | 1 2 8 | 6 7 3
8 2 6 | 4 3 7 | 5 9 1
1 3 7 | 5 9 6 | 8 4 2
```

```
6 4 8 | 7 3 1 | 2 9 5
5 3 7 | 6 2 9 | 8 1 4
9 1 2 | 5 8 4 | 7 3 6
------+-------+------
7 6 9 | 1 5 3 | 4 2 8
4 5 1 | 8 6 2 | 9 7 3
2 8 3 | 9 4 7 | 5 6 1
------+-------+------
3 2 5 | 4 7 6 | 1 8 9
8 9 6 | 2 1 5 | 3 4 7
1 7 4 | 3 9 8 | 6 5 2
```

Page 185

5	4	6	2	3	7	8	9	1
7	2	3	1	9	8	4	5	6
8	1	9	5	6	4	2	7	3
1	7	4	8	2	3	5	6	9
9	3	2	7	5	6	1	8	4
6	8	5	4	1	9	3	2	7
4	6	1	9	8	5	7	3	2
3	5	7	6	4	2	9	1	8
2	9	8	3	7	1	6	4	5

4	7	6	2	9	3	1	8	5
8	9	2	7	5	1	6	3	4
5	1	3	8	4	6	9	7	2
3	8	7	9	6	2	5	4	1
2	4	1	5	7	8	3	9	6
6	5	9	1	3	4	7	2	8
1	3	4	6	8	7	2	5	9
9	6	8	3	2	5	4	1	7
7	2	5	4	1	9	8	6	3

Page 186

9	2	5	1	7	3	6	8	4
4	3	8	2	6	9	5	7	1
1	6	7	4	5	8	2	9	3
2	7	3	6	9	1	4	5	8
8	1	9	3	4	5	7	6	2
6	5	4	7	8	2	3	1	9
7	9	2	8	3	6	1	4	5
5	4	1	9	2	7	8	3	6
3	8	6	5	1	4	9	2	7

9	4	5	6	8	7	2	3	1
7	2	8	1	3	9	4	5	6
6	3	1	2	5	4	8	7	9
1	9	6	4	7	5	3	8	2
4	8	7	9	2	3	1	6	5
3	5	2	8	6	1	9	4	7
2	1	3	7	4	6	5	9	8
5	6	9	3	1	8	7	2	4
8	7	4	5	9	2	6	1	3

Page 185
Page 186

6	9	8	3	1	4	7	5	2
5	1	4	2	8	7	3	6	9
3	2	7	9	6	5	8	4	1
2	8	9	6	7	3	4	1	5
7	4	3	5	2	1	9	8	6
1	6	5	4	9	8	2	3	7
9	3	2	8	5	6	1	7	4
8	5	1	7	4	2	6	9	3
4	7	6	1	3	9	5	2	8

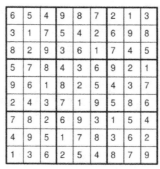

7	6	5	9	2	1	8	4	3
2	9	8	6	4	3	7	5	1
1	4	3	7	8	5	6	2	9
6	8	4	5	7	9	3	1	2
9	1	2	8	3	6	5	7	4
3	5	7	4	1	2	9	6	8
5	2	9	1	6	8	4	3	7
4	3	6	2	9	7	1	8	5
8	7	1	3	5	4	2	9	6

8	9	4	2	5	3	1	7	6
1	3	7	8	6	4	2	5	9
5	2	6	7	9	1	4	3	8
2	4	1	3	8	5	6	9	7
7	8	3	9	4	6	5	1	2
9	6	5	1	2	7	8	4	3
4	7	2	5	3	8	9	6	1
3	5	8	6	1	9	7	2	4
6	1	9	4	7	2	3	8	5

7	2	5	8	9	1	3	6	4
3	8	6	7	2	4	9	5	1
4	1	9	6	5	3	2	8	7
5	6	4	2	8	7	1	9	3
2	9	3	1	6	5	4	7	8
1	7	8	4	3	9	5	2	6
8	4	2	9	1	6	7	3	5
9	3	7	5	4	8	6	1	2
6	5	1	3	7	2	8	4	9

1	2	3	4	8	6	7	5	9
7	4	9	3	5	2	6	8	1
8	6	5	7	9	1	3	4	2
4	1	8	2	3	5	9	6	7
6	3	7	1	4	9	5	2	8
5	9	2	8	6	7	4	1	3
9	5	1	6	7	8	2	3	4
2	7	4	5	1	3	8	9	6
3	8	6	9	2	4	1	7	5

6	5	4	9	8	7	2	1	3
3	1	7	5	4	2	6	9	8
8	2	9	3	6	1	7	4	5
5	7	8	4	3	6	9	2	1
9	6	1	8	2	5	4	3	7
2	4	3	7	1	9	5	8	6
7	8	2	6	9	3	1	5	4
4	9	5	1	7	8	3	6	2
1	3	6	2	5	4	8	7	9

2	3	1	5	9	7	6	4	8
6	7	4	2	3	8	9	5	1
9	5	8	6	1	4	2	7	3
8	1	7	3	6	2	4	9	5
3	4	9	7	5	1	8	6	2
5	6	2	4	8	9	1	3	7
1	9	5	8	4	3	7	2	6
7	8	3	9	2	6	5	1	4
4	2	6	1	7	5	3	8	9

3	7	8	6	2	9	4	5	1
5	1	4	8	3	7	6	9	2
6	2	9	5	1	4	3	7	8
9	5	6	2	4	3	1	8	7
1	8	7	9	5	6	2	4	3
4	3	2	1	7	8	9	6	5
7	6	5	3	9	1	8	2	4
2	9	3	4	8	5	7	1	6
8	4	1	7	6	2	5	3	9

Page 187
Page 188

6	1	4	3	9	8	5	2	7
8	9	5	6	7	2	1	3	4
7	2	3	5	4	1	8	6	9
5	6	2	9	3	7	4	1	8
3	7	8	4	1	5	6	9	2
9	4	1	2	8	6	7	5	3
1	8	9	7	6	3	2	4	5
2	3	7	1	5	4	9	8	6
4	5	6	8	2	9	3	7	1

2	3	6	1	4	7	8	9	5
1	4	5	8	6	9	3	2	7
7	8	9	2	3	5	1	4	6
4	2	8	5	1	6	7	3	9
9	7	1	3	8	4	5	6	2
6	5	3	9	7	2	4	1	8
3	6	4	7	9	8	2	5	1
8	1	2	6	5	3	9	7	4
5	9	7	4	2	1	6	8	3

5	3	7	2	9	6	1	4	8
8	2	4	3	5	1	6	7	9
6	9	1	4	7	8	2	5	3
1	5	3	6	8	2	7	9	4
9	8	2	7	4	5	3	6	1
4	7	6	9	1	3	8	2	5
2	4	8	1	6	9	5	3	7
3	1	9	5	2	7	4	8	6
7	6	5	8	3	4	9	1	2

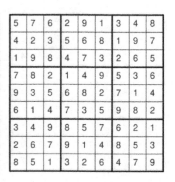

5	7	6	2	9	1	3	4	8
4	2	3	5	6	8	1	9	7
1	9	8	4	7	3	2	6	5
7	8	2	1	4	9	5	3	6
9	3	5	6	8	2	7	1	4
6	1	4	7	3	5	9	8	2
3	4	9	8	5	7	6	2	1
2	6	7	9	1	4	8	5	3
8	5	1	3	2	6	4	7	9

Page 189

3	6	5	7	8	4	1	9	2
8	1	7	6	9	2	3	4	5
9	4	2	5	1	3	6	7	8
4	9	3	8	2	6	7	5	1
1	5	8	9	3	7	4	2	6
2	7	6	4	5	1	9	8	3
6	3	4	2	7	5	8	1	9
5	8	1	3	4	9	2	6	7
7	2	9	1	6	8	5	3	4

7	8	1	3	6	4	2	5	9
4	9	6	2	5	7	3	8	1
3	2	5	8	9	1	4	6	7
1	4	8	6	3	5	9	7	2
9	6	7	1	4	2	8	3	5
2	5	3	9	7	8	6	1	4
8	1	4	7	2	3	5	9	6
6	3	2	5	1	9	7	4	8
5	7	9	4	8	6	1	2	3

Page 190

6	9	4	8	1	5	2	3	7
7	5	2	6	4	3	8	1	9
1	8	3	9	2	7	5	6	4
4	3	1	7	9	8	6	5	2
2	7	9	5	6	1	3	4	8
8	6	5	4	3	2	9	7	1
5	4	7	3	8	9	1	2	6
9	1	6	2	5	4	7	8	3
3	2	8	1	7	6	4	9	5

6	5	8	3	2	1	7	4	9
3	4	9	6	5	7	1	8	2
1	2	7	8	4	9	3	5	6
4	1	5	9	8	2	6	7	3
9	7	6	4	3	5	2	1	8
2	8	3	7	1	6	4	9	5
7	6	4	5	9	3	8	2	1
5	3	1	2	7	8	9	6	4
8	9	2	1	6	4	5	3	7

6	1	8	9	2	3	5	7	4
2	7	9	4	8	5	6	1	3
5	4	3	7	6	1	2	9	8
8	3	6	2	5	9	1	4	7
4	5	7	1	3	8	9	2	6
9	2	1	6	4	7	8	3	5
1	9	5	8	7	4	3	6	2
7	8	2	3	1	6	4	5	9
3	6	4	5	9	2	7	8	1

1	4	9	6	3	8	7	5	2
3	7	6	4	5	2	1	8	9
8	2	5	1	9	7	4	3	6
7	5	3	2	4	6	9	1	8
6	8	2	3	1	9	5	7	4
9	1	4	8	7	5	2	6	3
5	9	8	7	2	3	6	4	1
4	6	7	9	8	1	3	2	5
2	3	1	5	6	4	8	9	7

1	8	6	7	5	4	3	9	2
9	5	3	6	1	2	4	7	8
7	2	4	9	8	3	1	5	6
8	4	1	2	6	7	9	3	5
6	9	7	5	3	1	2	8	4
5	3	2	4	9	8	6	1	7
4	1	8	3	7	6	5	2	9
2	7	9	1	4	5	8	6	3
3	6	5	8	2	9	7	4	1

8	3	9	4	6	5	2	1	7
4	6	2	7	8	1	9	5	3
7	5	1	9	3	2	6	8	4
9	2	3	5	4	7	1	6	8
5	4	6	1	2	8	3	7	9
1	8	7	3	9	6	5	4	2
6	9	5	2	7	4	8	3	1
2	7	8	6	1	3	4	9	5
3	1	4	8	5	9	7	2	6

Page 191

4	9	8	1	7	6	2	3	5
7	3	2	8	9	5	4	6	1
1	6	5	2	4	3	7	8	9
5	4	3	6	2	7	9	1	8
2	8	7	3	1	9	6	5	4
9	1	6	5	8	4	3	7	2
6	5	4	9	3	8	1	2	7
3	2	9	7	5	1	8	4	6
8	7	1	4	6	2	5	9	3

5	1	2	9	6	8	7	4	3
3	7	9	1	2	4	8	5	6
4	6	8	7	5	3	9	1	2
7	8	5	2	9	6	4	3	1
2	3	4	8	1	7	6	9	5
1	9	6	4	3	5	2	7	8
8	2	7	3	4	1	5	6	9
6	4	1	5	8	9	3	2	7
9	5	3	6	7	2	1	8	4

Page 192

4	2	8	3	1	5	7	6	9
9	6	3	7	2	4	5	1	8
5	7	1	6	9	8	4	2	3
8	5	6	9	4	3	2	7	1
7	3	2	5	6	1	8	9	4
1	9	4	2	8	7	6	3	5
3	4	7	1	5	2	9	8	6
6	1	5	8	7	9	3	4	2
2	8	9	4	3	6	1	5	7

2	8	6	3	5	7	1	4	9
9	1	5	6	4	2	7	8	3
4	7	3	9	1	8	2	6	5
8	3	7	1	9	5	4	2	6
1	2	4	7	3	6	9	5	8
6	5	9	8	2	4	3	1	7
3	6	1	4	8	9	5	7	2
5	4	8	2	7	3	6	9	1
7	9	2	5	6	1	8	3	4

7	8	3	2	4	1	5	9	6
4	1	6	7	5	9	2	8	3
2	5	9	3	8	6	1	4	7
8	4	1	5	6	7	3	2	9
9	6	7	1	2	3	4	5	8
5	3	2	4	9	8	6	7	1
6	7	4	8	3	2	9	1	5
1	9	5	6	7	4	8	3	2
3	2	8	9	1	5	7	6	4

2	8	4	9	7	6	3	5	1
1	6	9	5	8	3	4	7	2
3	5	7	4	1	2	9	6	8
9	1	6	2	4	8	5	3	7
5	7	2	6	3	1	8	9	4
8	4	3	7	5	9	2	1	6
6	2	8	1	9	5	7	4	3
7	9	1	3	2	4	6	8	5
4	3	5	8	6	7	1	2	9

3	5	7	6	9	2	8	1	4
4	1	6	8	3	7	2	5	9
8	9	2	5	1	4	3	7	6
7	3	1	2	6	5	4	9	8
5	2	8	7	4	9	6	3	1
9	6	4	1	8	3	7	2	5
1	7	3	4	5	6	9	8	2
2	4	5	9	7	8	1	6	3
6	8	9	3	2	1	5	4	7

3	8	6	1	4	5	7	9	2
5	7	1	6	2	9	3	8	4
4	9	2	7	8	3	6	1	5
2	5	3	4	6	8	9	7	1
1	4	7	9	3	2	5	6	8
9	6	8	5	7	1	4	2	3
7	1	4	2	5	6	8	3	9
6	3	9	8	1	4	2	5	7
8	2	5	3	9	7	1	4	6

Page 193

Grid 1:

4	7	3	8	1	5	6	2	9
9	2	6	7	4	3	8	1	5
1	8	5	9	2	6	7	4	3
8	9	2	1	5	7	3	6	4
5	6	4	3	9	8	1	7	2
3	1	7	2	6	4	9	5	8
2	4	1	6	8	9	5	3	7
7	5	9	4	3	1	2	8	6
6	3	8	5	7	2	4	9	1

Grid 2:

7	1	3	9	8	6	2	5	4
4	2	9	7	3	5	8	1	6
5	6	8	1	4	2	9	3	7
9	3	1	4	2	7	6	8	5
8	7	5	3	6	9	1	4	2
6	4	2	5	1	8	7	9	3
2	5	4	6	9	1	3	7	8
1	8	7	2	5	3	4	6	9
3	9	6	8	7	4	5	2	1

Page 194

Grid 3:

6	7	3	1	5	8	2	4	9
9	1	5	7	4	2	3	6	8
2	8	4	9	3	6	1	7	5
5	2	7	8	9	1	6	3	4
1	3	8	6	7	4	5	9	2
4	6	9	5	2	3	8	1	7
7	5	1	2	6	9	4	8	3
3	9	6	4	8	5	7	2	1
8	4	2	3	1	7	9	5	6

Grid 4:

6	2	4	8	3	7	1	5	9
8	7	1	9	5	4	2	6	3
3	9	5	1	2	6	4	7	8
1	4	9	2	6	5	8	3	7
2	8	3	7	1	9	6	4	5
5	6	7	4	8	3	9	2	1
9	3	8	6	7	2	5	1	4
7	1	6	5	4	8	3	9	2
4	5	2	3	9	1	7	8	6

Grid 5:

8	2	3	5	9	1	4	7	6
6	4	5	3	2	7	8	9	1
9	7	1	8	4	6	2	3	5
4	9	2	7	6	3	5	1	8
7	1	8	2	5	9	6	4	3
5	3	6	1	8	4	9	2	7
1	8	9	6	3	2	7	5	4
3	6	4	9	7	5	1	8	2
2	5	7	4	1	8	3	6	9

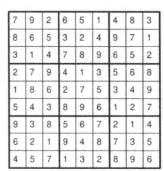

Grid 6:

5	1	7	8	9	6	2	4	3
4	6	3	7	1	2	8	5	9
8	9	2	4	3	5	6	1	7
9	8	6	5	7	3	4	2	1
7	2	4	1	6	8	9	3	5
3	5	1	2	4	9	7	8	6
2	7	8	6	5	1	3	9	4
6	3	5	9	8	4	1	7	2
1	4	9	3	2	7	5	6	8

Grid 7:

5	1	2	3	9	6	4	7	8
4	9	7	2	5	8	6	3	1
6	8	3	4	7	1	5	2	9
8	4	5	7	3	2	9	1	6
9	2	6	5	1	4	3	8	7
7	3	1	8	6	9	2	5	4
3	6	4	1	8	5	7	9	2
2	7	8	9	4	3	1	6	5
1	5	9	6	2	7	8	4	3

Grid 8:

8	5	3	2	1	9	7	4	6
6	9	2	3	4	7	5	1	8
4	1	7	5	8	6	3	2	9
2	3	9	1	6	5	8	7	4
7	6	1	4	3	8	9	5	2
5	4	8	9	7	2	6	3	1
9	2	4	6	5	3	1	8	7
1	8	5	7	9	4	2	6	3
3	7	6	8	2	1	4	9	5

Page 195

Grid 9:

6	7	1	3	2	5	4	8	9
8	5	3	1	4	9	2	6	7
4	9	2	8	7	6	3	1	5
1	4	8	2	5	3	7	9	6
7	3	9	6	1	8	5	4	2
2	6	5	4	9	7	1	3	8
9	2	6	5	3	4	8	7	1
3	1	7	9	8	2	6	5	4
5	8	4	7	6	1	9	2	3

Grid 10:

7	9	2	6	5	1	4	8	3
8	6	5	3	2	4	9	7	1
3	1	4	7	8	9	6	5	2
2	7	9	4	1	3	5	6	8
1	8	6	2	7	5	3	4	9
5	4	3	8	9	6	1	2	7
9	3	8	5	6	7	2	1	4
6	2	1	9	4	8	7	3	5
4	5	7	1	3	2	8	9	6

Page 196

Grid 11:

4	2	3	5	6	9	7	8	1
9	8	1	4	2	7	6	3	5
6	5	7	1	8	3	4	9	2
8	1	6	2	3	5	9	4	7
5	3	4	7	9	1	8	2	6
2	7	9	8	4	6	5	1	3
1	4	5	3	7	8	2	6	9
7	6	8	9	1	2	3	5	4
3	9	2	6	5	4	1	7	8

Grid 12:

5	8	2	7	4	9	3	1	6
3	9	4	5	6	1	2	7	8
1	6	7	2	8	3	4	9	5
8	5	1	3	2	7	9	6	4
2	3	6	4	9	8	1	5	7
4	7	9	6	1	5	8	2	3
7	4	3	1	5	2	6	8	9
9	2	5	8	3	6	7	4	1
6	1	8	9	7	4	5	3	2

Grid 13:

4	7	2	5	3	9	8	6	1
9	5	8	7	1	6	4	2	3
6	3	1	2	8	4	7	5	9
7	4	5	3	2	1	9	8	6
2	9	3	6	5	8	1	7	4
1	8	6	9	4	7	2	3	5
8	2	4	1	6	5	3	9	7
3	6	7	4	9	2	5	1	8
5	1	9	8	7	3	6	4	2

Grid 14:

3	9	5	4	8	7	1	2	6
1	7	6	9	2	5	3	4	8
8	4	2	3	1	6	5	7	9
2	3	7	1	5	8	6	9	4
4	6	9	2	7	3	8	5	1
5	8	1	6	4	9	7	3	2
9	1	3	7	6	2	4	8	5
6	2	8	5	3	4	9	1	7
7	5	4	8	9	1	2	6	3

Grid 15:

1	5	3	9	2	4	7	6	8
2	4	6	3	7	8	9	5	1
7	9	8	1	6	5	2	3	4
4	7	5	6	3	1	8	9	2
6	1	9	8	5	2	4	7	3
3	8	2	7	4	9	5	1	6
9	3	4	2	1	7	6	8	5
8	2	1	5	9	6	3	4	7
5	6	7	4	8	3	1	2	9

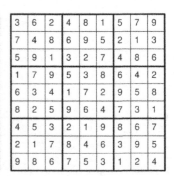

Grid 16:

3	6	2	4	8	1	5	7	9
7	4	8	6	9	5	2	1	3
5	9	1	3	2	7	4	8	6
1	7	9	5	3	8	6	4	2
6	3	4	1	7	2	9	5	8
8	2	5	9	6	4	7	3	1
4	5	3	2	1	9	8	6	7
2	1	7	8	4	6	3	9	5
9	8	6	7	5	3	1	2	4

Page 197

```
1 4 2 | 7 5 8 | 3 6 9
6 9 3 | 1 4 2 | 7 5 8
7 5 8 | 9 6 3 | 2 4 1
------+-------+------
9 8 6 | 4 7 1 | 5 3 2
5 3 4 | 2 8 9 | 1 7 6
2 7 1 | 6 3 5 | 9 8 4
------+-------+------
4 2 5 | 8 9 7 | 6 1 3
3 6 9 | 5 1 4 | 8 2 7
8 1 7 | 3 2 6 | 4 9 5
```

```
9 6 1 | 4 8 3 | 7 2 5
3 8 4 | 2 5 7 | 1 6 9
2 7 5 | 6 9 1 | 4 8 3
------+-------+------
5 9 7 | 1 6 2 | 8 3 4
1 2 8 | 3 4 5 | 6 9 7
4 3 6 | 8 7 9 | 5 1 2
------+-------+------
7 5 3 | 9 1 6 | 2 4 8
6 4 9 | 7 2 8 | 3 5 1
8 1 2 | 5 3 4 | 9 7 6
```

Page 198

```
6 9 3 | 5 7 4 | 1 2 8
7 8 4 | 6 2 1 | 9 3 5
2 5 1 | 3 8 9 | 4 7 6
------+-------+------
5 4 6 | 8 9 3 | 2 1 7
3 1 7 | 2 5 6 | 8 4 9
9 2 8 | 1 4 7 | 6 5 3
------+-------+------
8 7 2 | 9 1 5 | 3 6 4
4 6 9 | 7 3 2 | 5 8 1
1 3 5 | 4 6 8 | 7 9 2
```

```
5 8 4 | 3 7 9 | 6 1 2
1 2 7 | 6 5 4 | 3 8 9
3 6 9 | 2 8 1 | 5 7 4
------+-------+------
8 7 3 | 5 2 6 | 4 9 1
4 1 2 | 7 9 3 | 8 6 5
6 9 5 | 1 4 8 | 2 3 7
------+-------+------
2 3 1 | 9 6 5 | 7 4 8
9 5 8 | 4 3 7 | 1 2 6
7 4 6 | 8 1 2 | 9 5 3
```

```
9 3 1 | 5 2 4 | 7 8 6
5 8 7 | 6 9 1 | 4 3 2
2 4 6 | 3 7 8 | 1 9 5
------+-------+------
8 1 5 | 4 3 9 | 6 2 7
3 2 4 | 8 6 7 | 5 1 9
7 6 9 | 2 1 5 | 8 4 3
------+-------+------
1 7 2 | 9 4 6 | 3 5 8
4 9 8 | 7 5 3 | 2 6 1
6 5 3 | 1 8 2 | 9 7 4
```

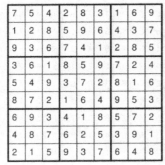

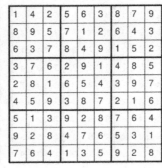

```
3 7 9 | 6 8 4 | 1 2 5
8 5 1 | 2 9 7 | 6 4 3
6 2 4 | 1 3 5 | 9 7 8
------+-------+------
4 8 7 | 5 2 9 | 3 1 6
5 3 2 | 8 6 1 | 4 9 7
9 1 6 | 4 7 3 | 8 5 2
------+-------+------
2 9 5 | 3 4 6 | 7 8 1
7 6 8 | 9 1 2 | 5 3 4
1 4 3 | 7 5 8 | 2 6 9
```

Page 199

```
7 4 2 | 9 8 3 | 6 1 5
5 1 3 | 7 4 6 | 9 8 2
6 8 9 | 2 1 5 | 4 3 7
------+-------+------
8 7 5 | 4 3 2 | 1 6 9
3 2 4 | 1 6 9 | 7 5 8
9 6 1 | 8 5 7 | 2 4 3
------+-------+------
4 9 8 | 3 2 1 | 5 7 6
2 3 6 | 5 7 4 | 8 9 1
1 5 7 | 6 9 8 | 3 2 4
```

```
7 5 4 | 2 8 3 | 1 6 9
1 2 8 | 5 9 6 | 4 3 7
9 3 6 | 7 4 1 | 2 8 5
------+-------+------
3 6 1 | 8 5 9 | 7 2 4
5 4 9 | 3 7 2 | 8 1 6
8 7 2 | 1 6 4 | 9 5 3
------+-------+------
6 9 3 | 4 1 8 | 5 7 2
4 8 7 | 6 2 5 | 3 9 1
2 1 5 | 9 3 7 | 6 4 8
```

Page 200

```
1 4 2 | 5 6 3 | 8 7 9
8 9 5 | 7 1 2 | 6 4 3
6 3 7 | 8 4 9 | 1 5 2
------+-------+------
3 7 6 | 2 9 1 | 4 8 5
2 8 1 | 6 5 4 | 3 9 7
4 5 9 | 3 8 7 | 2 1 6
------+-------+------
5 1 3 | 9 2 8 | 7 6 4
9 2 8 | 4 7 6 | 5 3 1
7 6 4 | 1 3 5 | 9 2 8
```

```
2 3 9 | 6 8 7 | 5 4 1
1 7 8 | 9 4 5 | 2 6 3
4 5 6 | 1 2 3 | 9 7 8
------+-------+------
3 2 1 | 8 7 6 | 4 5 9
6 9 5 | 2 3 4 | 1 8 7
8 4 7 | 5 1 9 | 6 3 2
------+-------+------
7 1 3 | 4 6 2 | 8 9 5
5 8 4 | 3 9 1 | 7 2 6
9 6 2 | 7 5 8 | 3 1 4
```

```
7 1 8 | 3 6 2 | 5 9 4
9 5 2 | 7 8 4 | 3 1 6
4 3 6 | 1 5 9 | 2 7 8
------+-------+------
6 8 7 | 5 1 3 | 9 4 2
5 2 1 | 4 9 7 | 8 6 3
3 9 4 | 8 2 6 | 7 5 1
------+-------+------
2 7 3 | 9 4 1 | 6 8 5
8 4 9 | 6 3 5 | 1 2 7
1 6 5 | 2 7 8 | 4 3 9
```

```
1 7 5 | 2 3 4 | 9 6 8
4 2 6 | 9 5 8 | 7 3 1
8 3 9 | 1 7 6 | 4 2 5
------+-------+------
9 8 3 | 7 4 5 | 6 1 2
6 1 7 | 8 9 2 | 3 5 4
5 4 2 | 6 1 3 | 8 7 9
------+-------+------
3 6 4 | 5 8 1 | 2 9 7
7 5 8 | 3 2 9 | 1 4 6
2 9 1 | 4 6 7 | 5 8 3
```

```
8 1 3 | 2 6 9 | 5 7 4
7 5 4 | 3 1 8 | 9 2 6
6 2 9 | 7 5 4 | 8 3 1
------+-------+------
2 8 7 | 9 4 3 | 6 1 5
1 9 6 | 8 2 5 | 7 4 3
4 3 5 | 1 7 6 | 2 8 9
------+-------+------
5 4 2 | 6 3 7 | 1 9 8
3 7 8 | 5 9 1 | 4 6 2
9 6 1 | 4 8 2 | 3 5 7
```

```
5 7 3 | 8 1 2 | 4 9 6
8 1 4 | 9 5 6 | 7 2 3
9 2 6 | 7 3 4 | 1 5 8
------+-------+------
6 3 1 | 4 2 9 | 5 8 7
4 5 9 | 3 8 7 | 6 1 2
7 8 2 | 5 6 1 | 3 4 9
------+-------+------
3 4 8 | 2 7 5 | 9 6 1
2 6 5 | 1 9 3 | 8 7 4
1 9 7 | 6 4 8 | 2 3 5
```

```
Page 201 (left):
5 2 7 6 9 8 4 3 1
6 9 1 4 2 3 5 8 7
4 8 3 1 5 7 2 6 9
7 5 8 3 1 6 9 2 4
3 4 9 5 8 2 7 1 6
1 6 2 9 7 4 8 5 3
2 7 6 8 3 9 1 4 5
9 3 5 2 4 1 6 7 8
8 1 4 7 6 5 3 9 2

Page 201 (right):
5 9 1 8 6 3 7 2 4
2 4 6 1 7 5 9 3 8
7 3 8 9 4 2 5 6 1
9 1 3 6 8 7 2 4 5
6 8 5 3 2 4 1 7 9
4 7 2 5 9 1 6 8 3
3 2 4 7 1 9 8 5 6
1 6 7 4 5 8 3 9 2
8 5 9 2 3 6 4 1 7

Page 202 (left):
3 7 8 5 6 9 2 4 1
6 4 9 2 8 1 3 7 5
2 5 1 3 7 4 6 9 8
8 3 6 1 9 2 7 5 4
7 9 2 8 4 5 1 3 6
4 1 5 6 3 7 9 8 2
5 2 7 4 1 3 8 6 9
9 6 4 7 2 8 5 1 3
1 8 3 9 5 6 4 2 7

Page 202 (right):
8 2 4 1 5 9 7 6 3
7 3 9 8 2 6 5 4 1
6 1 5 4 7 3 8 2 9
2 7 6 3 9 4 1 8 5
3 9 1 2 8 5 4 7 6
4 5 8 6 1 7 3 9 2
1 8 7 9 3 2 6 5 4
5 6 2 7 4 1 9 3 8
9 4 3 5 6 8 2 1 7
```

```
Page 203 (left, upper):
3 7 8 1 9 6 2 5 4
5 6 1 3 4 2 9 7 8
2 4 9 7 5 8 6 3 1
6 8 3 5 2 9 4 1 7
1 9 4 8 7 3 5 6 2
7 5 2 6 1 4 3 8 9
8 2 6 9 3 7 1 4 5
4 1 7 2 6 5 8 9 3
9 3 5 4 8 1 7 2 6
```

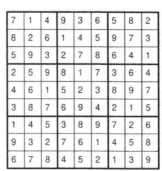

```
(next, upper):
4 2 8 1 7 3 5 9 6
5 3 9 8 2 6 1 7 4
7 6 1 9 5 4 8 2 3
3 9 4 7 6 8 2 1 5
2 1 6 3 9 5 7 4 8
8 7 5 4 1 2 3 6 9
6 4 2 5 3 1 9 8 7
1 5 7 6 8 9 4 3 2
9 8 3 2 4 7 6 5 1

(next, upper):
3 5 8 9 2 7 1 6 4
1 9 6 5 8 4 7 3 2
4 2 7 3 1 6 5 8 9
8 6 4 1 3 5 2 9 7
2 7 9 6 4 8 3 1 5
5 1 3 2 7 9 6 4 8
7 8 5 4 6 3 9 2 1
9 3 2 8 5 1 4 7 6
6 4 1 7 9 2 8 5 3

(next, upper):
5 2 8 4 3 6 7 1 9
4 6 3 9 7 1 8 5 2
1 7 9 2 5 8 4 6 3
2 3 6 8 1 7 9 4 5
8 4 7 3 9 5 6 2 1
9 5 1 6 4 2 3 8 7
6 9 4 5 2 3 1 7 8
3 1 2 7 8 4 5 9 6
7 8 5 1 6 9 2 3 4
```

```
Page 203 (lower, left):
5 4 9 8 1 7 3 2 6
6 1 3 2 5 4 8 9 7
2 7 8 3 9 6 1 4 5
7 3 6 9 4 2 5 1 8
9 8 4 5 7 1 2 6 3
1 2 5 6 8 3 9 7 4
3 9 7 1 6 5 4 8 2
4 5 1 7 2 8 6 3 9
8 6 2 4 3 9 7 5 1

(next):
7 1 4 9 3 6 5 8 2
8 2 6 1 4 5 9 7 3
5 9 3 2 7 8 6 4 1
2 5 9 8 1 7 3 6 4
4 6 1 5 2 3 8 9 7
3 8 7 6 9 4 2 1 5
1 4 5 3 8 9 7 2 6
9 3 2 7 6 1 4 5 8
6 7 8 4 5 2 1 3 9

(next):
5 8 9 1 7 6 2 4 3
6 2 4 5 8 3 9 1 7
1 3 7 9 4 2 6 5 8
4 7 5 8 2 1 3 6 9
2 1 8 3 6 9 5 7 4
9 6 3 7 5 4 8 2 1
8 4 2 6 9 7 1 3 5
3 5 6 4 1 8 7 9 2
7 9 1 2 3 5 4 8 6

(next, Page 204):
1 3 6 4 2 7 8 5 9
4 5 8 9 1 6 2 7 3
9 2 7 3 8 5 6 4 1
6 7 9 2 3 4 5 1 8
8 1 5 6 7 9 3 2 4
3 4 2 8 5 1 7 9 6
2 6 1 5 9 8 4 3 7
5 9 4 7 6 3 1 8 2
7 8 3 1 4 2 9 6 5
```

```
Bottom row (left):
3 1 8 7 2 9 6 5 4
4 2 7 1 5 6 9 8 3
5 9 6 3 4 8 7 1 2
6 5 2 8 3 4 1 9 7
9 4 3 5 1 7 8 2 6
7 8 1 6 9 2 4 3 5
2 6 4 9 8 5 3 7 1
8 3 5 4 7 1 2 6 9
1 7 9 2 6 3 5 4 8

(next):
7 4 9 6 1 2 3 8 5
2 3 6 4 5 8 7 1 9
8 5 1 3 9 7 2 6 4
5 2 8 1 6 4 9 7 3
1 6 7 2 3 9 5 4 8
4 9 3 8 7 5 1 2 6
3 1 5 7 8 6 4 9 2
6 7 4 9 2 3 8 5 1
9 8 2 5 4 1 6 3 7

(next):
2 5 9 4 7 1 6 8 3
3 1 4 8 2 6 5 9 7
6 7 8 5 3 9 4 1 2
4 6 7 1 5 2 9 3 8
1 9 3 7 6 8 2 4 5
5 8 2 9 4 3 1 7 6
8 3 5 6 9 4 7 2 1
7 4 1 2 8 5 3 6 9
9 2 6 3 1 7 8 5 4
```

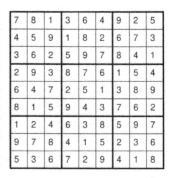

```
(next, right):
7 8 1 3 6 4 9 2 5
4 5 9 1 8 2 6 7 3
3 6 2 5 9 7 8 4 1
2 9 3 8 7 6 1 5 4
6 4 7 2 5 1 3 8 9
8 1 5 9 4 3 7 6 2
1 2 4 6 3 8 5 9 7
9 7 8 4 1 5 2 3 6
5 3 6 7 2 9 4 1 8
```

Page 205

7	9	6	8	3	4	1	2	5
1	3	5	7	6	2	8	4	9
4	2	8	9	5	1	7	6	3
9	5	3	1	8	6	2	7	4
2	1	7	5	4	9	3	8	6
6	8	4	3	2	7	5	9	1
8	6	1	2	9	5	4	3	7
5	4	2	6	7	3	9	1	8
3	7	9	4	1	8	6	5	2

7	3	5	1	4	9	6	2	8
2	6	9	5	8	7	4	1	3
8	1	4	6	2	3	7	5	9
9	2	3	8	6	4	1	7	5
4	5	1	7	3	2	9	8	6
6	8	7	9	1	5	3	4	2
5	7	6	4	9	8	2	3	1
1	4	2	3	5	6	8	9	7
3	9	8	2	7	1	5	6	4

Page 206

8	4	9	2	3	1	7	5	6
5	7	1	6	4	9	2	3	8
3	2	6	8	7	5	9	4	1
4	3	8	7	2	6	1	9	5
2	1	7	5	9	8	3	6	4
9	6	5	3	1	4	8	2	7
1	9	3	4	6	7	5	8	2
7	5	4	9	8	2	6	1	3
6	8	2	1	5	3	4	7	9

5	8	4	6	3	7	9	2	1
6	9	2	4	1	8	3	5	7
7	3	1	2	9	5	6	4	8
1	2	9	3	6	4	7	8	5
4	7	6	8	5	2	1	9	3
3	5	8	1	7	9	2	6	4
8	1	3	9	4	6	5	7	2
9	4	7	5	2	1	8	3	6
2	6	5	7	8	3	4	1	9

Page 205   Page 206

2	5	1	7	9	4	3	6	8
3	6	9	2	5	8	4	7	1
4	7	8	1	6	3	5	9	2
1	8	5	3	4	7	9	2	6
9	2	3	6	1	5	8	4	7
6	4	7	8	2	9	1	5	3
8	3	4	9	7	6	2	1	5
7	9	2	5	3	1	6	8	4
5	1	6	4	8	2	7	3	9

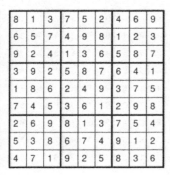

8	9	2	3	5	4	7	6	1
3	7	6	1	9	8	2	5	4
1	4	5	2	6	7	8	3	9
7	5	4	9	8	1	6	2	3
6	8	1	7	2	3	4	9	5
2	3	9	5	4	6	1	8	7
9	1	7	6	3	2	5	4	8
4	2	3	8	1	5	9	7	6
5	6	8	4	7	9	3	1	2

7	9	8	6	3	2	5	4	1
1	4	6	8	7	5	9	3	2
2	3	5	4	1	9	8	6	7
8	5	9	1	4	7	6	2	3
3	2	1	5	8	6	7	9	4
4	6	7	2	9	3	1	8	5
6	7	4	9	2	1	3	5	8
9	8	3	7	5	4	2	1	6
5	1	2	3	6	8	4	7	9

9	2	5	7	4	8	1	6	3
8	1	3	9	6	5	4	7	2
7	4	6	2	1	3	9	5	8
3	5	7	4	9	2	6	8	1
6	9	2	8	3	1	7	4	5
4	8	1	6	5	7	3	2	9
1	7	9	5	2	6	8	3	4
5	6	4	3	8	9	2	1	7
2	3	8	1	7	4	5	9	6

Page 207

7	3	1	4	9	6	8	5	2
6	4	5	2	1	8	7	9	3
9	2	8	7	5	3	4	6	1
3	5	4	9	8	2	6	1	7
8	6	9	1	7	4	2	3	5
1	7	2	3	6	5	9	8	4
5	1	6	8	4	7	3	2	9
4	9	3	6	2	1	5	7	8
2	8	7	5	3	9	1	4	6

8	1	3	7	5	2	4	6	9
6	5	7	4	9	8	1	2	3
9	2	4	1	3	6	5	8	7
3	9	2	5	8	7	6	4	1
1	8	6	2	4	9	3	7	5
7	4	5	3	6	1	2	9	8
2	6	9	8	1	3	7	5	4
5	3	8	6	7	4	9	1	2
4	7	1	9	2	5	8	3	6

Page 208

8	2	4	1	9	5	3	7	6
7	5	6	4	8	3	2	1	9
1	9	3	6	2	7	5	8	4
3	7	1	2	6	8	4	9	5
9	6	8	5	4	1	7	2	3
5	4	2	3	7	9	8	6	1
2	3	5	7	1	6	9	4	8
4	1	9	8	5	2	6	3	7
6	8	7	9	3	4	1	5	2

9	2	8	7	6	3	5	1	4
5	6	4	8	1	2	3	7	9
3	1	7	4	5	9	2	6	8
8	9	2	3	7	4	6	5	1
4	3	6	1	2	5	9	8	7
7	5	1	6	9	8	4	3	2
2	7	3	9	8	6	1	4	5
1	4	5	2	3	7	8	9	6
6	8	9	5	4	1	7	2	3

Page 207   Page 208

9	7	2	3	8	1	5	4	6
1	6	8	7	5	4	2	9	3
4	3	5	9	2	6	7	1	8
3	1	9	4	7	2	8	6	5
2	4	6	5	9	8	1	3	7
8	5	7	6	1	3	4	2	9
5	8	4	2	6	9	3	7	1
6	2	1	8	3	7	9	5	4
7	9	3	1	4	5	6	8	2

3	7	4	9	1	2	6	5	8
1	5	9	4	6	8	3	2	7
2	8	6	5	7	3	1	4	9
6	3	1	7	8	5	2	9	4
7	9	8	3	2	4	5	1	6
5	4	2	1	9	6	7	8	3
9	6	3	8	5	1	4	7	2
8	2	5	6	4	7	9	3	1
4	1	7	2	3	9	8	6	5

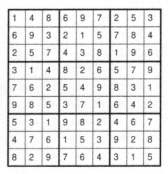

8	7	1	6	5	9	2	3	4
3	4	6	1	2	7	8	5	9
2	9	5	3	4	8	7	6	1
4	2	9	5	3	6	1	8	7
7	5	3	8	1	2	4	9	6
6	1	8	9	7	4	5	2	3
5	6	7	4	8	3	9	1	2
1	3	2	7	9	5	6	4	8
9	8	4	2	6	1	3	7	5

1	4	8	6	9	7	2	5	3
6	9	3	2	1	5	7	8	4
2	5	7	4	3	8	1	9	6
3	1	4	8	2	6	5	7	9
7	6	2	5	4	9	8	3	1
9	8	5	3	7	1	6	4	2
5	3	1	9	8	2	4	6	7
4	7	6	1	5	3	9	2	8
8	2	9	7	6	4	3	1	5

Page 209

Grid 1:
```
9 5 1 | 3 8 4 | 2 7 6
3 2 4 | 6 9 7 | 8 5 1
8 6 7 | 2 5 1 | 9 4 3
------+-------+------
4 7 2 | 8 3 9 | 6 1 5
6 8 3 | 1 2 5 | 4 9 7
1 9 5 | 4 7 6 | 3 8 2
------+-------+------
2 4 6 | 7 1 8 | 5 3 9
7 3 9 | 5 4 2 | 1 6 8
5 1 8 | 9 6 3 | 7 2 4
```

Grid 2:
```
5 8 9 | 7 3 4 | 1 2 6
7 2 6 | 5 1 8 | 4 9 3
3 4 1 | 2 9 6 | 8 7 5
------+-------+------
4 5 8 | 3 2 9 | 6 1 7
1 9 3 | 6 4 7 | 2 5 8
2 6 7 | 1 8 5 | 9 3 4
------+-------+------
8 1 5 | 9 6 3 | 7 4 2
6 7 2 | 4 5 1 | 3 8 9
9 3 4 | 8 7 2 | 5 6 1
```

Page 210

Grid 3:
```
6 4 1 | 2 3 8 | 5 7 9
9 3 7 | 6 4 5 | 8 1 2
2 5 8 | 7 9 1 | 4 6 3
------+-------+------
8 2 4 | 1 5 7 | 3 9 6
1 7 9 | 4 6 3 | 2 8 5
3 6 5 | 8 2 9 | 1 4 7
------+-------+------
7 9 3 | 5 8 4 | 6 2 1
4 1 2 | 3 7 6 | 9 5 8
5 8 6 | 9 1 2 | 7 3 4
```

Grid 4:
```
1 2 8 | 3 5 7 | 9 6 4
4 3 9 | 2 8 6 | 1 7 5
5 6 7 | 4 1 9 | 8 2 3
------+-------+------
3 1 2 | 5 6 4 | 7 9 8
9 4 5 | 1 7 8 | 2 3 6
7 8 6 | 9 3 2 | 4 5 1
------+-------+------
2 5 3 | 8 9 1 | 6 4 7
6 9 1 | 7 4 5 | 3 8 2
8 7 4 | 6 2 3 | 5 1 9
```

Grid 5:
```
2 3 4 | 9 8 7 | 5 1 6
9 5 6 | 3 4 1 | 2 7 8
8 1 7 | 6 2 5 | 9 4 3
------+-------+------
1 9 8 | 2 5 4 | 6 3 7
4 7 3 | 8 6 9 | 1 2 5
5 6 2 | 1 7 3 | 8 9 4
------+-------+------
3 8 1 | 7 9 6 | 4 5 2
7 2 5 | 4 1 8 | 3 6 9
6 4 9 | 5 3 2 | 7 8 1
```

Grid 6:
```
3 1 9 | 5 7 6 | 8 2 4
2 4 5 | 9 8 1 | 7 3 6
7 6 8 | 2 4 3 | 5 1 9
------+-------+------
1 5 6 | 7 9 2 | 3 4 8
9 7 2 | 8 3 4 | 6 5 1
8 3 4 | 1 6 5 | 2 9 7
------+-------+------
5 8 7 | 3 1 9 | 4 6 2
6 2 1 | 4 5 8 | 9 7 3
4 9 3 | 6 2 7 | 1 8 5
```

Grid 7:
```
7 2 1 | 4 9 5 | 6 8 3
3 5 9 | 7 6 8 | 4 2 1
8 6 4 | 3 2 1 | 7 9 5
------+-------+------
1 8 6 | 9 5 3 | 2 4 7
5 4 7 | 8 1 2 | 9 3 6
9 3 2 | 6 4 7 | 1 5 8
------+-------+------
4 1 5 | 2 3 6 | 8 7 9
2 7 3 | 1 8 9 | 5 6 4
6 9 8 | 5 7 4 | 3 1 2
```

Grid 8:
```
6 8 2 | 9 3 4 | 7 1 5
9 3 4 | 1 5 7 | 8 2 6
1 7 5 | 8 2 6 | 9 3 4
------+-------+------
2 1 6 | 5 7 3 | 4 9 8
7 5 9 | 4 1 8 | 2 6 3
8 4 3 | 6 9 2 | 5 7 1
------+-------+------
5 6 1 | 7 4 9 | 3 8 2
3 9 8 | 2 6 5 | 1 4 7
4 2 7 | 3 8 1 | 6 5 9
```

Page 211

Grid 9:
```
9 6 5 | 1 2 4 | 8 7 3
1 8 2 | 5 3 7 | 4 6 9
3 7 4 | 9 8 6 | 1 2 5
------+-------+------
6 5 7 | 3 1 8 | 2 9 4
2 4 1 | 6 9 5 | 3 8 7
8 9 3 | 4 7 2 | 6 5 1
------+-------+------
5 1 8 | 2 4 9 | 7 3 6
4 2 6 | 7 5 3 | 9 1 8
7 3 9 | 8 6 1 | 5 4 2
```

Grid 10:
```
6 7 4 | 8 3 9 | 5 1 2
2 3 9 | 6 5 1 | 7 8 4
5 8 1 | 2 4 7 | 9 6 3
------+-------+------
4 9 6 | 3 7 5 | 1 2 8
1 2 7 | 9 6 8 | 3 4 5
3 5 8 | 4 1 2 | 6 7 9
------+-------+------
9 4 3 | 1 8 6 | 2 5 7
7 1 2 | 5 9 4 | 8 3 6
8 6 5 | 7 2 3 | 4 9 1
```

Page 212

Grid 11:
```
8 4 7 | 9 3 6 | 2 5 1
3 9 1 | 8 5 2 | 4 7 6
2 6 5 | 4 7 1 | 3 8 9
------+-------+------
6 5 9 | 7 8 3 | 1 2 4
4 3 8 | 2 1 5 | 9 6 7
1 7 2 | 6 4 9 | 8 3 5
------+-------+------
9 2 4 | 3 6 7 | 5 1 8
5 8 6 | 1 2 4 | 7 9 3
7 1 3 | 5 9 8 | 6 4 2
```

Grid 12:
```
4 6 3 | 5 1 8 | 7 2 9
5 1 8 | 7 2 9 | 3 4 6
7 2 9 | 6 4 3 | 5 8 1
------+-------+------
6 9 4 | 8 3 7 | 1 5 2
1 8 5 | 9 6 2 | 4 7 3
3 7 2 | 1 5 4 | 9 6 8
------+-------+------
9 3 6 | 2 7 5 | 8 1 4
2 4 7 | 3 8 1 | 6 9 5
8 5 1 | 4 9 6 | 2 3 7
```

Grid 13:
```
2 5 8 | 6 7 9 | 3 1 4
3 9 6 | 2 1 4 | 5 7 8
4 1 7 | 5 3 8 | 6 2 9
------+-------+------
7 4 5 | 1 6 3 | 8 9 2
9 8 2 | 4 5 7 | 1 3 6
6 3 1 | 8 9 2 | 4 5 7
------+-------+------
1 7 4 | 9 8 5 | 2 6 3
8 6 9 | 3 2 1 | 7 4 5
5 2 3 | 7 4 6 | 9 8 1
```

Grid 14:
```
9 3 1 | 7 5 4 | 2 8 6
6 2 8 | 1 3 9 | 5 7 4
7 4 5 | 2 6 8 | 9 1 3
------+-------+------
2 7 3 | 4 9 6 | 1 5 8
8 6 9 | 5 7 1 | 3 4 2
5 1 4 | 3 8 2 | 6 9 7
------+-------+------
4 9 7 | 6 2 5 | 8 3 1
3 8 2 | 9 1 7 | 4 6 5
1 5 6 | 8 4 3 | 7 2 9
```

Grid 15:
```
6 9 8 | 2 3 1 | 4 7 5
7 2 4 | 9 5 6 | 1 3 8
5 1 3 | 7 8 4 | 9 2 6
------+-------+------
3 4 1 | 5 2 9 | 6 8 7
9 8 6 | 1 7 3 | 5 4 2
2 5 7 | 4 6 8 | 3 1 9
------+-------+------
8 3 9 | 6 4 7 | 2 5 1
1 7 2 | 3 9 5 | 8 6 4
4 6 5 | 8 1 2 | 7 9 3
```

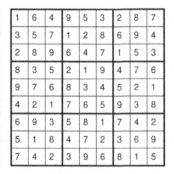

Grid 16:
```
1 6 4 | 9 5 3 | 2 8 7
3 5 7 | 1 2 8 | 6 9 4
2 8 9 | 6 4 7 | 1 5 3
------+-------+------
8 3 5 | 2 1 9 | 4 7 6
9 7 6 | 8 3 4 | 5 2 1
4 2 1 | 7 6 5 | 9 3 8
------+-------+------
6 9 3 | 5 8 1 | 7 4 2
5 1 8 | 4 7 2 | 3 6 9
7 4 2 | 3 9 6 | 8 1 5
```

Page 213

Grid 1:

2	1	3	7	4	8	5	9	6
9	5	7	6	1	2	3	8	4
4	8	6	5	3	9	7	1	2
7	4	5	1	6	3	9	2	8
1	3	8	2	9	7	6	4	5
6	2	9	8	5	4	1	7	3
8	9	4	3	7	6	2	5	1
3	7	1	4	2	5	8	6	9
5	6	2	9	8	1	4	3	7

Grid 2:

8	7	4	1	6	9	3	5	2
6	9	2	8	3	5	1	7	4
3	1	5	7	4	2	8	6	9
1	6	3	5	2	7	4	9	8
7	2	9	6	8	4	5	3	1
4	5	8	3	9	1	6	2	7
2	3	7	4	5	8	9	1	6
9	8	6	2	1	3	7	4	5
5	4	1	9	7	6	2	8	3

Page 214

Grid 3:

7	5	3	1	8	9	4	2	6
1	8	2	5	6	4	7	9	3
4	9	6	7	2	3	1	5	8
9	7	5	6	4	2	8	3	1
3	1	8	9	5	7	2	6	4
2	6	4	8	3	1	5	7	9
8	3	7	4	9	5	6	1	2
6	2	1	3	7	8	9	4	5
5	4	9	2	1	6	3	8	7

Grid 4:

2	8	4	5	9	7	6	3	1
1	3	5	8	6	2	9	4	7
9	6	7	1	4	3	8	5	2
3	5	8	9	7	6	2	1	4
7	1	6	4	2	8	5	9	3
4	9	2	3	1	5	7	8	6
6	4	1	7	8	9	3	2	5
8	7	3	2	5	4	1	6	9
5	2	9	6	3	1	4	7	8

Grid 5:

2	5	9	3	1	7	4	6	8
1	8	7	9	4	6	2	3	5
6	4	3	8	2	5	9	7	1
3	2	5	7	9	1	6	8	4
4	9	8	2	6	3	5	1	7
7	1	6	4	5	8	3	2	9
9	7	2	1	3	4	8	5	6
8	6	4	5	7	2	1	9	3
5	3	1	6	8	9	7	4	2

Grid 6:

1	9	7	8	3	5	6	2	4
8	2	3	1	4	6	5	7	9
4	5	6	7	9	2	8	3	1
6	1	5	2	8	9	3	4	7
2	3	4	6	1	7	9	5	8
7	8	9	3	5	4	1	6	2
5	7	8	9	2	3	4	1	6
9	4	2	5	6	1	7	8	3
3	6	1	4	7	8	2	9	5

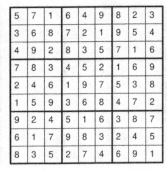

Grid 7:

2	5	7	8	6	9	4	3	1
8	3	1	5	4	7	2	9	6
6	9	4	3	2	1	5	7	8
3	2	5	4	1	8	9	6	7
1	7	6	9	3	2	8	5	4
9	4	8	6	7	5	1	2	3
7	8	9	1	5	3	6	4	2
4	1	2	7	9	6	3	8	5
5	6	3	2	8	4	7	1	9

Grid 8:

6	2	1	9	4	3	8	7	5
8	3	4	1	5	7	6	2	9
7	5	9	2	6	8	3	4	1
3	8	7	6	9	4	5	1	2
2	4	6	7	1	5	9	8	3
1	9	5	3	8	2	4	6	7
5	7	3	8	2	6	1	9	4
9	6	2	4	3	1	7	5	8
4	1	8	5	7	9	2	3	6

Page 215

Grid 9:

9	2	8	3	1	5	6	7	4
5	7	6	4	2	8	1	9	3
1	4	3	9	7	6	2	5	8
3	8	9	6	5	7	4	1	2
2	1	7	8	4	3	5	6	9
4	6	5	1	9	2	3	8	7
7	5	1	2	3	9	8	4	6
6	9	2	5	8	4	7	3	1
8	3	4	7	6	1	9	2	5

Grid 10:

9	7	8	6	2	5	1	3	4
3	4	5	8	9	1	2	6	7
1	2	6	4	7	3	5	8	9
6	9	7	1	4	2	3	5	8
4	1	3	7	5	8	9	2	6
5	8	2	3	6	9	7	4	1
2	3	1	9	8	4	6	7	5
8	6	9	5	3	7	4	1	2
7	5	4	2	1	6	8	9	3

Page 216

Grid 11:

5	7	1	6	4	9	8	2	3
3	6	8	7	2	1	9	5	4
4	9	2	8	3	5	7	1	6
7	8	3	4	5	2	1	6	9
2	4	6	1	9	7	5	3	8
1	5	9	3	6	8	4	7	2
9	2	4	5	1	6	3	8	7
6	1	7	9	8	3	2	4	5
8	3	5	2	7	4	6	9	1

Grid 12:

7	9	4	8	1	2	5	3	6
8	2	6	5	7	3	4	1	9
5	3	1	9	4	6	2	7	8
9	4	2	3	8	1	7	6	5
6	8	5	2	9	7	3	4	1
1	7	3	4	6	5	8	9	2
3	1	8	6	5	4	9	2	7
4	6	9	7	2	8	1	5	3
2	5	7	1	3	9	6	8	4

Grid 13:

7	6	4	8	9	1	3	5	2
1	9	2	6	3	5	4	7	8
3	5	8	7	2	4	6	1	9
2	3	9	4	1	6	5	8	7
8	7	6	9	5	2	1	3	4
5	4	1	3	7	8	9	2	6
6	2	7	1	4	3	8	9	5
9	8	3	5	6	7	2	4	1
4	1	5	2	8	9	7	6	3

Grid 14:

6	7	8	4	1	9	5	2	3
5	4	2	3	6	8	1	9	7
9	3	1	2	7	5	6	8	4
1	6	7	9	4	2	8	3	5
4	2	5	8	3	6	7	1	9
8	9	3	1	5	7	4	6	2
3	1	9	5	8	4	2	7	6
2	5	6	7	9	1	3	4	8
7	8	4	6	2	3	9	5	1

Grid 15:

2	8	6	7	1	4	3	9	5
9	5	7	2	6	3	4	1	8
3	1	4	5	8	9	7	6	2
5	4	9	1	7	6	8	2	3
7	3	8	9	2	5	6	4	1
6	2	1	4	3	8	9	5	7
1	9	5	3	4	7	2	8	6
4	6	3	8	5	2	1	7	9
8	7	2	6	9	1	5	3	4

Grid 16:

3	7	5	9	4	2	1	6	8
1	4	2	7	6	8	5	3	9
9	6	8	1	5	3	2	7	4
5	9	1	4	3	7	6	8	2
4	8	6	5	2	1	3	9	7
2	3	7	6	8	9	4	1	5
6	5	9	8	1	4	7	2	3
7	2	4	3	9	6	8	5	1
8	1	3	2	7	5	9	4	6

Page 217

4	9	2	6	5	7	1	8	3
8	7	6	9	3	1	4	5	2
5	1	3	4	2	8	6	9	7
7	5	4	3	1	6	9	2	8
1	3	9	2	8	5	7	6	4
6	2	8	7	9	4	5	3	1
3	4	7	5	6	2	8	1	9
9	8	5	1	7	3	2	4	6
2	6	1	8	4	9	3	7	5

4	1	7	8	9	5	3	2	6
2	5	8	6	7	3	4	1	9
3	6	9	1	2	4	7	8	5
6	3	1	9	8	2	5	7	4
7	8	4	5	3	6	1	9	2
9	2	5	4	1	7	6	3	8
8	9	6	3	4	1	2	5	7
5	7	3	2	6	9	8	4	1
1	4	2	7	5	8	9	6	3

Page 218

3	2	8	6	7	1	9	5	4
9	6	7	8	5	4	2	1	3
5	4	1	2	3	9	7	6	8
6	9	3	5	2	8	1	4	7
8	1	4	3	9	7	5	2	6
7	5	2	1	4	6	8	3	9
2	3	6	7	8	5	4	9	1
4	8	5	9	1	3	6	7	2
1	7	9	4	6	2	3	8	5

5	7	2	8	4	9	6	3	1
6	8	1	3	2	5	4	9	7
3	9	4	1	7	6	5	8	2
2	1	7	9	3	4	8	6	5
4	3	8	6	5	7	2	1	9
9	6	5	2	8	1	3	7	4
8	5	6	7	1	2	9	4	3
1	4	3	5	9	8	7	2	6
7	2	9	4	6	3	1	5	8

7	8	4	3	2	9	1	6	5
3	6	5	7	4	1	2	8	9
2	1	9	5	6	8	4	3	7
5	3	6	1	7	4	8	9	2
9	4	1	6	8	2	7	5	3
8	2	7	9	3	5	6	4	1
4	5	3	8	1	7	9	2	6
1	9	8	2	5	6	3	7	4
6	7	2	4	9	3	5	1	8

5	3	4	8	9	6	1	7	2
1	9	2	3	7	5	4	8	6
7	8	6	1	2	4	3	9	5
2	6	7	4	8	9	5	1	3
9	1	3	2	5	7	8	6	4
8	4	5	6	3	1	7	2	9
3	5	8	9	1	2	6	4	7
6	2	1	7	4	3	9	5	8
4	7	9	5	6	8	2	3	1

9	2	1	6	3	4	5	8	7
8	6	7	1	9	5	4	2	3
4	5	3	2	8	7	9	6	1
5	7	4	8	1	6	3	9	2
6	3	9	7	5	2	1	4	8
2	1	8	9	4	3	7	5	6
3	4	2	5	6	1	8	7	9
7	8	5	3	2	9	6	1	4
1	9	6	4	7	8	2	3	5

5	3	9	8	7	6	2	1	4
2	4	6	9	3	1	7	8	5
7	1	8	2	4	5	3	9	6
4	8	2	5	6	7	9	3	1
3	6	1	4	9	8	5	2	7
9	5	7	1	2	3	4	6	8
8	7	3	6	5	2	1	4	9
6	9	5	3	1	4	8	7	2
1	2	4	7	8	9	6	5	3

Page 219

2	1	5	7	4	3	8	9	6
6	3	7	5	8	9	4	1	2
4	9	8	6	2	1	7	3	5
8	6	3	4	9	5	1	2	7
7	2	4	1	3	8	6	5	9
9	5	1	2	7	6	3	4	8
3	4	9	8	6	2	5	7	1
5	7	6	9	1	4	2	8	3
1	8	2	3	5	7	9	6	4

8	2	5	1	7	6	4	9	3
3	4	6	8	5	9	1	7	2
9	1	7	2	4	3	8	6	5
1	8	2	4	3	7	9	5	6
5	3	9	6	8	2	7	1	4
7	6	4	5	9	1	3	2	8
6	5	3	9	1	8	2	4	7
4	7	1	3	2	5	6	8	9
2	9	8	7	6	4	5	3	1

Page 220

1	4	8	9	3	2	7	5	6
9	6	3	8	5	7	1	4	2
2	5	7	4	6	1	8	9	3
7	2	9	6	1	5	3	8	4
8	3	5	2	9	4	6	1	7
6	1	4	7	8	3	5	2	9
3	9	6	5	4	8	2	7	1
5	7	1	3	2	9	4	6	8
4	8	2	1	7	6	9	3	5

6	4	2	8	7	3	9	5	1
9	8	1	4	5	2	6	7	3
5	7	3	1	9	6	2	4	8
2	1	9	3	8	4	7	6	5
4	3	7	9	6	5	8	1	2
8	6	5	2	1	7	4	3	9
7	9	8	5	4	1	3	2	6
1	2	6	7	3	9	5	8	4
3	5	4	6	2	8	1	9	7

2	8	6	1	3	7	9	4	5
5	7	9	2	4	8	1	3	6
4	3	1	6	5	9	8	2	7
1	2	3	4	6	5	7	9	8
8	4	7	3	9	1	6	5	2
6	9	5	7	8	2	4	1	3
3	5	4	9	7	6	2	8	1
7	1	8	5	2	4	3	6	9
9	6	2	8	1	3	5	7	4

4	3	7	5	9	1	6	2	8
1	9	2	6	8	4	5	3	7
8	6	5	7	2	3	4	1	9
2	5	6	8	3	7	1	9	4
7	1	4	9	5	6	3	8	2
3	8	9	4	1	2	7	5	6
6	2	8	1	4	5	9	7	3
9	7	1	3	6	8	2	4	5
5	4	3	2	7	9	8	6	1

8	9	5	7	4	3	2	1	6
7	2	1	9	5	6	3	4	8
4	3	6	2	8	1	5	9	7
1	5	7	6	2	9	4	8	3
9	6	4	5	3	8	7	2	1
2	8	3	1	7	4	6	5	9
3	7	2	8	1	5	9	6	4
5	1	9	4	6	7	8	3	2
6	4	8	3	9	2	1	7	5

8	1	7	9	5	6	3	2	4
6	2	4	8	3	1	7	9	5
5	9	3	2	4	7	6	1	8
3	4	2	7	6	9	5	8	1
9	5	6	4	1	8	2	3	7
7	8	1	5	2	3	4	6	9
2	3	9	1	7	4	8	5	6
1	7	5	6	8	2	9	4	3
4	6	8	3	9	5	1	7	2

Page 221 (left puzzle)

6	1	9	8	2	5	7	3	4
4	3	2	7	6	9	5	1	8
7	8	5	1	4	3	9	2	6
8	2	1	5	9	4	6	7	3
9	6	3	2	8	7	1	4	5
5	4	7	6	3	1	2	8	9
1	9	4	3	5	2	8	6	7
3	7	6	9	1	8	4	5	2
2	5	8	4	7	6	3	9	1

Page 221 (right puzzle)

6	7	9	1	5	4	3	8	2
8	4	2	3	9	7	5	6	1
3	5	1	8	2	6	4	9	7
9	2	3	5	4	1	6	7	8
5	1	4	6	7	8	2	3	9
7	8	6	2	3	9	1	4	5
1	9	5	7	6	3	8	2	4
2	6	7	4	8	5	9	1	3
4	3	8	9	1	2	7	5	6

Page 222 (left puzzle)

6	4	3	7	9	5	1	2	8
1	2	8	3	4	6	7	5	9
7	5	9	2	1	8	6	3	4
5	3	6	9	8	2	4	1	7
8	1	7	5	6	4	2	9	3
4	9	2	1	3	7	8	6	5
2	7	1	4	5	9	3	8	6
9	8	4	6	2	3	5	7	1
3	6	5	8	7	1	9	4	2

Page 222 (right puzzle)

4	3	5	1	7	6	9	8	2
9	8	2	5	4	3	7	6	1
7	1	6	2	9	8	3	4	5
6	4	9	7	1	2	5	3	8
3	7	8	4	6	5	2	1	9
5	2	1	3	8	9	6	7	4
8	9	3	6	2	4	1	5	7
1	5	4	9	3	7	8	2	6
2	6	7	8	5	1	4	9	3

Second row (left puzzle)

5	8	7	1	9	6	4	2	3
2	6	4	8	5	3	7	1	9
9	1	3	7	4	2	6	8	5
1	2	6	5	7	4	3	9	8
3	5	8	9	6	1	2	4	7
4	7	9	2	3	8	5	6	1
8	4	2	3	1	7	9	5	6
6	3	5	4	8	9	1	7	2
7	9	1	6	2	5	8	3	4

Second row (center-left puzzle)

6	8	7	5	2	9	1	3	4
4	3	1	7	8	6	9	2	5
2	5	9	4	3	1	7	6	8
1	2	4	9	5	3	8	7	6
7	9	3	6	4	8	5	1	2
8	6	5	2	1	7	3	4	9
3	1	6	8	9	4	2	5	7
9	4	2	1	7	5	6	8	3
5	7	8	3	6	2	4	9	1

Second row (center-right puzzle)

4	6	9	3	7	2	8	5	1
3	8	2	6	1	5	9	4	7
5	7	1	8	9	4	6	3	2
7	4	5	9	8	1	2	6	3
6	2	8	4	5	3	7	1	9
9	1	3	2	6	7	4	8	5
1	5	6	7	2	8	3	9	4
2	9	4	1	3	6	5	7	8
8	3	7	5	4	9	1	2	6

Second row (right puzzle)

9	3	4	5	1	7	8	6	2
8	1	5	4	6	2	7	9	3
7	2	6	3	9	8	5	4	1
3	6	9	1	4	5	2	8	7
1	4	7	8	2	6	9	3	5
5	8	2	7	3	9	6	1	4
4	9	8	2	7	3	1	5	6
2	5	1	6	8	4	3	7	9
6	7	3	9	5	1	4	2	8

Page 223 (left puzzle)

7	3	1	2	5	6	9	4	8
2	9	4	3	7	8	6	1	5
6	8	5	9	1	4	2	3	7
8	4	2	6	3	9	7	5	1
3	6	7	5	4	1	8	2	9
1	5	9	8	2	7	4	6	3
4	7	3	1	9	2	5	8	6
5	2	6	7	8	3	1	9	4
9	1	8	4	6	5	3	7	2

Page 223 (center-left puzzle)

8	9	5	6	2	4	1	3	7
6	3	7	1	8	5	4	2	9
1	4	2	9	7	3	6	8	5
4	6	3	5	9	7	8	1	2
5	8	1	3	6	2	7	9	4
2	7	9	4	1	8	5	6	3
7	5	8	2	3	1	9	4	6
3	1	6	7	4	9	2	5	8
9	2	4	8	5	6	3	7	1

Page 224 (center-right puzzle)

1	7	2	3	5	6	8	9	4
5	6	9	4	7	8	3	1	2
8	4	3	2	1	9	5	7	6
7	8	6	5	2	3	9	4	1
9	2	4	1	8	7	6	5	3
3	5	1	9	6	4	7	2	8
2	3	7	6	9	1	4	8	5
4	9	5	8	3	2	1	6	7
6	1	8	7	4	5	2	3	9

Page 224 (right puzzle)

2	1	3	7	9	4	6	8	5
8	5	6	1	3	2	4	9	7
9	4	7	5	8	6	2	3	1
3	2	4	9	7	8	5	1	6
5	7	9	4	6	1	8	2	3
6	8	1	2	5	3	9	7	4
4	6	8	3	1	9	7	5	2
7	3	2	8	4	5	1	6	9
1	9	5	6	2	7	3	4	8

Fourth row (left puzzle)

7	8	4	1	6	3	5	9	2
9	5	2	4	8	7	6	3	1
3	6	1	2	9	5	8	4	7
2	9	6	3	5	1	4	7	8
5	1	7	8	2	4	9	6	3
8	4	3	6	7	9	2	1	5
6	7	9	5	1	8	3	2	4
4	2	5	7	3	6	1	8	9
1	3	8	9	4	2	7	5	6

Fourth row (center-left puzzle)

8	4	7	5	9	1	3	6	2
3	5	2	8	6	7	1	9	4
9	1	6	4	3	2	8	5	7
6	2	9	1	4	8	5	7	3
7	8	5	3	2	6	9	4	1
1	3	4	9	7	5	2	8	6
2	6	3	7	8	9	4	1	5
5	7	8	2	1	4	6	3	9
4	9	1	6	5	3	7	2	8

Fourth row (center-right puzzle)

8	9	5	1	2	7	6	4	3
4	2	1	3	8	6	9	7	5
7	6	3	5	9	4	1	8	2
6	7	4	2	1	8	5	3	9
1	5	8	4	3	9	2	6	7
9	3	2	6	7	5	8	1	4
3	8	7	9	6	2	4	5	1
5	1	9	8	4	3	7	2	6
2	4	6	7	5	1	3	9	8

Fourth row (right puzzle)

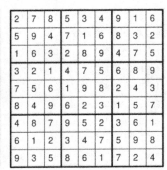

2	7	8	5	3	4	9	1	6
5	9	4	7	1	6	8	3	2
1	6	3	2	8	9	4	7	5
3	2	1	4	7	5	6	8	9
7	5	6	1	9	8	2	4	3
8	4	9	6	2	3	1	5	7
4	8	7	9	5	2	3	6	1
6	1	2	3	4	7	5	9	8
9	3	5	8	6	1	7	2	4

Grid 1 (Page 225)

```
4 8 1 2 6 5 3 9 7
6 2 7 4 9 3 1 5 8
5 9 3 7 1 8 2 4 6
3 6 8 9 2 7 5 1 4
2 1 5 3 8 4 7 6 9
9 7 4 1 5 6 8 2 3
7 5 9 6 3 2 4 8 1
8 3 6 5 4 1 9 7 2
1 4 2 8 7 9 6 3 5
```

Grid 2

```
9 3 7 2 4 6 5 8 1
8 5 1 9 7 3 4 2 6
4 2 6 8 5 1 3 9 7
1 4 5 6 3 8 9 7 2
2 9 3 4 1 7 6 5 8
6 7 8 5 2 9 1 4 3
5 8 4 3 6 2 7 1 9
7 6 2 1 9 5 8 3 4
3 1 9 7 8 4 2 6 5
```

Grid 3 (Page 226)

```
9 5 7 6 2 1 4 8 3
6 2 1 3 4 8 7 5 9
8 3 4 9 5 7 1 6 2
2 8 5 7 9 6 3 4 1
4 9 6 2 1 3 5 7 8
7 1 3 4 8 5 2 9 6
5 7 9 8 3 2 6 1 4
1 4 2 5 6 9 8 3 7
3 6 8 1 7 4 9 2 5
```

Grid 4

```
8 2 6 3 5 1 7 4 9
4 9 7 2 6 8 1 3 5
1 3 5 7 9 4 8 2 6
5 1 8 6 2 7 3 9 4
7 4 9 1 3 5 6 8 2
2 6 3 8 4 9 5 7 1
6 5 2 9 8 3 4 1 7
3 7 4 5 1 2 9 6 8
9 8 1 4 7 6 2 5 3
```

Grid 5

```
9 2 7 3 1 5 6 4 8
6 5 8 7 2 4 1 3 9
4 1 3 9 8 6 7 2 5
3 9 1 4 6 7 5 8 2
5 8 4 2 3 1 9 7 6
7 6 2 5 9 8 3 1 4
8 4 9 1 5 3 2 6 7
1 7 5 6 4 2 8 9 3
2 3 6 8 7 9 4 5 1
```

Grid 6

```
5 7 8 6 4 3 2 1 9
3 2 9 5 7 1 4 8 6
4 6 1 9 2 8 7 3 5
1 5 6 4 8 7 3 9 2
9 4 3 1 6 2 5 7 8
7 8 2 3 5 9 6 4 1
6 9 4 7 1 5 8 2 3
8 1 5 2 3 4 9 6 7
2 3 7 8 9 6 1 5 4
```

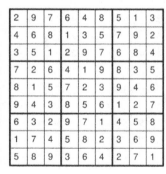

Grid 7

```
2 9 1 4 7 3 6 8 5
8 4 7 9 6 5 1 3 2
6 5 3 8 1 2 4 7 9
1 7 5 3 4 8 2 9 6
3 6 8 2 9 1 5 4 7
4 2 9 6 5 7 3 1 8
5 3 2 1 8 9 7 6 4
9 1 4 7 2 6 8 5 3
7 8 6 5 3 4 9 2 1
```

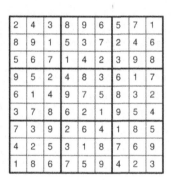

Grid 8

```
1 3 6 5 2 9 7 4 8
9 2 7 8 3 4 6 5 1
4 8 5 1 6 7 3 9 2
7 6 1 3 4 2 5 8 9
2 9 8 7 5 6 1 3 4
5 4 3 9 1 8 2 6 7
8 1 9 6 7 3 4 2 5
3 7 4 2 8 5 9 1 6
6 5 2 4 9 1 8 7 3
```

Grid 9 (Page 227)

```
3 4 7 9 8 6 2 5 1
1 2 8 3 7 5 4 9 6
5 6 9 4 1 2 8 3 7
7 8 6 1 4 3 9 2 5
2 3 1 7 5 9 6 4 8
9 5 4 2 6 8 1 7 3
6 1 2 5 9 7 3 8 4
4 7 3 8 2 1 5 6 9
8 9 5 6 3 4 7 1 2
```

Grid 10

```
2 3 9 8 1 6 7 5 4
8 7 5 3 9 4 6 2 1
1 6 4 7 5 2 8 9 3
7 1 6 9 2 8 3 4 5
4 5 2 1 3 7 9 6 8
3 9 8 4 6 5 2 1 7
5 2 7 6 8 1 4 3 9
9 8 1 2 4 3 5 7 6
6 4 3 5 7 9 1 8 2
```

Grid 11 (Page 228)

```
2 9 7 6 4 8 5 1 3
4 6 8 1 3 5 7 9 2
3 5 1 2 9 7 6 8 4
7 2 6 4 1 9 8 3 5
8 1 5 7 2 3 9 4 6
9 4 3 8 5 6 1 2 7
6 3 2 9 7 1 4 5 8
1 7 4 5 8 2 3 6 9
5 8 9 3 6 4 2 7 1
```

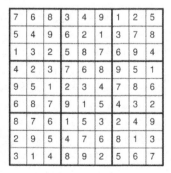

Grid 12

```
2 4 3 8 9 6 5 7 1
8 9 1 5 3 7 2 4 6
5 6 7 1 4 2 3 9 8
9 5 2 4 8 3 6 1 7
6 1 4 9 7 5 8 3 2
3 7 8 6 2 1 9 5 4
7 3 9 2 6 4 1 8 5
4 2 5 3 1 8 7 6 9
1 8 6 7 5 9 4 2 3
```

Grid 13

```
6 5 2 3 7 8 4 9 1
9 4 1 5 2 6 7 3 8
7 8 3 9 4 1 6 2 5
4 6 8 2 5 3 9 1 7
1 3 5 8 9 7 2 4 6
2 7 9 6 1 4 5 8 3
8 9 6 4 3 5 1 7 2
5 2 7 1 8 9 3 6 4
3 1 4 7 6 2 8 5 9
```

Grid 14

```
1 7 5 2 9 8 6 4 3
4 2 6 7 3 5 9 1 8
8 3 9 6 1 4 5 7 2
9 4 2 5 8 3 7 6 1
6 5 1 4 2 7 3 8 9
3 8 7 1 6 9 4 2 5
7 9 8 3 4 2 1 5 6
5 6 3 8 7 1 2 9 4
2 1 4 9 5 6 8 3 7
```

Grid 15

```
3 7 4 1 8 5 2 9 6
6 9 2 7 3 4 8 5 1
1 5 8 2 9 6 3 4 7
7 2 9 4 6 8 1 3 5
5 1 3 9 2 7 4 6 8
4 8 6 5 1 3 7 2 9
8 4 5 6 7 2 9 1 3
9 6 7 3 4 1 5 8 2
2 3 1 8 5 9 6 7 4
```

Grid 16

```
7 6 8 3 4 9 1 2 5
5 4 9 6 2 1 3 7 8
1 3 2 5 8 7 6 9 4
4 2 3 7 6 8 9 5 1
9 5 1 2 3 4 7 8 6
6 8 7 9 1 5 4 3 2
8 7 6 1 5 3 2 4 9
2 9 5 4 7 6 8 1 3
3 1 4 8 9 2 5 6 7
```

Page 229

3	4	8	7	9	5	6	1	2
2	7	6	1	3	8	5	4	9
5	9	1	4	6	2	7	3	8
7	5	3	6	2	4	9	8	1
8	6	4	5	1	9	3	2	7
1	2	9	3	8	7	4	5	6
6	8	2	9	4	3	1	7	5
4	1	7	8	5	6	2	9	3
9	3	5	2	7	1	8	6	4

9	2	7	3	4	8	1	6	5
1	6	3	5	7	2	9	8	4
8	5	4	9	1	6	3	7	2
5	9	2	1	3	7	8	4	6
7	3	6	8	9	4	5	2	1
4	8	1	2	6	5	7	9	3
2	4	9	7	5	1	6	3	8
6	7	5	4	8	3	2	1	9
3	1	8	6	2	9	4	5	7

Page 230

2	4	9	7	3	1	6	8	5
3	6	8	2	4	5	1	9	7
5	7	1	6	9	8	2	3	4
1	9	3	4	7	2	5	6	8
6	2	4	5	8	9	3	7	1
7	8	5	1	6	3	9	4	2
9	1	7	8	2	6	4	5	3
8	3	2	9	5	4	7	1	6
4	5	6	3	1	7	8	2	9

8	9	5	1	3	7	4	2	6
7	1	3	2	4	6	8	9	5
6	2	4	9	5	8	7	3	1
3	8	7	5	2	4	6	1	9
9	6	2	7	1	3	5	8	4
5	4	1	8	6	9	3	7	2
4	3	8	6	9	2	1	5	7
1	7	9	4	8	5	2	6	3
2	5	6	3	7	1	9	4	8

2	6	1	7	4	3	9	5	8
3	4	5	1	8	9	2	7	6
7	8	9	5	6	2	4	3	1
5	9	8	4	2	1	7	6	3
6	7	3	8	9	5	1	2	4
4	1	2	6	3	7	8	9	5
9	5	4	2	1	6	3	8	7
8	3	7	9	5	4	6	1	2
1	2	6	3	7	8	5	4	9

2	1	7	9	6	5	4	8	3
3	8	5	7	1	4	2	6	9
4	6	9	2	8	3	7	1	5
8	5	3	1	4	7	9	2	6
6	4	1	8	9	2	5	3	7
9	7	2	5	3	6	8	4	1
7	9	8	3	2	1	6	5	4
5	3	4	6	7	8	1	9	2
1	2	6	4	5	9	3	7	8

3	6	5	4	7	8	9	1	2
7	8	1	2	6	9	4	3	5
2	4	9	1	5	3	6	8	7
6	3	8	7	1	4	5	2	9
5	9	4	6	8	2	1	7	3
1	2	7	9	3	5	8	4	6
4	5	2	3	9	1	7	6	8
8	1	6	5	2	7	3	9	4
9	7	3	8	4	6	2	5	1

5	8	4	9	7	6	1	2	3
9	3	6	4	1	2	7	5	8
2	1	7	8	3	5	6	4	9
4	2	3	7	8	9	5	1	6
1	9	8	6	5	4	3	7	2
7	6	5	1	2	3	8	9	4
3	7	9	2	6	1	4	8	5
6	4	1	5	9	8	2	3	7
8	5	2	3	4	7	9	6	1

6	1	3	2	9	5	4	7	8
4	9	2	6	8	7	5	1	3
5	7	8	1	3	4	2	6	9
2	6	1	9	4	8	3	5	7
9	8	7	5	1	3	6	2	4
3	5	4	7	2	6	9	8	1
7	4	6	8	5	9	1	3	2
1	3	5	4	7	2	8	9	6
8	2	9	3	6	1	7	4	5

4	9	5	3	1	6	2	7	8
8	6	1	9	2	7	3	4	5
3	7	2	8	4	5	1	6	9
5	2	7	6	9	8	4	1	3
6	3	4	5	7	1	8	9	2
1	8	9	2	3	4	6	5	7
7	5	3	4	6	2	9	8	1
2	1	6	7	8	9	5	3	4
9	4	8	1	5	3	7	2	6

3	6	7	5	1	8	4	2	9
9	1	8	4	6	2	5	3	7
5	2	4	7	3	9	8	1	6
7	5	9	6	8	3	2	4	1
2	4	3	9	7	1	6	5	8
1	8	6	2	4	5	9	7	3
4	7	2	1	9	6	3	8	5
8	9	5	3	2	7	1	6	4
6	3	1	8	5	4	7	9	2

6	7	1	8	5	2	3	4	9
2	8	3	9	4	1	7	6	5
4	5	9	6	3	7	1	8	2
1	3	6	4	9	5	8	2	7
5	4	7	3	2	8	6	9	1
8	9	2	1	7	6	4	5	3
3	1	5	2	6	4	9	7	8
9	2	4	7	8	3	5	1	6
7	6	8	5	1	9	2	3	4

Page 231

Page 232

5	1	6	2	9	3	8	4	7
2	3	7	5	4	8	1	9	6
8	4	9	6	1	7	3	5	2
6	5	8	1	3	2	9	7	4
7	9	4	8	6	5	2	1	3
3	2	1	4	7	9	5	6	8
4	7	3	9	2	1	6	8	5
9	6	5	3	8	4	7	2	1
1	8	2	7	5	6	4	3	9

1	4	7	5	9	2	8	6	3
9	3	2	4	6	8	1	5	7
5	6	8	7	1	3	9	4	2
7	8	1	9	2	5	6	3	4
2	9	6	3	4	1	5	7	8
4	5	3	8	7	6	2	9	1
8	2	5	6	3	4	7	1	9
6	7	4	1	8	9	3	2	5
3	1	9	2	5	7	4	8	6

4	7	6	2	9	8	5	3	1
3	8	9	5	6	1	7	2	4
5	1	2	4	3	7	6	8	9
9	2	1	7	4	6	3	5	8
6	3	4	8	5	9	2	1	7
7	5	8	1	2	3	9	4	6
2	4	7	9	1	5	8	6	3
1	9	3	6	8	2	4	7	5
8	6	5	3	7	4	1	9	2

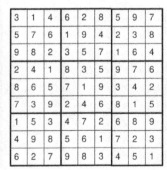

3	1	4	6	2	8	5	9	7
5	7	6	1	9	4	2	3	8
9	8	2	3	5	7	1	6	4
2	4	1	8	3	5	9	7	6
8	6	5	7	1	9	3	4	2
7	3	9	2	4	6	8	1	5
1	5	3	4	7	2	6	8	9
4	9	8	5	6	1	7	2	3
6	2	7	9	8	3	4	5	1

Page 233

Grid 1

8	4	5	7	3	9	1	2	6
9	6	2	8	5	1	4	3	7
1	7	3	2	4	6	9	5	8
5	2	4	3	9	7	6	8	1
3	1	8	5	6	4	7	9	2
7	9	6	1	2	8	5	4	3
4	5	7	6	8	2	3	1	9
2	3	1	9	7	5	8	6	4
6	8	9	4	1	3	2	7	5

Grid 2

2	6	4	8	9	7	3	1	5
3	7	1	2	4	5	6	9	8
5	9	8	1	3	6	4	7	2
7	5	9	4	8	1	2	6	3
8	4	6	3	7	2	1	5	9
1	2	3	6	5	9	7	8	4
9	3	7	5	1	4	8	2	6
6	8	5	7	2	3	9	4	1
4	1	2	9	6	8	5	3	7

Page 234

Grid 3

8	7	5	6	3	1	9	4	2
9	1	3	8	2	4	6	7	5
2	4	6	5	9	7	3	8	1
3	6	7	2	1	9	4	5	8
4	8	9	7	6	5	1	2	3
5	2	1	4	8	3	7	9	6
7	9	2	1	5	6	8	3	4
1	3	8	9	4	2	5	6	7
6	5	4	3	7	8	2	1	9

Grid 4

8	4	7	2	5	1	9	3	6
5	1	2	6	9	3	7	8	4
9	3	6	7	8	4	2	5	1
7	6	8	5	3	9	1	4	2
1	2	3	4	7	6	8	9	5
4	9	5	1	2	8	6	7	3
3	8	4	9	1	2	5	6	7
6	5	1	8	4	7	3	2	9
2	7	9	3	6	5	4	1	8

Grid 5

5	6	1	9	3	2	8	4	7
4	9	7	5	1	8	6	3	2
8	3	2	6	7	4	9	5	1
1	7	4	8	2	5	3	9	6
3	2	6	7	4	9	1	8	5
9	8	5	3	6	1	2	7	4
6	5	3	2	9	7	4	1	8
2	1	8	4	5	3	7	6	9
7	4	9	1	8	6	5	2	3

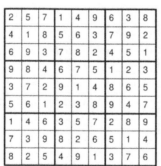

Grid 6

1	4	3	2	7	6	9	5	8
8	7	5	3	4	9	2	6	1
9	6	2	1	8	5	3	7	4
6	9	8	7	5	3	1	4	2
2	3	4	9	6	1	5	8	7
7	5	1	4	2	8	6	9	3
4	8	9	6	1	2	7	3	5
5	1	6	8	3	7	4	2	9
3	2	7	5	9	4	8	1	6

Grid 7

3	8	1	7	6	5	2	4	9
9	2	4	3	1	8	6	5	7
5	6	7	9	4	2	3	8	1
4	1	5	8	3	7	9	6	2
7	3	8	6	2	9	4	1	5
2	9	6	1	5	4	7	3	8
1	5	9	4	7	3	8	2	6
8	4	2	5	9	6	1	7	3
6	7	3	2	8	1	5	9	4

Grid 8

1	2	9	5	4	6	3	8	7
8	5	3	1	7	2	9	4	6
6	4	7	3	9	8	2	5	1
7	8	4	9	3	5	1	6	2
9	3	2	8	6	1	5	7	4
5	1	6	7	2	4	8	3	9
4	9	5	2	8	7	6	1	3
2	7	8	6	1	3	4	9	5
3	6	1	4	5	9	7	2	8

Page 235

Grid 9

3	8	1	6	7	2	5	4	9
6	9	5	3	8	4	7	2	1
4	2	7	5	9	1	3	6	8
2	4	9	7	3	5	8	1	6
1	5	8	2	6	9	4	3	7
7	3	6	4	1	8	9	5	2
9	6	3	1	4	7	2	8	5
5	7	4	8	2	6	1	9	3
8	1	2	9	5	3	6	7	4

Grid 10

2	5	7	1	4	9	6	3	8
4	1	8	5	6	3	7	9	2
6	9	3	7	8	2	4	5	1
9	8	4	6	7	5	1	2	3
3	7	2	9	1	4	8	6	5
5	6	1	2	3	8	9	4	7
1	4	6	3	5	7	2	8	9
7	3	9	8	2	6	5	1	4
8	2	5	4	9	1	3	7	6

Page 236

Grid 11

5	4	6	8	2	7	9	1	3
1	8	2	3	4	9	6	7	5
7	3	9	6	1	5	2	8	4
4	1	5	7	9	6	8	3	2
8	2	7	4	3	1	5	6	9
6	9	3	2	5	8	1	4	7
2	7	1	9	6	4	3	5	8
9	5	4	1	8	3	7	2	6
3	6	8	5	7	2	4	9	1

Grid 12

3	6	1	2	4	8	7	5	9
2	5	4	7	9	6	1	8	3
8	7	9	5	3	1	4	2	6
5	2	3	9	8	7	6	4	1
1	8	6	3	2	4	9	7	5
4	9	7	6	1	5	8	3	2
6	4	8	1	5	3	2	9	7
9	1	5	4	7	2	3	6	8
7	3	2	8	6	9	5	1	4

Grid 13

4	2	6	3	8	1	9	7	5
9	5	3	7	2	4	1	8	6
7	1	8	6	9	5	2	3	4
5	9	1	4	6	3	7	2	8
2	6	7	8	5	9	4	1	3
8	3	4	2	1	7	6	5	9
3	4	2	5	7	6	8	9	1
1	7	5	9	4	8	3	6	2
6	8	9	1	3	2	5	4	7

Grid 14

5	3	2	4	6	9	1	7	8
6	7	9	1	8	3	2	5	4
1	4	8	2	5	7	9	6	3
4	9	5	6	7	2	3	8	1
3	8	7	5	1	4	6	9	2
2	6	1	3	9	8	7	4	5
8	2	4	9	3	6	5	1	7
7	5	6	8	2	1	4	3	9
9	1	3	7	4	5	8	2	6

Grid 15

5	3	7	6	1	8	9	2	4
4	9	1	7	2	5	6	3	8
6	8	2	4	9	3	5	7	1
9	1	5	3	7	4	8	6	2
3	2	4	8	6	1	7	5	9
8	7	6	2	5	9	4	1	3
2	6	8	1	4	7	3	9	5
7	4	9	5	3	2	1	8	6
1	5	3	9	8	6	2	4	7

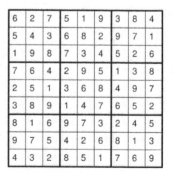

Grid 16

6	2	7	5	1	9	3	8	4
5	4	3	6	8	2	9	7	1
1	9	8	7	3	4	5	2	6
7	6	4	2	9	5	1	3	8
2	5	1	3	6	8	4	9	7
3	8	9	1	4	7	6	5	2
8	1	6	9	7	3	2	4	5
9	7	5	4	2	6	8	1	3
4	3	2	8	5	1	7	6	9

Page 237 — Grid 1

3	2	4	5	9	7	6	8	1
8	6	5	2	3	1	9	7	4
7	1	9	4	8	6	2	5	3
2	4	1	9	5	3	8	6	7
9	7	3	1	6	8	5	4	2
5	8	6	7	2	4	1	3	9
1	9	7	6	4	5	3	2	8
6	3	2	8	7	9	4	1	5
4	5	8	3	1	2	7	9	6

Page 237 — Grid 2

3	6	8	1	9	4	2	5	7
2	7	4	3	6	5	9	8	1
1	9	5	7	8	2	4	6	3
6	3	2	8	7	1	5	4	9
7	8	9	4	5	6	1	3	2
4	5	1	9	2	3	6	7	8
8	1	3	5	4	9	7	2	6
5	2	7	6	1	8	3	9	4
9	4	6	2	3	7	8	1	5

Page 238 — Grid 3

2	6	3	4	1	8	9	5	7
7	5	1	3	6	9	8	2	4
8	4	9	5	2	7	1	3	6
9	8	4	6	3	1	5	7	2
1	3	6	2	7	5	4	9	8
5	2	7	9	8	4	6	1	3
4	7	2	1	5	6	3	8	9
6	1	8	7	9	3	2	4	5
3	9	5	8	4	2	7	6	1

Page 238 — Grid 4

7	6	4	5	3	1	9	2	8
9	3	2	6	8	7	4	5	1
1	8	5	4	9	2	6	3	7
8	9	6	7	5	3	1	4	2
3	5	7	2	1	4	8	6	9
4	2	1	8	6	9	3	7	5
2	1	3	9	7	6	5	8	4
6	4	8	1	2	5	7	9	3
5	7	9	3	4	8	2	1	6

Grid 5

3	7	1	9	8	5	4	6	2
6	2	4	3	1	7	9	8	5
5	8	9	2	4	6	7	1	3
4	5	7	1	9	3	8	2	6
9	3	2	8	6	4	5	7	1
8	1	6	5	7	2	3	4	9
7	6	3	4	5	1	2	9	8
1	9	5	7	2	8	6	3	4
2	4	8	6	3	9	1	5	7

Grid 6

2	1	4	3	5	9	7	8	6
3	7	9	6	2	8	1	4	5
8	5	6	4	7	1	3	9	2
5	3	7	9	8	2	6	1	4
4	2	8	5	1	6	9	3	7
9	6	1	7	4	3	2	5	8
1	9	5	2	6	4	8	7	3
7	8	2	1	3	5	4	6	9
6	4	3	8	9	7	5	2	1

Grid 7

8	4	6	7	9	5	1	3	2
9	2	1	3	4	6	8	5	7
7	5	3	8	2	1	4	6	9
4	1	8	9	6	3	2	7	5
5	7	9	1	8	2	3	4	6
3	6	2	4	5	7	9	1	8
6	9	4	5	1	8	7	2	3
2	8	7	6	3	4	5	9	1
1	3	5	2	7	9	6	8	4

Grid 8

6	4	1	2	7	5	3	8	9
3	9	8	1	4	6	5	7	2
7	2	5	3	9	8	6	1	4
8	5	6	7	3	4	9	2	1
4	1	2	6	5	9	8	3	7
9	3	7	8	2	1	4	5	6
1	6	3	9	8	7	2	4	5
2	7	4	5	6	3	1	9	8
5	8	9	4	1	2	7	6	3

Page 239 — Grid 9

9	8	2	5	3	7	1	6	4
5	7	3	6	1	4	8	9	2
1	6	4	9	2	8	5	7	3
6	9	5	7	4	2	3	8	1
3	4	7	1	8	5	6	2	9
8	2	1	3	6	9	7	4	5
2	1	8	4	5	6	9	3	7
7	5	6	2	9	3	4	1	8
4	3	9	8	7	1	2	5	6

Page 239 — Grid 10

9	7	8	4	3	2	6	1	5
1	2	3	9	6	5	7	4	8
4	5	6	1	8	7	3	2	9
7	1	2	8	5	3	4	9	6
8	9	5	6	7	4	2	3	1
3	6	4	2	9	1	5	8	7
2	4	9	5	1	6	8	7	3
6	3	1	7	2	8	9	5	4
5	8	7	3	4	9	1	6	2

Page 240 — Grid 11

8	6	4	3	2	5	9	7	1
2	5	9	7	6	1	3	4	8
1	7	3	8	9	4	2	6	5
9	4	2	1	5	8	7	3	6
3	1	5	2	7	6	8	9	4
6	8	7	9	4	3	1	5	2
5	9	8	4	1	7	6	2	3
7	3	6	5	8	2	4	1	9
4	2	1	6	3	9	5	8	7

Page 240 — Grid 12

7	4	6	2	1	9	5	8	3
5	2	9	4	3	8	1	6	7
8	3	1	5	7	6	9	2	4
3	8	5	7	6	4	2	1	9
9	7	2	8	5	1	3	4	6
6	1	4	3	9	2	7	5	8
1	6	8	9	2	3	4	7	5
4	9	7	1	8	5	6	3	2
2	5	3	6	4	7	8	9	1

Grid 13

1	2	8	4	5	7	6	3	9
4	6	5	1	3	9	2	7	8
9	7	3	8	2	6	4	1	5
3	9	7	6	4	8	1	5	2
8	1	6	2	9	5	3	4	7
5	4	2	3	7	1	8	9	6
2	5	4	9	8	3	7	6	1
7	3	1	5	6	2	9	8	4
6	8	9	7	1	4	5	2	3

Grid 14

2	3	7	1	9	6	4	8	5
6	8	5	3	2	4	7	9	1
9	1	4	7	8	5	2	6	3
7	5	9	2	4	3	6	1	8
3	6	8	9	1	7	5	2	4
4	2	1	6	5	8	9	3	7
1	7	2	4	3	9	8	5	6
5	4	3	8	6	2	1	7	9
8	9	6	5	7	1	3	4	2

Grid 15

2	5	6	7	9	8	3	4	1
7	3	8	6	1	4	5	9	2
1	9	4	3	2	5	8	7	6
4	2	1	8	6	9	7	5	3
3	8	7	2	5	1	9	6	4
9	6	5	4	7	3	2	1	8
6	7	9	1	3	2	4	8	5
5	4	3	9	8	6	1	2	7
8	1	2	5	4	7	6	3	9

Grid 16

5	9	4	8	1	3	2	6	7
2	3	8	6	4	7	5	1	9
1	7	6	9	2	5	4	8	3
7	2	3	1	8	6	9	5	4
6	8	9	7	5	4	1	3	2
4	5	1	2	3	9	8	7	6
9	4	7	5	6	8	3	2	1
8	6	2	3	9	1	7	4	5
3	1	5	4	7	2	6	9	8

7	8	4	3	1	6	2	9	5
9	1	5	4	7	2	8	6	3
2	3	6	8	5	9	4	1	7
8	9	7	2	4	1	5	3	6
1	4	2	5	6	3	7	8	9
6	5	3	7	9	8	1	2	4
4	6	9	1	8	5	3	7	2
5	2	1	9	3	7	6	4	8
3	7	8	6	2	4	9	5	1

7	4	3	2	9	8	6	1	5
2	1	9	3	6	5	7	8	4
5	6	8	4	7	1	3	2	9
3	2	4	6	1	9	8	5	7
6	9	7	5	8	2	4	3	1
8	5	1	7	3	4	9	6	2
1	3	6	9	5	7	2	4	8
4	7	5	8	2	6	1	9	3
9	8	2	1	4	3	5	7	6

Page 241

6	1	8	2	4	7	9	3	5
4	9	3	5	6	1	7	2	8
5	7	2	9	3	8	6	4	1
9	4	5	1	8	3	2	6	7
3	2	6	4	7	5	1	8	9
7	8	1	6	2	9	4	5	3
2	3	9	8	1	4	5	7	6
8	5	4	7	9	6	3	1	2
1	6	7	3	5	2	8	9	4

9	8	3	1	6	4	7	2	5
6	2	4	9	7	5	1	3	8
7	5	1	3	8	2	6	9	4
2	9	8	6	3	7	4	5	1
1	3	6	4	5	9	8	7	2
5	4	7	8	2	1	3	6	9
8	7	2	5	1	3	9	4	6
3	1	9	2	4	6	5	8	7
4	6	5	7	9	8	2	1	3

Page 242

6	7	9	5	4	1	2	3	8
3	5	1	7	2	8	4	6	9
8	4	2	9	3	6	7	1	5
2	3	8	1	5	9	6	4	7
7	9	4	2	6	3	8	5	1
1	6	5	8	7	4	9	2	3
4	1	7	3	8	2	5	9	6
9	8	6	4	1	5	3	7	2
5	2	3	6	9	7	1	8	4

3	8	4	5	6	9	7	2	1
6	7	2	4	1	3	5	9	8
5	9	1	7	2	8	4	6	3
1	4	6	2	3	7	8	5	9
2	3	8	6	9	5	1	4	7
9	5	7	1	8	4	6	3	2
8	6	3	9	4	1	2	7	5
7	2	9	8	5	6	3	1	4
4	1	5	3	7	2	9	8	6

6	9	3	7	2	1	4	8	5
1	8	7	4	3	5	2	9	6
2	4	5	6	8	9	1	7	3
4	7	8	5	1	3	9	6	2
3	2	6	9	4	8	5	1	7
5	1	9	2	7	6	3	4	8
7	5	4	8	9	2	6	3	1
8	3	2	1	6	4	7	5	9
9	6	1	3	5	7	8	2	4

6	7	3	2	4	5	9	8	1
1	9	4	3	7	8	5	2	6
5	2	8	9	6	1	3	4	7
9	6	2	4	3	7	1	5	8
3	5	1	8	9	6	2	7	4
4	8	7	1	5	2	6	9	3
2	3	9	6	8	4	7	1	5
7	4	6	5	1	9	8	3	2
8	1	5	7	2	3	4	6	9

4	5	7	1	2	8	6	3	9
1	3	8	6	5	9	2	4	7
9	6	2	3	7	4	1	5	8
6	7	3	4	8	5	9	2	1
5	9	4	2	1	7	8	6	3
8	2	1	9	3	6	4	7	5
3	1	9	5	4	2	7	8	6
7	4	5	8	6	1	3	9	2
2	8	6	7	9	3	5	1	4

7	3	2	1	9	6	8	4	5
1	6	9	4	5	8	2	7	3
5	4	8	7	2	3	9	1	6
3	5	1	2	6	7	4	8	9
2	9	6	5	8	4	1	3	7
8	7	4	3	1	9	6	5	2
4	8	7	9	3	2	5	6	1
6	2	5	8	7	1	3	9	4
9	1	3	6	4	5	7	2	8

Page 243

1	2	7	8	6	5	9	4	3
8	6	3	7	9	4	1	2	5
5	4	9	1	3	2	6	7	8
9	1	8	4	7	3	5	6	2
7	3	2	9	5	6	4	8	1
4	5	6	2	8	1	3	9	7
3	9	1	6	2	7	8	5	4
6	7	5	3	4	8	2	1	9
2	8	4	5	1	9	7	3	6

5	8	7	1	6	9	3	2	4
2	3	9	5	8	4	1	7	6
4	6	1	2	7	3	8	9	5
9	5	3	7	1	2	4	6	8
6	7	2	3	4	8	9	5	1
8	1	4	9	5	6	7	3	2
3	4	5	6	9	1	2	8	7
7	9	8	4	2	5	6	1	3
1	2	6	8	3	7	5	4	9

Page 244

4	5	2	9	3	6	7	1	8
8	9	1	7	4	5	6	3	2
6	7	3	8	2	1	9	5	4
5	8	4	1	7	2	3	9	6
2	6	9	3	5	8	4	7	1
3	1	7	6	9	4	8	2	5
7	4	5	2	8	9	1	6	3
1	3	8	5	6	7	2	4	9
9	2	6	4	1	3	5	8	7

7	3	9	2	8	5	4	1	6
4	2	5	3	6	1	7	9	8
1	8	6	9	7	4	5	3	2
3	7	2	1	5	9	8	6	4
9	4	8	6	2	7	1	5	3
6	5	1	8	4	3	2	7	9
8	9	4	5	1	6	3	2	7
5	6	7	4	3	2	9	8	1
2	1	3	7	9	8	6	4	5

4	3	7	9	5	8	2	6	1
8	9	5	1	6	2	7	4	3
1	6	2	3	4	7	8	5	9
6	1	9	2	7	5	3	8	4
2	8	3	6	1	4	9	7	5
7	5	4	8	3	9	1	2	6
5	2	1	4	8	3	6	9	7
9	7	6	5	2	1	4	3	8
3	4	8	7	9	6	5	1	2

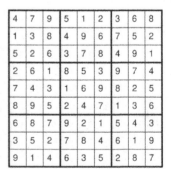

4	7	9	5	1	2	3	6	8
1	3	8	4	9	6	7	5	2
5	2	6	3	7	8	4	9	1
2	6	1	8	5	3	9	7	4
7	4	3	1	6	9	8	2	5
8	9	5	2	4	7	1	3	6
6	8	7	9	2	1	5	4	3
3	5	2	7	8	4	6	1	9
9	1	4	6	3	5	2	8	7

Page 245

```
9 5 2 | 7 3 6 | 8 4 1
8 1 3 | 2 4 9 | 6 5 7
7 6 4 | 5 1 8 | 9 2 3
------+-------+------
1 9 6 | 3 2 4 | 7 8 5
4 2 8 | 9 7 5 | 1 3 6
3 7 5 | 6 8 1 | 4 9 2
------+-------+------
5 4 7 | 8 6 3 | 2 1 9
2 8 9 | 1 5 7 | 3 6 4
6 3 1 | 4 9 2 | 5 7 8
```

```
3 1 2 | 7 9 5 | 6 4 8
8 6 4 | 2 1 3 | 9 5 7
5 7 9 | 6 8 4 | 2 3 1
------+-------+------
2 4 7 | 9 6 1 | 3 8 5
6 5 1 | 3 7 8 | 4 2 9
9 3 8 | 4 5 2 | 1 7 6
------+-------+------
1 2 6 | 5 4 7 | 8 9 3
7 9 3 | 8 2 6 | 5 1 4
4 8 5 | 1 3 9 | 7 6 2
```

Page 246

```
2 4 3 | 6 5 7 | 1 9 8
5 8 9 | 1 4 2 | 6 3 7
6 1 7 | 8 9 3 | 2 4 5
------+-------+------
4 3 8 | 7 6 9 | 5 2 1
1 7 6 | 3 2 5 | 4 8 9
9 5 2 | 4 1 8 | 7 6 3
------+-------+------
8 2 5 | 9 7 6 | 3 1 4
3 6 4 | 5 8 1 | 9 7 2
7 9 1 | 2 3 4 | 8 5 6
```

```
9 8 5 | 1 3 2 | 6 4 7
3 2 6 | 4 5 7 | 1 9 8
4 7 1 | 6 8 9 | 5 2 3
------+-------+------
6 4 8 | 3 1 5 | 2 7 9
5 1 2 | 7 9 4 | 8 3 6
7 9 3 | 8 2 6 | 4 5 1
------+-------+------
8 6 4 | 2 7 3 | 9 1 5
1 5 7 | 9 4 8 | 3 6 2
2 3 9 | 5 6 1 | 7 8 4
```

```
7 5 4 | 3 2 8 | 6 9 1
3 8 2 | 9 1 6 | 4 5 7
9 1 6 | 4 7 5 | 3 8 2
------+-------+------
2 3 1 | 8 9 7 | 5 6 4
6 9 7 | 5 4 2 | 1 3 8
8 4 5 | 6 3 1 | 7 2 9
------+-------+------
1 2 9 | 7 5 3 | 8 4 6
5 7 8 | 2 6 4 | 9 1 3
4 6 3 | 1 8 9 | 2 7 5
```

```
7 2 6 | 1 5 8 | 9 4 3
3 4 8 | 9 6 2 | 1 7 5
1 5 9 | 4 7 3 | 2 6 8
------+-------+------
9 8 3 | 7 1 6 | 4 5 2
6 7 5 | 8 2 4 | 3 9 1
4 1 2 | 3 9 5 | 7 8 6
------+-------+------
5 3 4 | 2 8 7 | 6 1 9
2 6 1 | 5 4 9 | 8 3 7
8 9 7 | 6 3 1 | 5 2 4
```

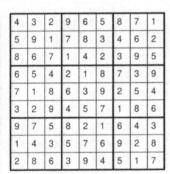

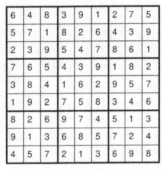

```
4 7 5 | 2 3 1 | 8 9 6
2 9 6 | 4 7 8 | 1 5 3
1 3 8 | 9 5 6 | 2 7 4
------+-------+------
8 1 7 | 5 4 2 | 3 6 9
3 4 2 | 8 6 9 | 5 1 7
6 5 9 | 7 1 3 | 4 8 2
------+-------+------
7 8 3 | 6 2 5 | 9 4 1
5 2 4 | 1 9 7 | 6 3 8
9 6 1 | 3 8 4 | 7 2 5
```

```
8 1 7 | 5 2 9 | 3 6 4
4 9 3 | 1 8 6 | 5 2 7
5 6 2 | 3 7 4 | 8 9 1
------+-------+------
7 5 8 | 6 4 1 | 2 3 9
3 4 9 | 2 5 8 | 1 7 6
1 2 6 | 7 9 3 | 4 8 5
------+-------+------
6 8 4 | 9 1 2 | 7 5 3
9 7 1 | 8 3 5 | 6 4 2
2 3 5 | 4 6 7 | 9 1 8
```

Page 247

```
2 9 7 | 1 3 4 | 8 5 6
6 5 8 | 9 2 7 | 4 3 1
1 3 4 | 6 5 8 | 2 9 7
------+-------+------
4 7 6 | 8 1 9 | 3 2 5
8 2 9 | 5 6 3 | 1 7 4
5 1 3 | 4 7 2 | 9 6 8
------+-------+------
9 6 1 | 2 4 5 | 7 8 3
7 8 5 | 3 9 1 | 6 4 2
3 4 2 | 7 8 6 | 5 1 9
```

```
4 3 2 | 9 6 5 | 8 7 1
5 9 1 | 7 8 3 | 4 6 2
8 6 7 | 1 4 2 | 3 9 5
------+-------+------
6 5 4 | 2 1 8 | 7 3 9
7 1 8 | 6 3 9 | 2 5 4
3 2 9 | 4 5 7 | 1 8 6
------+-------+------
9 7 5 | 8 2 1 | 6 4 3
1 4 3 | 5 7 6 | 9 2 8
2 8 6 | 3 9 4 | 5 1 7
```

Page 248

```
6 4 8 | 3 9 1 | 2 7 5
5 7 1 | 8 2 6 | 4 3 9
2 3 9 | 5 4 7 | 8 6 1
------+-------+------
7 6 5 | 4 3 9 | 1 8 2
3 8 4 | 1 6 2 | 9 5 7
1 9 2 | 7 5 8 | 3 4 6
------+-------+------
8 2 6 | 9 7 4 | 5 1 3
9 1 3 | 6 8 5 | 7 2 4
4 5 7 | 2 1 3 | 6 9 8
```

```
5 2 6 | 3 4 8 | 1 7 9
9 3 7 | 5 1 6 | 8 4 2
8 4 1 | 9 2 7 | 6 5 3
------+-------+------
3 7 4 | 2 6 1 | 9 8 5
2 9 5 | 7 8 3 | 4 6 1
6 1 8 | 4 5 9 | 3 2 7
------+-------+------
1 6 9 | 8 7 2 | 5 3 4
7 5 3 | 6 9 4 | 2 1 8
4 8 2 | 1 3 5 | 7 9 6
```

```
6 5 9 | 7 2 3 | 8 4 1
1 7 3 | 6 8 4 | 5 9 2
8 4 2 | 1 9 5 | 7 3 6
------+-------+------
5 3 4 | 2 7 8 | 6 1 9
2 8 6 | 4 1 9 | 3 7 5
7 9 1 | 3 5 6 | 2 8 4
------+-------+------
4 1 8 | 5 6 7 | 9 2 3
3 6 7 | 9 4 2 | 1 5 8
9 2 5 | 8 3 1 | 4 6 7
```

```
8 2 7 | 6 1 5 | 3 9 4
3 1 4 | 2 7 9 | 8 5 6
6 9 5 | 3 4 8 | 7 2 1
------+-------+------
4 3 2 | 7 9 6 | 1 8 5
5 8 1 | 4 3 2 | 6 7 9
9 7 6 | 8 5 1 | 2 4 3
------+-------+------
2 6 3 | 5 8 4 | 9 1 7
7 5 9 | 1 2 3 | 4 6 8
1 4 8 | 9 6 7 | 5 3 2
```

```
4 6 7 | 9 2 1 | 5 8 3
8 9 3 | 5 4 6 | 1 7 2
2 1 5 | 3 7 8 | 4 9 6
------+-------+------
6 4 8 | 1 9 2 | 7 3 5
1 3 9 | 8 5 7 | 2 6 4
5 7 2 | 6 3 4 | 8 1 9
------+-------+------
3 8 4 | 7 6 5 | 9 2 1
9 2 1 | 4 8 3 | 6 5 7
7 5 6 | 2 1 9 | 3 4 8
```

```
8 1 9 | 4 2 7 | 5 3 6
6 2 3 | 9 1 5 | 7 4 8
7 5 4 | 3 8 6 | 9 1 2
------+-------+------
1 9 8 | 5 7 4 | 2 6 3
5 4 7 | 6 3 2 | 8 9 1
3 6 2 | 8 9 1 | 4 5 7
------+-------+------
2 3 1 | 7 4 9 | 6 8 5
4 7 5 | 1 6 8 | 3 2 9
9 8 6 | 2 5 3 | 1 7 4
```

Page 249

4	6	5	1	7	3	8	9	2
1	3	7	8	2	9	6	4	5
9	2	8	6	5	4	1	3	7
2	5	6	9	3	8	4	7	1
7	4	9	2	6	1	5	8	3
8	1	3	7	4	5	2	6	9
3	8	1	4	9	2	7	5	6
6	9	4	5	1	7	3	2	8
5	7	2	3	8	6	9	1	4

7	4	1	6	5	9	3	2	8
2	3	8	7	1	4	9	5	6
6	9	5	2	8	3	7	4	1
4	6	9	8	2	7	5	1	3
3	8	7	5	9	1	2	6	4
5	1	2	4	3	6	8	9	7
1	2	4	9	7	8	6	3	5
9	7	3	1	6	5	4	8	2
8	5	6	3	4	2	1	7	9

Page 250

2	1	4	5	9	7	6	8	3
8	3	7	2	4	6	5	9	1
5	6	9	1	3	8	4	2	7
4	7	5	8	2	9	3	1	6
9	2	6	3	7	1	8	5	4
1	8	3	4	6	5	2	7	9
3	9	8	6	1	2	7	4	5
6	5	1	7	8	4	9	3	2
7	4	2	9	5	3	1	6	8

1	3	2	8	4	6	7	5	9
7	6	8	3	9	5	2	1	4
5	4	9	7	2	1	3	8	6
9	7	3	1	6	8	5	4	2
8	2	4	5	3	9	1	6	7
6	1	5	4	7	2	9	3	8
4	9	6	2	1	3	8	7	5
3	5	7	9	8	4	6	2	1
2	8	1	6	5	7	4	9	3

2	4	1	3	5	8	7	9	6
7	9	6	4	1	2	5	3	8
3	5	8	7	6	9	1	2	4
6	7	2	1	4	3	8	5	9
4	1	9	8	7	5	2	6	3
5	8	3	2	9	6	4	1	7
8	3	7	6	2	1	9	4	5
9	2	4	5	3	7	6	8	1
1	6	5	9	8	4	3	7	2

9	2	7	1	3	5	8	4	6
6	4	8	9	2	7	3	5	1
3	5	1	4	8	6	2	7	9
8	6	2	5	7	4	1	9	3
1	3	4	8	9	2	5	6	7
5	7	9	6	1	3	4	2	8
7	1	3	2	5	9	6	8	4
2	9	6	3	4	8	7	1	5
4	8	5	7	6	1	9	3	2

6	2	3	9	4	7	5	1	8
1	5	7	6	3	8	4	2	9
4	8	9	2	1	5	6	7	3
8	9	2	5	7	4	1	3	6
3	4	6	8	9	1	7	5	2
7	1	5	3	6	2	9	8	4
9	3	8	1	5	6	2	4	7
2	7	1	4	8	9	3	6	5
5	6	4	7	2	3	8	9	1

2	3	5	8	6	1	4	9	7
6	7	8	2	4	9	5	1	3
4	1	9	3	5	7	8	6	2
1	4	3	7	9	6	2	5	8
8	6	2	4	3	5	9	7	1
5	9	7	1	2	8	3	4	6
7	5	6	9	8	3	1	2	4
3	2	1	5	7	4	6	8	9
9	8	4	6	1	2	7	3	5

Page 251

4	7	2	5	9	1	8	6	3
6	1	3	7	4	8	5	9	2
9	8	5	2	3	6	1	7	4
8	3	4	6	2	5	7	1	9
5	9	7	8	1	3	2	4	6
2	6	1	9	7	4	3	8	5
1	4	8	3	6	2	9	5	7
3	5	9	4	8	7	6	2	1
7	2	6	1	5	9	4	3	8

9	3	4	5	2	6	7	1	8
2	7	6	8	4	1	9	3	5
1	8	5	9	7	3	4	2	6
6	5	8	7	1	4	2	9	3
4	2	7	3	9	5	8	6	1
3	9	1	2	6	8	5	4	7
7	6	2	1	5	9	3	8	4
8	4	9	6	3	7	1	5	2
5	1	3	4	8	2	6	7	9

Page 252

6	9	3	1	8	7	5	4	2
1	5	4	3	9	2	6	8	7
2	8	7	5	4	6	9	3	1
8	3	5	9	1	4	7	2	6
7	4	6	2	5	8	3	1	9
9	2	1	7	6	3	8	5	4
4	6	2	8	3	9	1	7	5
5	7	8	6	2	1	4	9	3
3	1	9	4	7	5	2	6	8

8	2	6	9	5	1	4	3	7
4	9	3	7	2	6	8	1	5
1	5	7	4	8	3	9	2	6
2	1	4	6	7	5	3	8	9
5	7	8	3	9	2	6	4	1
3	6	9	1	4	8	7	5	2
9	3	2	5	6	4	1	7	8
7	4	5	8	1	9	2	6	3
6	8	1	2	3	7	5	9	4

1	9	8	7	6	2	4	5	3
2	6	5	9	3	4	8	7	1
7	3	4	5	1	8	6	9	2
9	4	2	8	5	7	1	3	6
5	1	7	6	4	3	9	2	8
6	8	3	1	2	9	7	4	5
3	5	9	4	8	1	2	6	7
4	2	1	3	7	6	5	8	9
8	7	6	2	9	5	3	1	4

8	4	7	3	2	9	6	1	5
1	6	3	8	5	4	2	9	7
2	5	9	7	6	1	3	8	4
5	1	4	6	3	7	9	2	8
7	8	2	1	9	5	4	3	6
3	9	6	4	8	2	7	5	1
6	2	5	9	7	8	1	4	3
4	3	8	2	1	6	5	7	9
9	7	1	5	4	3	8	6	2

1	5	3	9	2	6	8	4	7
6	8	2	5	7	4	9	3	1
7	9	4	8	3	1	6	5	2
5	2	1	7	6	8	3	9	4
3	7	6	4	9	5	2	1	8
9	4	8	2	1	3	5	7	6
8	3	9	1	4	2	7	6	5
2	1	7	6	5	9	4	8	3
4	6	5	3	8	7	1	2	9

2	7	4	6	8	5	3	9	1
9	8	1	3	7	2	4	5	6
3	6	5	9	1	4	8	2	7
4	1	8	5	2	9	6	7	3
6	2	9	7	3	1	5	4	8
5	3	7	4	6	8	2	1	9
1	9	2	8	4	3	7	6	5
7	4	3	1	5	6	9	8	2
8	5	6	2	9	7	1	3	4

```
Grid 1
8 4 1 7 2 3 5 6 9
5 6 9 1 4 8 3 2 7
7 3 2 9 5 6 4 8 1
4 7 6 8 9 5 2 1 3
9 2 8 6 3 1 7 5 4
3 1 5 2 7 4 8 9 6
2 5 7 4 1 9 6 3 8
1 8 4 3 6 2 9 7 5
6 9 3 5 8 7 1 4 2

Grid 2
8 1 6 5 7 2 4 9 3
7 3 2 9 8 4 1 5 6
5 9 4 1 6 3 7 8 2
6 4 8 7 2 5 3 1 9
2 5 3 4 9 1 6 7 8
1 7 9 8 3 6 5 2 4
4 8 5 6 1 9 2 3 7
3 6 7 2 5 8 9 4 1
9 2 1 3 4 7 8 6 5

Grid 3
9 2 1 7 3 4 5 6 8
8 4 3 1 5 6 2 9 7
7 5 6 9 2 8 4 3 1
4 6 5 8 1 2 3 7 9
2 3 9 4 6 7 8 1 5
1 7 8 5 9 3 6 2 4
6 8 7 3 4 1 9 5 2
5 1 2 6 8 9 7 4 3
3 9 4 2 7 5 1 8 6

Grid 4
7 2 9 1 4 8 6 5 3
6 8 4 9 3 5 1 7 2
5 3 1 2 6 7 4 8 9
4 5 2 3 1 6 8 9 7
1 9 7 8 5 2 3 4 6
3 6 8 7 9 4 2 1 5
2 7 6 4 8 9 5 3 1
9 4 3 5 2 1 7 6 8
8 1 5 6 7 3 9 2 4
```

Page 253   Page 254

```
Grid 5
9 8 2 7 5 6 1 3 4
7 6 1 3 9 4 8 5 2
5 4 3 1 2 8 9 6 7
8 5 9 2 4 7 6 1 3
1 7 4 6 3 5 2 9 8
3 2 6 8 1 9 7 4 5
6 9 8 5 7 3 4 2 1
4 1 5 9 8 2 3 7 6
2 3 7 4 6 1 5 8 9

Grid 6
3 5 4 2 8 1 7 9 6
6 9 8 5 4 7 1 2 3
1 7 2 3 9 6 4 5 8
9 1 5 4 3 2 6 8 7
7 4 3 9 6 8 2 1 5
8 2 6 7 1 5 3 4 9
5 3 1 8 7 4 9 6 2
2 6 7 1 5 9 8 3 4
4 8 9 6 2 3 5 7 1

Grid 7
4 2 8 7 1 5 3 9 6
6 5 1 2 3 9 4 7 8
7 3 9 4 6 8 2 1 5
2 6 4 8 9 1 7 5 3
3 8 7 5 4 6 9 2 1
9 1 5 3 7 2 6 8 4
1 7 6 9 8 4 5 3 2
8 9 2 6 5 3 1 4 7
5 4 3 1 2 7 8 6 9

Grid 8
1 6 3 9 4 8 5 7 2
7 4 9 2 5 6 3 8 1
5 2 8 1 3 7 6 4 9
8 3 1 6 7 9 2 5 4
9 7 2 4 1 5 8 3 6
6 5 4 3 8 2 1 9 7
2 9 7 8 6 3 4 1 5
4 8 5 7 2 1 9 6 3
3 1 6 5 9 4 7 2 8
```

```
Grid 9
9 5 8 3 2 4 1 6 7
3 6 4 7 1 8 5 9 2
1 7 2 9 5 6 3 4 8
8 9 7 1 3 2 4 5 6
5 2 1 6 4 7 9 8 3
4 3 6 5 8 9 2 7 1
7 4 5 2 6 3 8 1 9
2 1 9 8 7 5 6 3 4
6 8 3 4 9 1 7 2 5

Grid 10
1 2 8 6 9 3 4 5 7
7 9 6 4 2 5 1 3 8
3 4 5 8 1 7 9 2 6
5 3 1 2 4 6 7 8 9
4 8 9 3 7 1 5 6 2
2 6 7 9 5 8 3 1 4
8 7 4 1 3 2 6 9 5
9 1 2 5 6 4 8 7 3
6 5 3 7 8 9 2 4 1

Grid 11
7 2 8 3 6 1 4 5 9
5 1 6 4 7 9 3 8 2
9 4 3 5 8 2 7 6 1
4 8 7 9 3 5 1 2 6
6 9 2 1 4 7 5 3 8
3 5 1 8 2 6 9 7 4
8 7 4 6 1 3 2 9 5
2 6 5 7 9 4 8 1 3
1 3 9 2 5 8 6 4 7

Grid 12
8 6 4 5 7 1 9 2 3
1 2 7 8 9 3 5 6 4
9 5 3 4 6 2 8 1 7
6 4 5 1 2 7 3 8 9
7 8 2 3 5 9 6 4 1
3 1 9 6 8 4 7 5 2
2 3 6 9 1 8 4 7 5
5 9 1 7 4 6 2 3 8
4 7 8 2 3 5 1 9 6
```

Page 255   Page 256

```
Grid 13
7 9 2 4 8 3 6 5 1
3 5 4 6 1 9 7 8 2
1 6 8 5 7 2 3 4 9
2 3 9 7 4 8 1 6 5
6 7 1 3 9 5 4 2 8
8 4 5 2 6 1 9 3 7
5 2 6 9 3 7 8 1 4
4 8 7 1 5 6 2 9 3
9 1 3 8 2 4 5 7 6

Grid 14
6 4 2 7 3 5 1 8 9
1 8 5 2 6 9 3 7 4
7 3 9 1 4 8 6 2 5
2 9 3 6 1 4 8 5 7
8 1 6 5 9 7 4 3 2
5 7 4 3 8 2 9 6 1
9 5 1 8 2 6 7 4 3
3 2 8 4 7 1 5 9 6
4 6 7 9 5 3 2 1 8

Grid 15
8 7 5 9 3 1 4 2 6
9 2 4 6 7 8 5 1 3
6 1 3 4 5 2 8 7 9
3 6 2 8 9 5 1 4 7
5 9 7 3 1 4 6 8 2
1 4 8 2 6 7 9 3 5
2 3 6 1 8 9 7 5 4
4 5 1 7 2 6 3 9 8
7 8 9 5 4 3 2 6 1

Grid 16
6 8 1 4 5 3 2 9 7
5 7 4 9 1 2 8 6 3
9 2 3 6 7 8 5 1 4
3 4 2 1 8 6 7 5 9
1 5 6 7 4 9 3 2 8
7 9 8 3 2 5 1 4 6
4 6 5 8 3 1 9 7 2
2 3 9 5 6 7 4 8 1
8 1 7 2 9 4 6 3 5
```